"十四五"职业教育国家规划教材
纺织服装高等教育"十四五"部委级规划教材
纺织服装高等教育"十三五"部委级规划教材

服装结构设计

FUZHUANG JIEGOU SHEJI

主　编｜孙　丽
副主编｜黄　英

東華大學出版社
·上海·

图书在版编目（CIP）数据

服装结构设计 / 孙丽主编；黄英副主编 . -- 2 版 .
上海：东华大学出版社，2025. 6. -- ISBN 978-7-5669-2542-8

I. TS941.2

中国国家版本馆 CIP 数据核字第 2025DD0659 号

责任编辑：张 煜
封面设计：王建仁

出　　版：东华大学出版社（上海市延安西路 1882 号，200051）
出版社官网：http://dhupress.dhu.edu.cn
出版社邮箱：dhupress@dhu.edu.cn
发 行 电 话：021-62373056
营 销 中 心：021-62193056　62373056　62379558
印　　刷：苏州工业园区美柯乐制版印务有限责任公司
开　　本：787mm × 1092mm　1/16
印　　张：20.5
字　　数：459 千字
版　　次：2025 年 7 月第 2 版
印　　次：2025 年 7 月第 1 次印刷
书　　号：ISBN 978-7-5669-2542-8
定　　价：57.00 元

编 委 会

序 PREFACE

为进一步贯彻落实教育部中职服装类专业《服装设计与工艺》《服装制作与生产管理》《服装表演》三个教学标准，促进中职服装专业教学的发展，教育部全国纺织服装职业教育教学指导委员会中等职业教育服装专业教学指导委员会和东华大学出版社共同发起，组织中职服装类三个专业教学标准制定单位的专家以及国内有一定影响力的中职学校服装骨干专业教师编写了中职服装类专业系列教材。

本系列教材的编写立足于服装类三个专业《服装设计与工艺》《服装制作与生产管理》《服装表演》的教学标准，在贯彻各专业的人才培养规格、职业素养、专业知识与技能的同时，更注重从中职学校教学和学生特点出发，贴近实际，更充分渗透当今服装行业的发展趋势等内容。

本系列教材编写以专业技能方向课程和专业核心课程为着力点，充分体现“做中学，学中乐”和“工作过程导向”的设计思路，围绕课程的核心技能，让学生在专业活动中学习知识，分析问题，增强课程与职业岗位能力要求的相关性，以提高学生的学习积极性和主动性。

在本系列教材的编写过程中，得到了中国纺织服装教育学会、教育部全国纺织服装职业教育教学指导委员会中等职业教育服装专业教学指导委员会、东华大学、东华大学出版社等领导的关心和指导，更得到了杭州市服装职业高级中学、烟台经济学校、江苏省南通中等专业学校、上海群益职业学校、北京国际职业教育学校、合肥工业学校、广州纺织服装职业学校、四川省服装艺术学校、绍兴市柯桥区职业教育中心、长春第一中等学校等学校的服装专业骨干教师的积极参与。在此，致以诚挚的谢意。

相信经过大家的共同努力，本系列教材一定会成为既符合当前职业教育人才培养模式又体现中职服装专业特色，在国内具有一定影响力的中职服装类专业教材。

编写内容中不足之处在所难免，希望在使用过程中，提出宝贵意见，以便于今后修订、完善。

倪阳生

内容简介

为贯彻落实《中共中央关于认真学习宣传贯彻党的二十大精神的决定》，根据国家教材委员会办公室《关于做好党的二十大精神进教材工作的通知》(国教材办〔2022〕3号)要求，推动党的二十大精神进教材、进课堂、进头脑，及时全面准确在中职学校、高等学校教材中落实党的二十大精神，及时对教材进行了修订。

教材加强了整体设计，采取有力措施，及时全面准确地在教材中落实党的二十大精神，推动党的理论创新成果与学科知识有机融合，提升教材实效性和适用性，高质量、高水平保障教育教学需要，努力打造“培根铸魂、启智增慧、适应时代要求”的精品教材。充分发挥教材的铸魂育人功能，为培养德智体美劳全面发展的社会主义建设者和接班人奠定坚实基础。

本书内容包括服装结构设计基础知识、裙装结构设计、裤装结构设计、衣身结构设计、衣领结构设计、衣袖结构设计、女装整体结构设计、男装结构设计八个项目，以东华原型展开知识体系，同时结合新文化原型的原理对知识结构做深入分析。除了介绍基础知识、基本原理外，款式选择设计上紧密围绕近几年的全国技能大赛，力求使知识新颖、紧扣时代脉搏。

本书适应中专层次的服装教学需要，文字上力求简练，图片丰富，形式灵活，版面设计精巧，内容以实用、够用为准绳。适合用于服装专业教学，技能大赛辅导以及服装专业人士阅读。

编写分工

全书由孙丽担任主编，黄英担任副主编，孙丽负责统稿。项目一、四、五由烟台经济学校（烟台第一职业中等专业学校）孙丽编写，黄海学院隋秉怡、烟台经济学校杨玲绘图，项目二由四川省服装艺术学校黄英、熊丹丹编写，项目三由四川省服装艺术学校黄英、王志凤编写，项目六由烟台经济学校孙京莉编写，项目七、八由烟台经济学校任辉编写。教材在编写过程中得到烟台经济学校、四川省服装艺术学校领导的大力支持，在此表示感谢。

目录 | CONTENTS

项目一　服装结构设计基础知识

在服装生产中，基础知识的熟练程度直接影响生产效率和成衣品质，只有注重基础理论的熟练掌握，具备扎实的基本功，方能适应现代化服装生产的需要。

项目目标

素质目标

1. 在基础知识的学习中，表达对中国传统文化的尊重，培养学生历史自信心、文化自信心；

2. 在劳动中遵守服装职业道德和规范，培养良好的职业态度和职业道德；

3. 在团队合作中与同伴有效合作，共同完成任务，培养团队协作和沟通能力。

知识目标

1. 了解常用概念及名词术语；

2. 明确制图规则及常用制图符号；

3. 明确服装号型的应用；

4. 掌握人体测量的部位及方法。

技能目标

1. 学会自主测量；

2. 能在工作实践中熟练应用制图符号。

任务一　常用概念与名词术语

任务目标

1. 了解常用概念及服装各部位、部件名词术语。
2. 了解常用的结构制图术语。

任务导入

服装名词术语是服装技术专用语，是在服装行业经常使用和用于交流的语言。GB/T 15557—2008《服装术语》由国家质量监督检验检疫总局、国家标准化管理委员会批准发布，于 2009 年 5 月 1 日起实施。本标准规定了服装及服饰工业常用的术语、定义或说明。此标准适用于服装和服饰设计、生产、技术、教学、贸易及其相关领域。

任务准备

一、基本概念

1. 结构制图

亦称“裁剪制图”，是对服装结构通过分析计算在纸张或布料上绘制出服装结构线的过程。

2. 结构平面构成

亦称“平面裁剪”，分析设计图所表现的服装造型结构的组成数量、形态吻合关系等，通过结构制图和某些直观的试验方法，将整体结构分解成基本部件的设计过程，是最常用的结构构成方法。

3. 结构立体构成

亦称“立体裁剪”，将布料覆合在人体或人体模型上剪切，直接将整体结构分解成基本部件的设计过程。常用于款式复杂或悬垂性强的面料服装。

4. 结构制图线条

（1）基础线：结构制图过程中使用的纵向和横向的基础线条。上衣常用的横向基础线有基本线、衣长线、落肩线、袖窿深线等；纵向基础线有止口线、叠门线、撇门线、胸宽线、背宽线、胸围宽线等。下装常用的横向基础线有腰围线、臀围线、横裆线、中裆线、脚口线等；纵向基础线有侧缝直线、烫迹线、前裆直线、后裆直线等。

（2）轮廓线：构成服装部件或成型服装的外部造型线条。如领部轮廓线、袖部轮廓线、侧缝线、底边线等。

（3）结构线：能引起服装造型变化的服装部件外部和内部缝合线的总称。如止口线、领圈线、袖窿弧线、袖山弧线、腰缝线、分割线、省道、褶裥、袋位、扣眼位等。

二、部位名词术语

（一）肩部

指人体肩端点至侧颈点之间的部位，是观察、检验衣领与肩缝配合是否合理的部位。

1. 总肩：自左肩端点通过 BNP（后颈点）至右肩端点的宽度，亦称“横肩宽”。

2. 前过肩：前衣身与肩缝合的部位。

3. 后过肩：后衣身与肩缝合的部位。

（二）胸部

衣身前胸丰满处。胸部造型是服装检验的重要内容。

1. 门襟和里襟：门襟在开扣眼一侧的衣身上；里襟在钉扣一侧的衣身上，与门襟相对应。

2. 门襟止口：指门襟的边沿。其形式有连止口与加挂面两种形式。一般加挂面的门襟止口较坚挺，牢度也好。

3. 叠门（搭门）：门襟、里襟需重叠的部位。不同款式的服装其叠门量不同，范围为 1.7～8 cm。一般服装衣料越厚重，使用的纽扣越大，则叠门尺寸越大。

4. 扣眼：纽扣的眼孔。有锁眼和滚眼两种，锁眼根据扣眼前端形状分圆头锁眼和方头锁眼。扣眼排列形状一般有纵向排列与横向排列，纵向排列时扣眼正处于叠门线上，横向排列时扣眼要超越叠门线 0.3 cm 左右。

5. 眼档：扣眼间的距离。眼档的制定一般是先确定好首尾两端的扣眼位置，然后平均分配中间扣眼的位置，根据造型需要也可间距不等。

6. 驳头：门襟、里襟上部随衣领一起向外翻折的部位。

7. 侧缝（摆缝）：缝合前、后衣身的缝子。

（三）背缝

为贴合人体或造型需要，在后衣身中间位置上设置的缝子。

（四）臀部

对应于人体臀部最丰满处的部位。

1. 上裆：腰头上口至裤腿分叉处的部位，是关系裤子舒适与造型的重要部位。

2. 横裆：上裆下部最宽处，是裤子造型的重要部位。

3. 中裆：脚口至臀部距离的 1/2 处，是裤筒造型的重要部位。

4. 下裆：横裆至脚口间的部位。

（五）省

为适合人体和造型需要，将一部分衣料缝去，以制作出衣片的曲面状态或消除衣片浮余量的不平整部分。省由省道和省尖两部分组成，并按功能和形态进行分类。

（六）裥

为适合体型及造型的需要将部分衣料折叠熨烫而成，由裥面和裥底组成。按折叠的方式不同分为：左右反向折叠，两边呈活口状态的称为明裥；左右相对折叠，中间呈活口状态的称为暗裥；向同方向折叠的称为顺裥。

（七）褶

为符合体型和造型需要，将部分衣料缝缩而形成的自然褶皱。

（八）分割缝

为符合体型和造型需要，将衣身、袖身、裙身、裤身等部位进行分割形成的缝子。一般按方向和形状命名，如刀背缝；也有行业约定俗成的专用名称，如公主缝。

（九）衩

为服装的穿脱方便及造型需要而设置的开口形式。位于不同的部位，有不同名称，如位于背缝下部称背衩，位于袖口部位称袖衩等。

（十）塔克

将衣料折成连口后缉线，起装饰作用，取于英语 Tuck 的译音。

三、部件名词术语

（一）衣身

覆合于人体躯干部位的服装部件，是服装的主要部件。

（二）衣领

围于人体颈部，起保护和装饰作用的部件。包括衣领和与衣领相关的衣身部分，狭义单指衣领。

衣领安装于衣身领窝上，其部位包括以下几部分：

1. 翻领：衣领自翻折线至领外口的部分。
2. 领座：衣领自翻折线至领下口的部分。
3. 领上口：衣领外翻的连折线。
4. 领里口：领上口至领下口之间的部位。
5. 领下口：衣领与领窝的缝合处。
6. 领外口：衣领的外沿部位。
7. 领串口：领面与挂面的缝合线。
8. 领豁口：领嘴与领尖间的最大距离。

（三）衣袖

覆合于人体手臂的服装部件。一般指衣袖，有时也包括与衣袖相连的部分衣身。衣袖缝合于衣身袖窿处，包括以下几部分：

1. 袖山：衣袖上部与衣身袖窿缝合的凸起部分。
2. 袖缝：衣袖的缝合缝，按所在部位分前袖缝、后袖缝、中袖缝等。
3. 大袖：衣袖的大片。
4. 小袖：衣袖的小片。
5. 袖口：衣袖下口边沿部位。
6. 袖克夫：缝在衣袖下口的部件，起束紧和装饰作用，取名于英语 Cuff 的译音。

（四）口袋

插手和盛装物品的部件。

（五）袢

起扣紧、牵吊等功能和装饰作用的部件。

（六）腰头

与裤身、裙身缝合的部件，起束腰和护腰作用。

四、结构制图术语

（一）基础线

1. 前后衣身基础线

前后衣身基础线共有 17 条，见图 1-1。

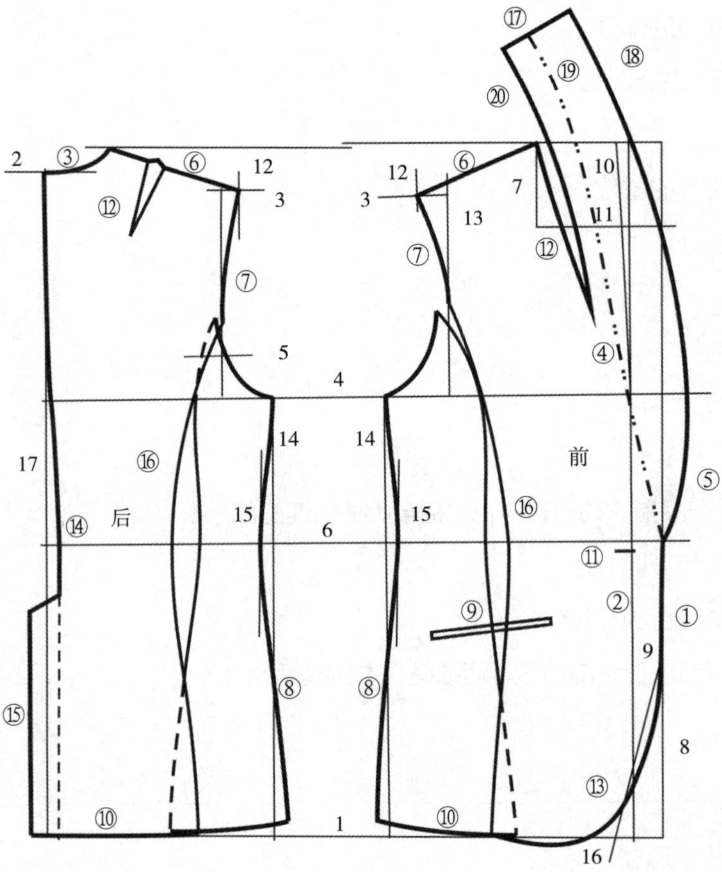

图1-1 前后衣身基础线与结构线

1—上衣基本线，2—衣长线，3—落肩线，4—胸围线，5—袖窿线，6—腰节线，7—领宽线，8—止口线，9—搭门线，10—撇门线，11—领口深线，12—肩宽线，13—前胸宽线，14—摆缝线，15—收腰线，16—门襟圆角线，17—背中心线。

2. 衣袖基础线

衣袖基础线共有 11 条，见图 1-2。

1—衣袖基本线，2—袖长线，3—袖深线，4—袖山线，5—袖肘线，6—袖口翘线，7—前偏袖线，8—前袖缝线，9—后袖缝线，10—后偏袖线，11—袖中线。

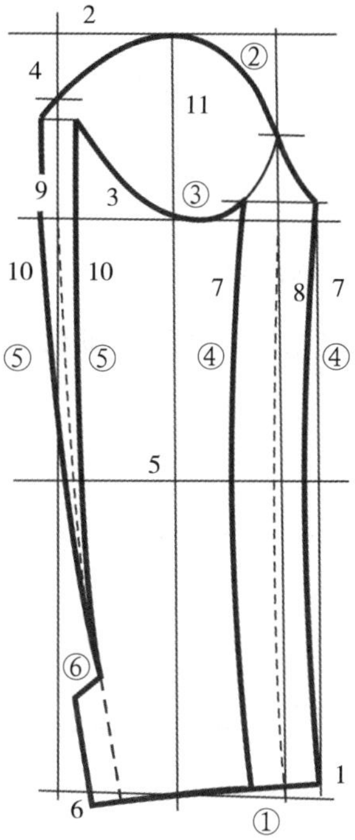

图1-2 衣袖基础线与结构线

3. 前后裤片基础线

前后裤片基础线共有 17 条，见图 1-3。

1—裤基本线，2—裤长线，3—横裆线，4—臀围线，5—中臀线，6—中裆线，7—侧缝线，8—前裆直线，9—前裆内撇线，10—小裆宽线，11—烫迹线，12—腰围宽线，13—脚口围线，14—落裆线，15—后裆直线，16—后裆斜线，17—后翘线。

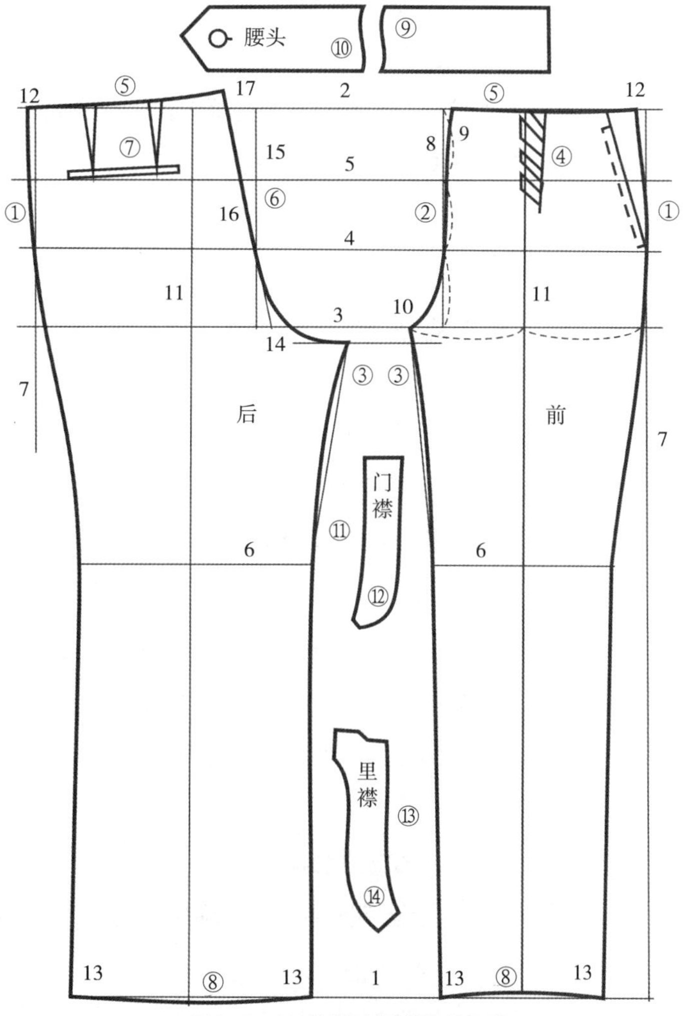

图1-3 前后裤片基础线与结构线

（二）结构线

1. 前后衣身、衣领结构线

前后衣身、衣领结构线共有 20 条，见图 1-1。① 止口线；② 叠门线；③ 领窝线；④ 驳口线；⑤ 驳头止口线；⑥ 肩斜线；⑦ 袖窿线；⑧ 摆缝线；⑨ 袋位线；⑩ 底边线；⑪ 扣眼位；⑫ 省道位；⑬ 门襟圆角线；⑭ 背缝线；⑮ 开衩线；⑯ 分割线；⑰ 领中线；⑱ 翻领外口线；⑲ 领座上口线（翻领上口线）；⑳ 领座下口线。

2. 衣袖结构线

衣袖结构线共有 6 条，见图 1-2。① 袖口线；② 袖山弧线；③ 小袖底弧线；④ 前偏袖线；⑤ 后偏袖线；⑥ 后袖衩线。

3. 前后裤片结构线

前后裤片结构线共有 14 条，见图 1-3。① 侧缝线；② 前裆线；③ 下裆线；④ 裥位线；⑤ 腰缝线；⑥ 后裆线；⑦ 后袋线；⑧ 脚口线；⑨ 腰头上口线；⑩ 腰头下口线；⑪ 门襟止口线；⑫ 门襟外口线；⑬ 里襟里口线；⑭ 里襟外口线。

思考与练习

一、填空题

1. 结构制图，亦称________，是对________通过分析计算在纸张或布料上绘制出服装结构线的过程。

2. 袢是起________和________等功能和________作用的部件。

3. ________是衣袖上部与衣身袖窿缝合的凸起部分。

4. ________是为符合体型和造型需要，将部分衣料缝缩而形成的自然褶皱。

5. 领面与挂面的缝合线称为________。

二、单项选择题

1. 上裆下部最宽处，是裤子造型的重要部位，是指________。

A. 中裆　　B. 下裆

C. 立裆　　D. 横裆

2. 下列线条中，不属于裤片结构线的是________。

A. 臀围线　　B. 侧缝线

C. 下裆线　　D. 裥位线

3. 衣领外翻的连折线称为________。

A. 领外口　　B. 领上口

C. 领下口　　D. 领里口

4. 左右反向折叠，两边呈活口状态的裥称为________。

A. 明裥　　B. 暗裥

C. 顺裥　　D. 无具体要求

5. 下列线条中，不属于衣身基础线的是________。

A. 撇门线　　B. 领口深线

C. 肩斜线　　D. 肩宽线

任务二　制图规则与符号

任务目标

1. 了解服装制图主要部位的代号。
2. 明确制图线条画法及尺寸标注等制图规则。

任务导入

服装制图是传达设计意图，沟通设计、生产、管理部门的技术语言，是组织和领导生产的技术文件之一。结构制图作为服装制图的组成，是一种对标准样版的制定、系列样版的缩放起领导作用的技术语言。结构制图的规则和符号都有严格的规定，以保证制图格式的统一、规范。

任务实施

一、结构制图规则

结构制图的程序：先画面料图，后画辅料图；先画主部件，后画零部件；先定长度，再定宽度，后画弧线；先画外轮廓线，后画内部结构线。

具体的衣片制图：先画基础线，后画轮廓线和内部结构线。在画基础线时一般先横后纵，即先定长度、后定宽度，由上至下、由左至右进行。画好基础线后，根据轮廓线的绘制要求，在相关部位标出若干工艺点，最后用直线、曲线和光滑的弧线准确地连接各部位定点和工艺点，画出轮廓线。

服装结构制图的尺寸，一般使用服装成品规格，即各主要部位的实际尺寸，但用原型制图时须知道穿衣者的背长、胸围、袖长、臀围、腰围、裙长等重要部位的净尺寸。

（一）制图的比例

制图比例的分档规定，见表 1-1。

表 1-1　制图比例

原值比例	1：1
缩小比例	1：2　1：3　1：4　1：5　1：6　1：10
放大比例	2：1　4：1

在同一结构制图中，各部件应采用相同的比例，并将比例填写在标题栏内；如需采用不同的比例时，必须在每一部件的左上角标明比例。如：M 1:1，N 1:2 等。服装款式图的比例，不受以上规定限制。

（二）图线及画法

为方便制图和读图，制图时各种图线有严格的规定：常用的有粗实线、细实线、虚线（粗、细）、点画线五种，各种制图用线的形状、作用都不同，代表约定俗成的含义。裁剪图线的形式及用途见表 1-2。

同一图纸中同类的粗细应一致。虚线、点画线的线段长短和间隔应各自相同。点画线的两端应是线段而不是点。服装款式图的绘制不受以上规定限制。

表 1-2　图线画法及用途　　单位：mm

图线名称	图线形式	图线宽度	图线用途
粗实线	————————	0.9	服装和零部件轮廓线；服装内部结构线
细实线	————————	0.3	图样结构的基本线；尺寸线和尺寸界线；引出线
粗虚线	— — — —	0.6	背面轮廓影示线；对称裁剪线
细虚线	- - - - - - - - -	0.3	缝纫明线；等分线
点画线	-·—·—·—·-	0.6	对折线；折转线

（三）字体

图纸中的文字、数字、字母都必须做到：字体工整，笔画清楚，间隔均匀，排列整齐。汉字应写成长仿宋体，字母和数字可写成斜体和直体。斜体字字头应向右倾斜，与水平基准线成 75°，用作分数、偏差、注脚等的数字及字母，一般应采用小一号字体。

（四）尺寸注法

1. 基本规则

服装各部件和零部件的实际大小以图样上标注的尺寸数值为准。图纸中的尺寸，一律以 cm 为单位。服装制图部位、部件的每个尺寸一般只标注一次，并标注在该结构最清晰的图形上。

2. 尺寸标注线的画法

尺寸线用细实线绘制，其两端箭头应指到尺寸界线处，见图 1-4（1）。制图结构线不能代替尺寸标注线，一般也不得与其他图线重合或画在其延长线上，见图 1-4（2）。

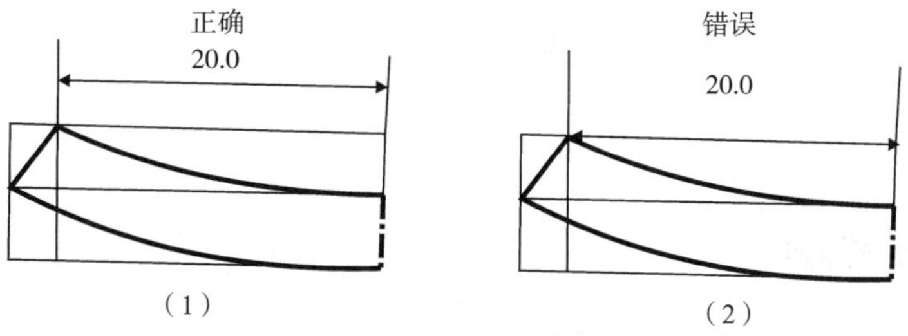

图1-4　尺寸标注线画法

3. 尺寸标注线及尺寸数字的位置

标注直距离尺寸时，尺寸数字一般标注在尺寸线的中间，见图 1-5（1）。如直距离位置小，应将轮廓线的一端延长，另一端将对折线引出，在上下箭头的延长线上标注尺寸数字，见图 1-5（2）。

标注横距离的尺寸时，尺寸数字一般标注在尺寸线的上方中间，见图 1-5（3）。如横距离尺寸位置小，需用细实线引出，标注尺寸数字，见图 1-5（4）。

尺寸数字不可被任何图线通过，当无法避免时，必须将尺寸标注线断开，用弧线表示，尺寸数字就标注在弧线断开的中间位置，见图 1-5（5）。

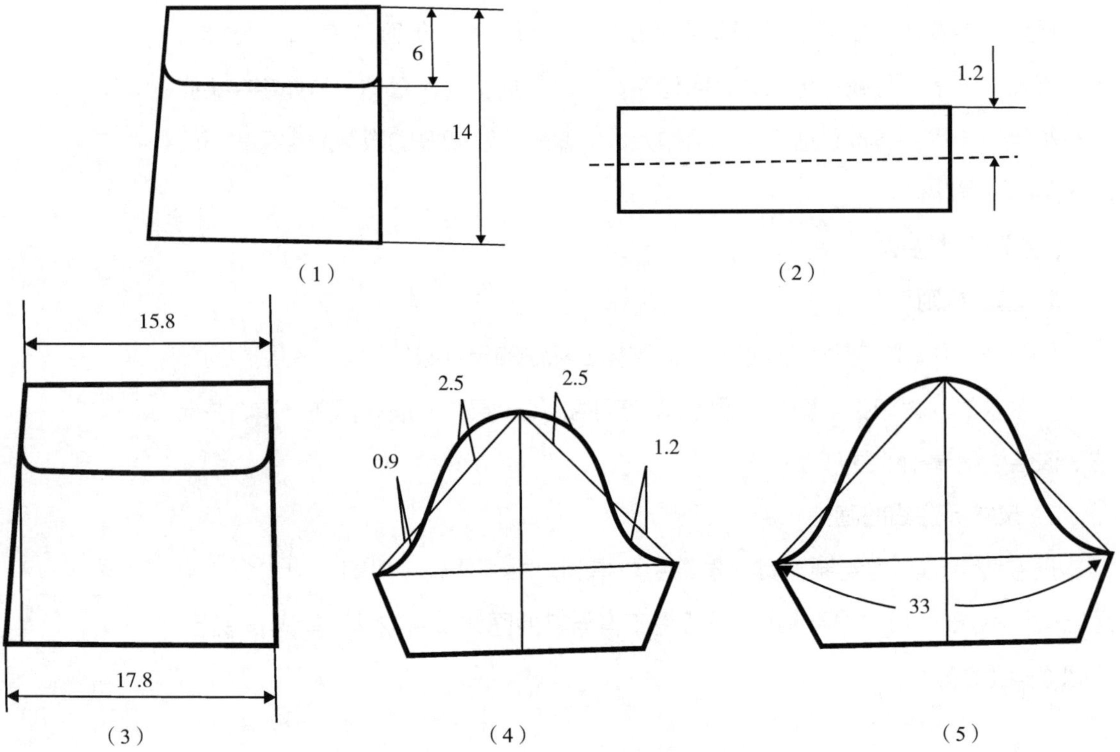

图1-5 尺寸的标注线及尺寸数字的位置

二、制图符号

（一）服装结构制图符号

常用服装结构制图符号见表 1-3。

表 1–3　常用服装结构制图符号

序号	符号形式	名称	说明
1	△ 2	特殊放缝	与一般缝份不同的缝份量
2		斜　料	用有箭头的直线表示布料的经纱方向
3		暗　裥	裥底在下的折裥
4		明　裥	裥底在上的折裥
5	○	等量号	两者相等量
6		等分线	将线段等比例划分
7		直　角	两者成垂直状态
8		重　叠	两者相互重叠
9		经　向	有箭头直线表示布料的经纱方向
10		顺　向	表示褶裥、省、覆势等的折倒方向
11		缝　缩	用于布料缝合时收缩
12		归　拢	将某部位归拢变形
13	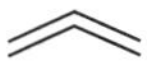	拔　开	将某部位拉展变形
14		开花省	省的部位不缉线
15		拼　合	表示相关布料拼合一致
16		拉链止点	装拉链的止点位置
17		缝合止点	表示缝合止点、缝合开始、附加物安装等位置
18		拉　伸	将某部位长度方向拉长
19		收　缩	将某部位长度方向缩短
20		纽　眼	两短线间距离表示纽眼大小
21		钉　扣	表示钉扣的位置
22	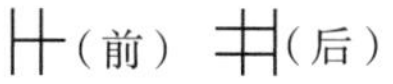	对位记号	表示相关衣片两侧的对位
23		单向折裥	表示顺向折裥自高向低的折倒方向
24		对合折裥	表示对合折裥自高向低的折倒方向
25		折倒省道	斜向表示省道的折倒方向
26	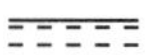	缉双止口	表示布边缉缝双道止口线

（二）服装制图主要部位代号

服装制图过程中使用的主要部位代号见表 1-4。

表 1-4　服装制图主要部位代号

序号	中文	英文	代号	序号	中文	英文	代号
1	领围	Neck Girth	N	17	袖窿	Arm Hole	AH
2	胸围	Bust Girth	B	18	长度	Length	L
3	腰围	Waist Girth	W	19	前衣长	Front Length	FL
4	臀围	Hip Girth	H	20	后衣长	Back Length	BL
5	领围线	Neck Line	NL	21	头围	Head Size	HS
6	胸围线	Bust Line	BL	22	前中心线	Front Center Line	FCL
7	腰围线	Waist Line	WL	23	后中心线	Back Center Line	BCL
8	中臀围线	Middle Hip Line	MHL	24	前腰节长	Front Waist Length	FWL
9	臀围线	Hip Line	HL	25	后腰节长	Back Waist Length	BWL
10	肘线	Elbow Line	EL	26	肩宽	Shoulder Width	S
11	膝围线	Knee Line	KL	27	裤长	Trousers Length	TL
12	胸点	Bust Point	BP	28	脚口	Slacks Bottom	SB
13	侧颈点	Side Neck Point	SNP	29	袖山	Arm Top	AT
14	前颈点	Front Neck Point	FNP	30	袖窿深	Arm Hole Line	AHL
15	后颈点	Back Neck Point	BNP	31	袖口	Cuff Width	CW
16	肩点	Shoulder Point	SP	32	袖长	Sleeve Length	SL

思考与练习

一、填空题

1. 结构制图的程序：先画________，后画________；先画________，后画________；先定________，再定________，后画________；先画________，后画________。

2. 常用的服装制图图线有________、________、虚线（粗、细）、________画五种。

3. 图纸中的文字、数字、字母都必须做到：字体工整，笔画清楚，间隔均匀，排列整齐。汉字应写成________，字母和数字可写成________和________。斜体字字头应向________倾斜，与水平基准线成________度。

4. 在服装结构制图中常采用英文缩写作为代码，领围是________，肩宽是________，袖窿是________，侧颈点是________，中臀围线是________。

二、填表题

将表 1-5 中不完整处补充完整。

表 1-5　常用服装结构制图符号

序号	符号形式	名称	说明
1			
2			裥底在下的折裥
3		重叠	
4			
5			表示褶裥、省、覆势等的折倒方向
6			
7		归拢	
8			
9		拼合	表示相关布料拼合一致
10			
11			将某部位长度方向缩短
12			表示对合折裥自高向低的折倒方向
13		折倒省道	

任务三　人体体型特征与测量

任务目标

1. 了解人体体型特征，明确男女体型的不同；
2. 明确人体测量的部位及方法，学会应用。

任务导入

人体的外部轮廓是一个复杂的曲面体，要把平面材料做成适合人体曲面的服装，就要将平面材料进行剪切，即将人体曲面进行有规则的分解并做平面展开，剪开部分可作为收省设计的依据，在考虑了一定的舒适量（静态、动态）和装饰功能以后，得到的平面几何图形就是服装衣片。为了使服装与人体贴合，就必须了解人体体型特征，掌握各种体型的数据资料，以此为依据进行服装结构的设计。

任务准备

一、人体体型特征

（一）人体体型分类

人体体型在人的成长过程中是不断变化的，其变化受生理、遗传、年龄、职业、健康和生长环境等多种因素的影响。

1. 从整体体型分

（1）标准体：指身体的高度与围度比例协调，且没有明显缺陷的体型，称为正常体。

（2）肥胖体：身材矮胖，体重较重，围度相对身高比例大，骨骼粗壮，皮下脂肪厚，肌肉较发达，颈部较短，肩部宽大，胸部短宽深厚，胸围大。

（3）瘦体：身材较高，体重较轻，骨骼细长，皮下脂肪少，肌肉不发达，颈部细长，肩窄且直，胸部狭长扁平。

2. 从身体部位形态分（除正常体外的特殊体型）

（1）胸背部

① 挺胸体：胸部挺起，背部较平，胸宽尺寸大于背宽尺寸。

② 驼背体：背部圆而宽，胸宽较窄，穿着正常体的服装时前长后短。

（2）腰腹部

① 凸肚体：包括腹部肥满凸出及腰部肥满凸出两种。

② 凸臀体：臀部隆起状态较正常体大，多见于肥胖体。

③ 平臀体：臀部隆起状态较正常体小，多见于瘦体。

（3）颈部

① 短颈：颈长较正常体短，肥胖体和耸肩体型较多。

② 长颈：颈长较正常体长，瘦形体和垂肩体型居多。

（4）肩部

① 耸肩：肩部较正常体挺而高耸。

② 垂肩：与耸肩相反，肩部缓和下垂。

③ 高低肩：左、右肩高低不均衡。

（5）腿部

① X 型腿：腿型呈向外弯曲的形状。

② O 型腿：腿型呈向内弯曲的形状。

（二）男女体型差异

男、女体型差异主要表现在躯干部，由骨骼的长短、粗细和肌肉、脂肪的多少引起。在男性体中，骨骼比较粗壮和突出，而女性体骨骼较小且平滑。

男性体肩部较宽，肩斜度较小，锁骨弯曲度大，外表显著隆起，胸部宽阔而平坦，乳房不发达，腰部较女性宽，背部凹凸明显，脊椎弯曲度较小，正常男子前腰节短 1.5 cm 左右。

女性肩部较窄，肩斜度较大，锁骨弯曲度较小，不显著，胸部较狭而短小，青年女性胸部隆起丰满，随着年龄的增长和生育等因素的影响，乳房增大，并逐渐松弛下垂。腰部较窄，臀腹部较浑圆，背部凹凸不明显，脊椎骨弯曲较大，尤其站立时，腰后部弯曲度较明显。亚洲女性，前腰节比后腰节长 1～1.5 cm。

（三）人体比例与服装造型

人体比例是人体结构中最基本的因素，是以头高为度量单位来衡量人体全身及其他肢体高度的“头高比例”。在我国，一般正常体的总体高约为七头高，古代也有“立七、坐五、盘三”的说法。从我国最近十年的发展情况来看，人的平均身高呈增长趋势，青少年身高均增 2～4 cm。

1. 长度关系

成年人体头部最小，躯干次之，腿部最大，所以高矮差别主要体现于腿部。假设以七头体为标准体，则小于七头体为矮体，大于七头体为高体。中腰以下为下体，相对男女体型来说，男性的上体较长。在人体成长过程中，长度也发生变化，1～2 岁为四头体，2～6 岁为五头体，14～15 岁为六头体。

2. 围度关系

成年体型的胖瘦差别，横向变化较小，纵向变化较大，所以瘦体显扁薄，胖体显圆浑。从正面观察成年男、女体型，女性的肩部较窄，乳房发育主要表现在纵向，臀部较男性发达，从双肩至臀部呈正梯形；男性则相反，肩部较宽，胸部横向扩展较多，臀部不及女性发达，从双肩至臀部呈倒梯形。

任务实施

二、人体测量

人体测量的目的是了解人体尺寸大小，了解人体进行服装结构设计的形态以及人体与服装形态之间的关系。

（一）人体测量工具

1. 软尺

软尺质地柔软，伸缩性小，是扁平状的测量工具。尺寸稳定，长度为 150 cm，用毫米精确刻度。用于测量体表长度、宽度及围度。

2. 角度计

刻度用度表示的测量工具。能够用于测量肩部斜度。

3. 身高计

由一个毫米刻度垂直安装的管状尺子和一把可活动的横臂（游标）组成，可根据需要，上下自由调节，是用于测量人体身高等各种纵向长度的工具。

（二）人体测量基准点

人体测量基准点见图 1-6。

1. 头顶点：以正确立姿站立时，头部的最高点，位于人体中心线上方，是测量身高时的基准点。

2. 颈窝点（前颈点）：颈根曲线的前中心点，前领圈的中点。

3. 侧颈点（颈侧点）：在颈根的曲线上，从侧面看处于前后颈侧的中央稍微偏后的位置。此基准点不是以骨骼端点为标志，所以不易确定。

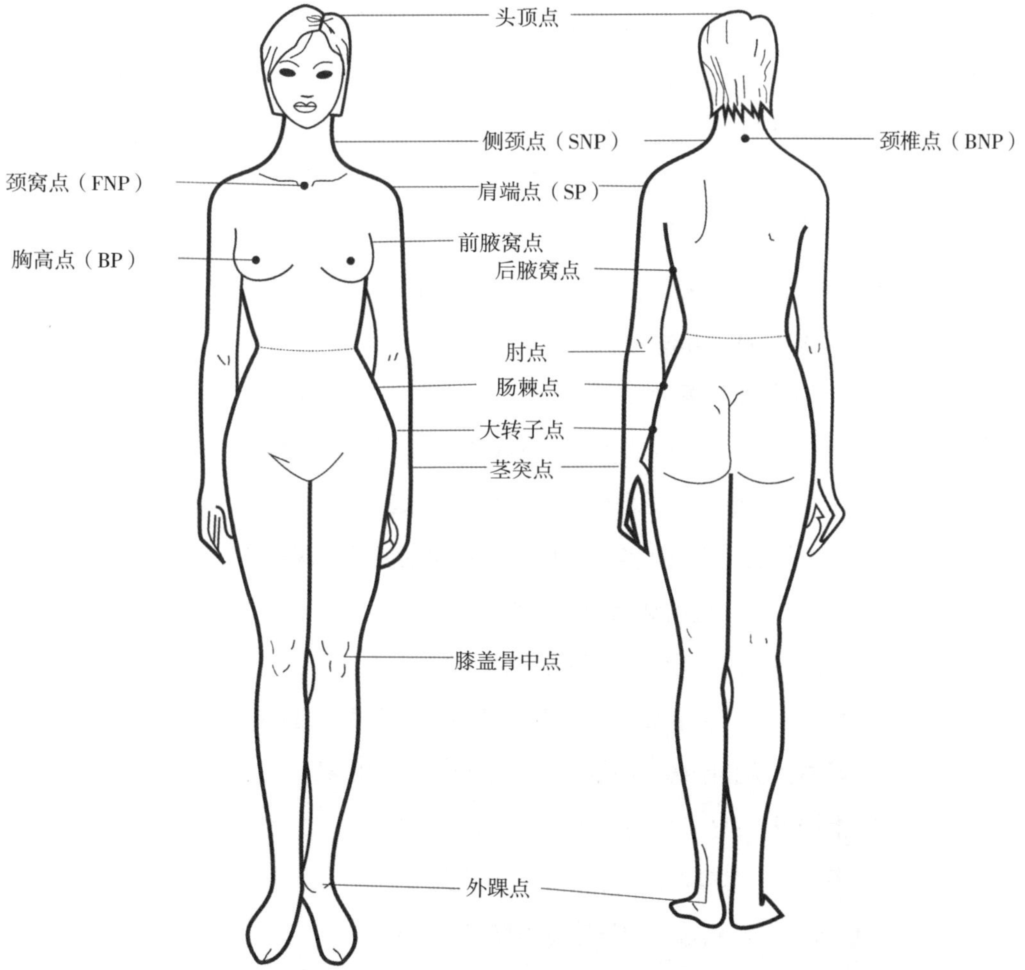

图1-6 人体测量基准点

4. 颈椎点（后颈点）：颈后第七颈椎棘突尖端之点，当颈部向前弯曲时，该点就突出，较易找到，是测量背长的基准点。

5. 肩端点：在肩胛骨上缘最向外突出之点，即肩与手臂的转折点，是衣袖缝合对位的基准点，同时也是量取肩宽和袖长的基准点。

6. 前腋窝点：手臂根部的曲线内侧位置，放下手臂时，手臂与躯干部在腋下结合的起点，用于测量胸宽。

7. 后腋窝点：手臂根部的曲线外侧位置，手臂与躯干在腋下结合的终点，是测量背宽的基准点。

8. 胸高点：胸部最高的位置，是服装构成最重要的基准点之一。

9. 肘点：尺骨上端向外最突出的点，上肢自然弯曲时，该点很明显地突起，是测量上臂长的基准点。

10. 茎突点：桡骨下端茎突最尖端的点，是测量袖长的基准点。

11. 肠棘点：在骨盆位置的髂前上棘处，即仰面躺下，可触摸到骨盆最突出之点，是确定中臀围线的位置。

12. 大转子点：在大腿骨的大转子位置，是裙、裤装侧面最丰满处。

13. 膝盖骨中点：膝盖骨的中央。

14. 外踝点：脚腕外侧踝骨的突出点，是测量裤长的基准点。

（三）人体测量部位

人体测量部位见图 1-7。

1. 身高：人体立姿时从头顶点垂直向下量至地面的距离。

2. 背长：从颈椎点垂直向下量至腰围中央的长度。

3. 前腰节长：由侧颈点通过胸高点量至腰围线的距离。

4. 颈椎点高：从颈椎点到地面的距离。

5. 乳位高：由侧颈点向下量至胸高点的长度。

6. 腰围高：从腰围线中央垂直量到地面的距离，是裤长设计的依据。

7. 臀高：从腰围线向下量至臀部最丰满处的距离。

8. 上裆长：从体后腰围线量至臀沟的长度。

9. 下裆长：从臀沟向下量至地面的距离。

10. 臂长：从肩端点向下量至茎突点的距离。

11. 胸围：过胸高点沿胸廓水平围量一周的长度。

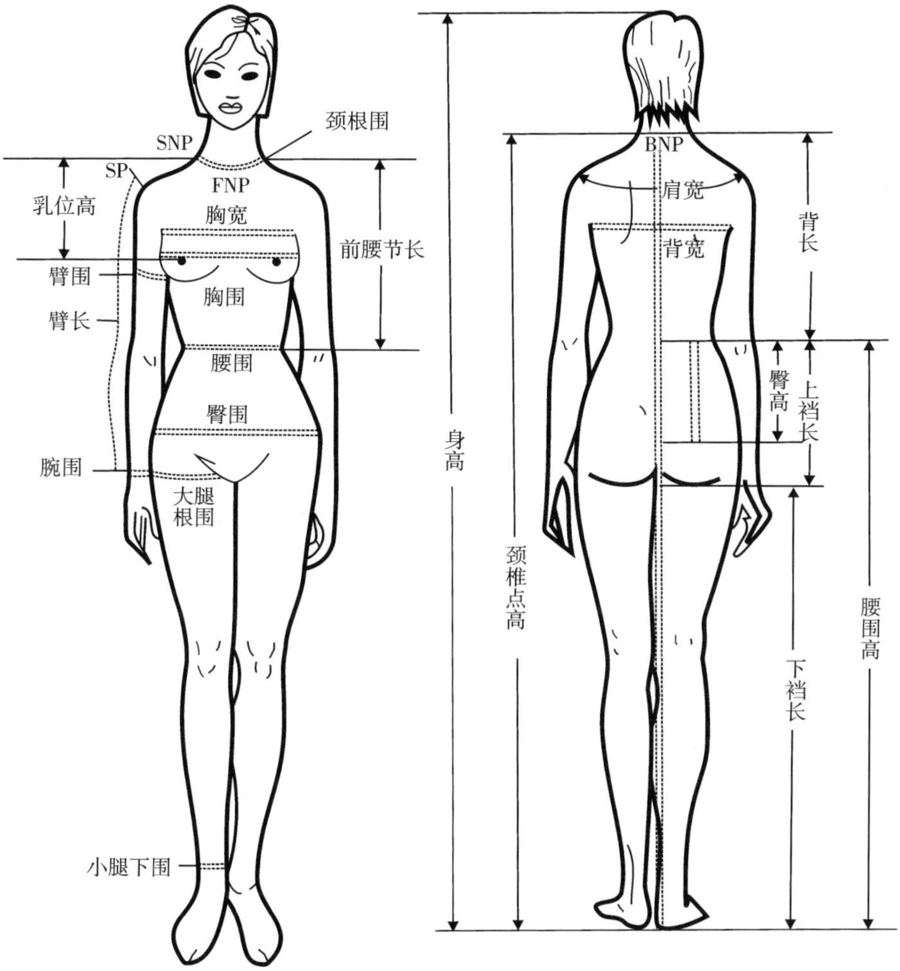

图1-7　人体测量部位

12. 腰围：经过腰部最细处水平围量一周的长度。

13. 臀围：在臀部最丰满处水平围量一周的长度。

14. 颈根围：通过侧颈点、颈椎点、颈窝点，在人体颈部围量一周的长度。

15. 臂围：上臂最粗处水平围量一周的长度。

16. 腕围：经过腕关节茎突点围量一周的长度。

17. 大腿根围：在大腿根部水平围量一周的长度。

18. 小腿下围：踝骨上部最细处水平围量一周的长度。

19. 肩宽：从左肩端点通过颈椎点量至右肩端点的距离。

20. 胸宽：从前胸左腋窝点水平至右腋窝点间的距离。

21. 背宽：从后背左腋窝点水平量至右腋窝点间的距离。

任务评价

人体测量评分，见表 1-6。

表 1-6 人体测量评分表

班级：		姓名：	日期：	
检测项目	检测要求	配分	评分标准	得分
时间	在规定时间内完成任务	10	每超过3分钟，扣5分	
质量	测量工具使用娴熟	10	测量工具使用不娴熟，每处扣3～5分	
	测量部位齐全	20	测量部位不齐全，每一部位扣3～5分	
	测量基准点准确	20	测量基准点不准确，每处扣3～5分	
	测量数据准确	30	测量数据不准确，每处扣5分	
	特殊体型记录清晰	10	特殊体型未做记录，每处扣3～5分	
检查结果总计		100		
备注：考核时可以根据任务需要，选定测试内容进行考核，总分100分				

思考与练习

一、单项选择题

1. 颈后第七颈椎棘突尖端之点是________。

A. 颈窝点　　B. 颈椎点

C. 颈侧点　　D. 肩端点

2. 腹部及腰部肥满凸出的体型是________。

A. 挺胸体　　B. 凸肚体

C. 凸臀体　　D. 肥胖体

3. 从臀沟向下量至地面的距离是________。

A. 立裆深　　B. 下裆长

C. 裤长　　D. 上裆长

4. 桡骨下端茎突最尖端的点，是测量袖长的基准点，是指________。

A. 肠棘点　　B. 大转子点

C. 肘点　　D. 茎突点

二、问答题

1. 男女体型的差异表现在哪些方面?

2. 人体特殊体型主要有哪些类型?

3. 比较挺胸体与驼背体、肥胖体与瘦体的不同。

任务四　服装号型系列

任务目标

1. 了解号型基本知识。

2. 掌握号型的应用。

任务导入

身高、胸围和腰围是人体的基本部位，也是最具有代表性的部位，用这些部位的尺寸推算其他部位的尺寸，误差最小。体型分类代号能反映人体的体型特征，用这些部位及体型分类代号作为服装成品规格的标志，方便服装生产和经营。

任务准备

一、服装号型

“号”指人体的身高，是设计服装长度的依据。人体身高与颈椎点高、坐姿颈椎点高、腰围高和全臂长等密切相关，并随着身高的增长而增长。

“型”指人体的净胸围或净腰围，是设计服装围度的依据，与臀围、颈围和总肩宽同样不可分割。

二、体型组合

根据人体的胸围与腰围差，即净体胸围减去净体腰围的差数，将我国人体分为四种体型，即 Y、A、B、C。如表 1-7 所示。

表 1-7 我国人体四种体型的分类 单位：cm

体型分类代号	男子：胸围与腰围差	女子：胸围与腰围差
Y	22~17	24~19
A	16~12	18~14
B	11~7	13~9
C	6~2	8~4

三、中间体

号型系列：人体的号和型按照档差进行有规则的增减排列。

在国家标准中规定成人上装采用 5.4 系列（身高以 5 cm 分档，胸围以 4 cm 分档），成人下装采用 5.4 或 5.2 系列（身高以 5 cm 分档，腰围以 4 cm 或 2 cm 分档）。

例如：男子号型 170/88A，其净体胸围 88 cm，由于是 A 体型，它的胸、腰围差为 16~12 cm，腰围尺寸应是 72~76 cm 之间。如果选用分档数为 2 cm，那么可以选用的腰围尺寸为 72 cm、74 cm、76 cm 这三个尺寸，如果为上、下装配套时，可以根据 88A 型在上述 3 个腰围尺寸中任选。

任务拓展

四、号型的应用

在号型的实际应用中，首先要确定着装者属于哪一种体型，然后看身高和净体胸围（腰围）是否和号型设置一致。如果一致则可对号入座，如有差异则采用近距离靠拢法。

考虑到服装造型和穿着的习惯，某些矮胖和瘦长体型的人，可选大一档的号或大一档的型。

儿童正处于长身体阶段，特别是身高的增长速度大于胸围、腰围，选择服装时，号可大一至两档，型可不动或大一档。

对服装企业来说，在选择和应用号型系列时，应注意以下几点：

1. 必须从标准规定的各系列中选用适合本地区的号型系列。

2. 无论选用哪个系列，必须考虑每个号型适应本地区的人口比例和市场需求情况，相应地安排生产数量。

3. 标准中规定的号型不够用时，也可适当扩大设置范围。扩大号型范围时，应按各系列所规定的分档数和系列数进行。

五、号型的配置

产品规格的系列化设计，是生产技术管理的一项重要内容，产品的规格质量要通过生产技术管理来控制和保证。在规格设计时，可根据规格系列表结合实际情况编制出生产所需要的号型配置。可以有以下几种配置方式：

1. 号和型同步配置：一个号与一个型搭配组合而成的服装规格，如160/80、165/84、170/88、175/92、180/96。

2. 一号和多型配置：一个号与多个型搭配组合而成的服装规格，如170/84、170/88、170/92、170/96。

3. 多号和一型配置：多个号与一个型搭配组合而成的服装规格，如160/88、165/88、170/88、175/88。

思考与练习

单项选择题

1. 某女子的胸围 93 cm、腰围 83 cm，其体型是________。

A.Y　　B.A

C.B　　D.C

2. 某男子身高 170 cm、胸围 89 cm、腰围 82 cm，宜选用的号型是________。

A.170/88A　　B.170/88C

C.170/88B　　D.170/92B

3. 某女子身高 172 cm、胸围 90 cm、腰围 74 cm，宜选用的号型是________。

A.170/92A　　B.170/88C

C.170/90B　　D.170/92B

4. 某男子身高 184 cm、胸围 98 cm、腰围 85 cm，宜选用的号型是________。

A.180/100A　　B.185/98C

C.185/98B　　D.185/100A

项目二　裙装结构设计

在远古时代，我们的先祖为抵御寒冷，用树叶或者兽皮连在一起围裹在腰间，这便是裙子的雏形。我国汉服雏形也是遵循“上衣下裳”之形制，“裳”即“裙”。因此，裙装即是指围裹人体下半身的服装总称，是女下装的基本品类之一。广义的裙装还包括连衣裙，这部分内容将在整装结构设计中进行研究。

项目目标

素质目标

1. 针对学生的特点，创设轻松愉快的教学氛围，使学生自主发现问题、探究问题、解决问题。

2. 让学生在观察欣赏中感受、体验裙装之美，在实践操作中表现美、创造美，使学生的主体作用得到充分发挥。

知识目标

1. 了解裙装造型变化要素；
2. 明确裙装臀腰差的处理方法；
3. 掌握裙装结构变化原理。

技能目标

1. 能根据款式图进行裙装分类；
2. 能绘制典型裙装结构图。

任务一　裙装结构种类

任务目标

1. 了解裙装的结构种类。
2. 掌握裙装造型变化要素。

任务导入

裙装是女性衣橱中不可缺少的服装品类，它能很好地展现女性温柔妩媚、婀娜多姿的风采。裙装造型丰富，风格各异，为便于研究，可将裙装根据其结构要素进行归类。

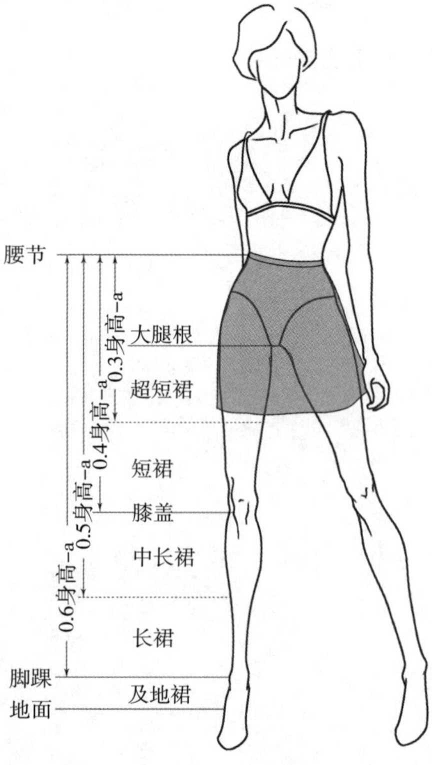

图2-1　裙长的变化

任务准备

根据结构要素的不同，裙装可分为以下几类：

一、根据裙装的长短归类

按裙装长短的不同，可分为超短裙、短裙、中裙、长裙与及地裙等。裙长与身高的比例关系见图2-1。图中 a 为款式调节量，可根据设计师造型的需求进行适当增减。

二、根据裙身的外轮廓造型归类

根据裙身外轮廓造型的不同，可分为 H 型、A

型、O 型及 X 型四大基本类型，见图 2-2。其中 H 型裙是所有裙型的基础，其他造型都可在 H 型的基础上演变而得。

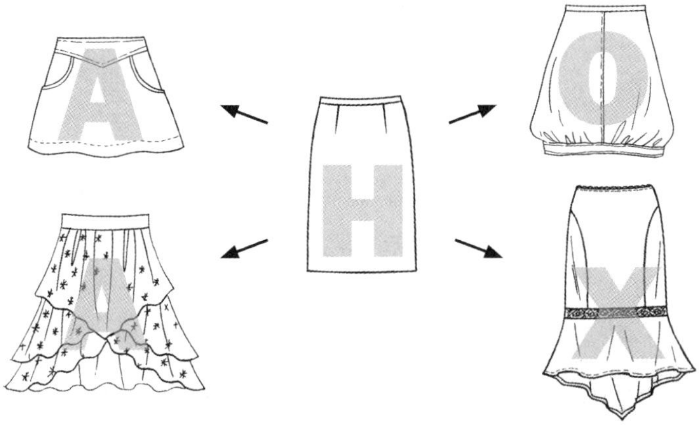

图2-2　裙装外轮廓造型变化

三、根据裙腰的造型归类

根据裙腰结构的不同，可分为无腰型、绱腰型和连腰型三大类；根据裙腰与人体腰围线位置的相对高度不同，可分为低腰型、适腰型与高腰型三大类，见图 2-3。

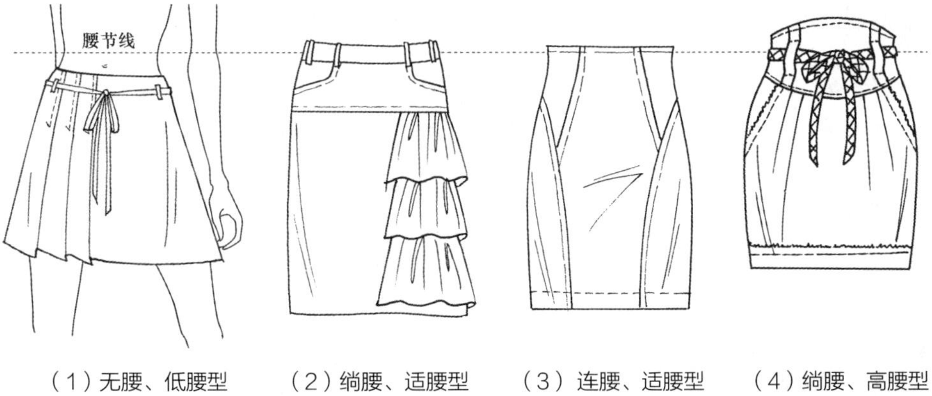

（1）无腰、低腰型　（2）绱腰、适腰型　（3）连腰、适腰型　（4）绱腰、高腰型

图2-3　裙腰的结构变化

另外，将裙与上衣组合，就构成了连衣裙；将裙装的造型特性与裤装的结构特性相融合，还可衍生出裙裤。这两类服装的结构，我们会在以后的学习中进一步研究。

任务实施

四、裙装造型变化要素

裙装主要由裙腰、裙身及其他部件构成，裙装款式变化要素主要有：

（一）裙腰

腰部是裙子在人体上的支撑部位，腰的造型与大小会影响裙子的适体度、舒适度及美观性，其造型变化要素主要有裙腰的形态、高低、宽窄、工艺等。

裙腰造型变化要素

- 形态：有直线形、弧形、V 形等。
- 与腰节线的相对位置：低腰型、高腰型、适腰型。
- 宽窄：常规宽度（2~5 cm）、超宽（≥6 cm）、超窄（<2 cm）。
- 工艺：连腰、绱腰、松紧腰。

（二）裙身

裙身是裙子的主体，它决定了裙子的整体风格，其造型变化要素主要有长度、廓型、内部结构等。

裙身造型变化要素

- 长度：超短裙、短裙、中长裙、长裙、及地裙等。
- 廓型：H 型、A 型、O 型、X 型等。
- 内部结构：省道、分割、裥、褶、波浪、开衩等。

三、其他部件

我们还可以通过口袋、开口形式及各式装饰物的变化，丰富裙子的造型。

其他变化要素

- 口袋：插袋、贴袋、风琴袋、挖袋等。
- 开口形式：拉链、纽扣、环扣、绳带、松紧等。
- 其他装饰附件：流苏、绳带、金属扣件等。

裙装造型变化要素分析见表 2-1。

表 2-1　裙装造型要素分析

款式图	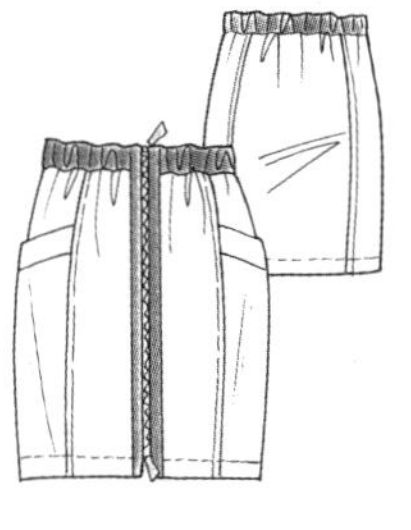	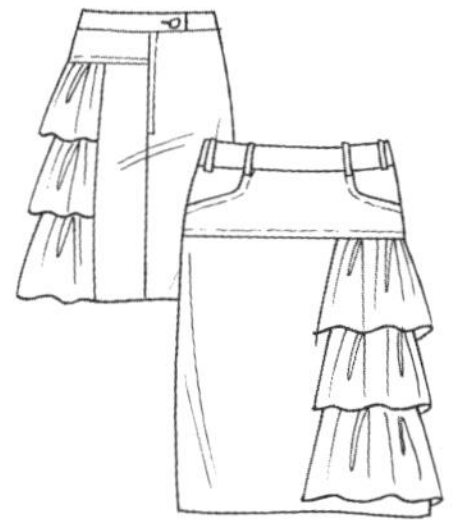	
造型关键词	H型、前双头拉链、纵向分割、松紧腰、横插袋	H型、后拉链、组合分割、波浪装饰、横插袋	H型、高腰、后拉链、组合分割、抽褶、后中对折暗裥
款式图		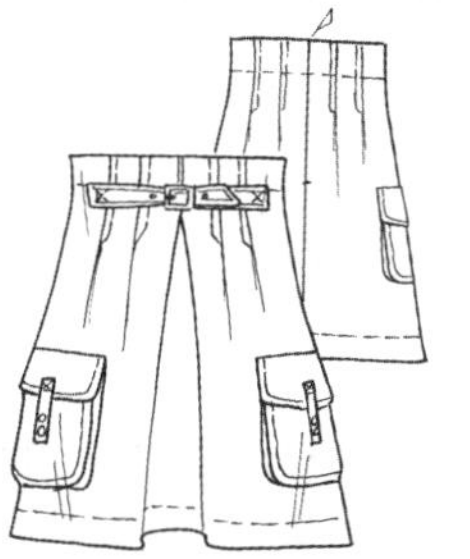	
造型关键词	A型、前开口、围裹式、贴袋、流苏	A型、后拉链、褶裥、风琴袋、连腰	A型、塔裙、波浪摆、侧拉链、直腰
款式图	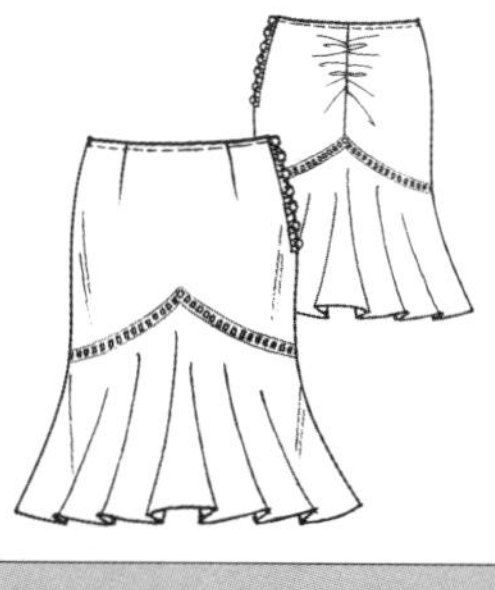	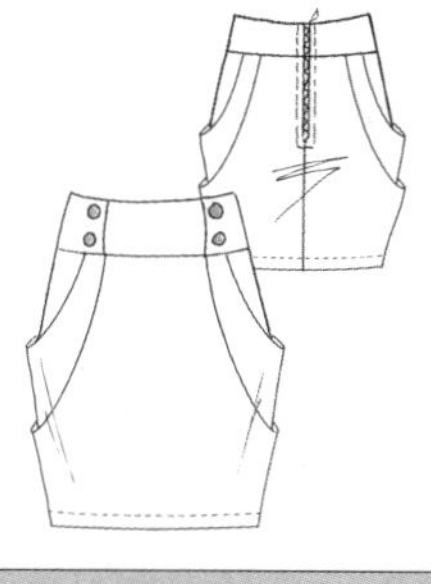	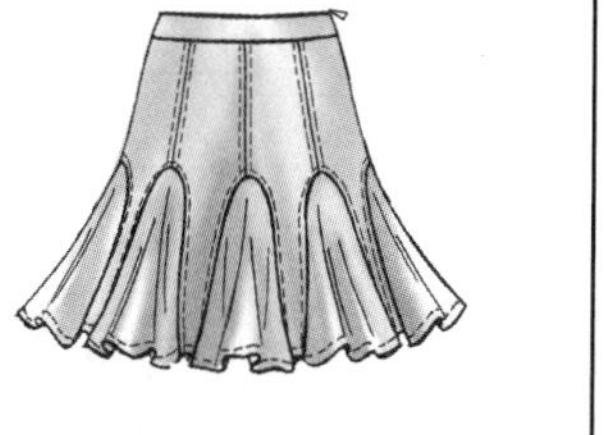
造型关键词	X型、横向分割、无腰、侧钉纽扣、波浪摆、抽褶	O型、垂褶、后拉链、弧形超宽腰	A型、多片插角、波浪摆、侧拉链、缉明线
款式图	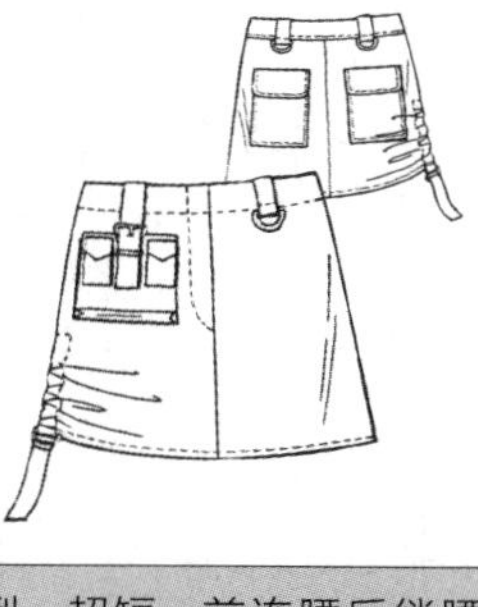	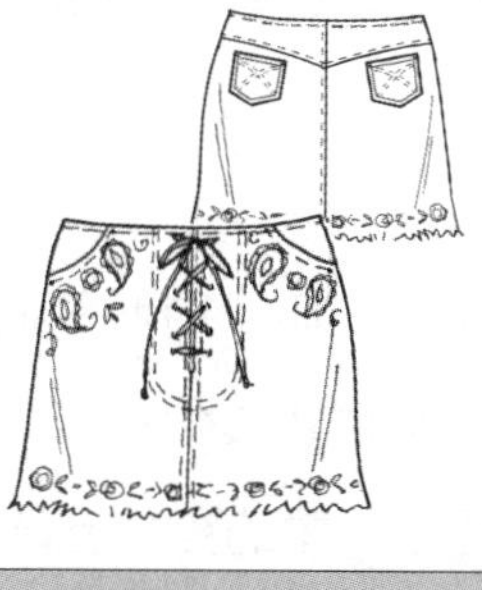	
造型关键词	A型、超短、前连腰后绱腰、风琴袋、前开口、抽褶装饰	A型、超短、低腰、前绳带开口、刺绣、毛边	A型、前对折暗裥开双衩、汽眼装饰、后挖袋缉明线

任务评价

学习效果评价表，见表 2-2。

表 2-2　学习效果评价表

项目	自查标准	对自己的满意程度		
		满意	较满意	不满意
知识与技能	认真完成了教师所分配的任务，基本符合要求			
	通过学习与讨论，对裙装的结构类型及造型特点有了一定的了解			
	能独立完成造型分析手册			
方法与素养	上课前已按要求准备好材料与工具			
	在开展工作前，小组成员进行了讨论分析，明确了每个人的分工与要求			
	认真听取了老师的讲解，并将重要知识点进行了记录与标注			
	工作效率高，按时按质完成了自己所负责的所有工作，并进行了梳理总结			
	与小组成员合作愉快，在小组工作中能主动承担责任			

思考与练习

一、简答题

试总结裙装造型变化要素有哪些？

二、实践题

1. 4～5 名同学一组，老师分别给各组发放 6～10 款不同的裙装款式图。同学们将各款式图与图 2-4 中的裙装基础款式进行比较，参考表 2-1 的模式，梳理出款式造型关键词。

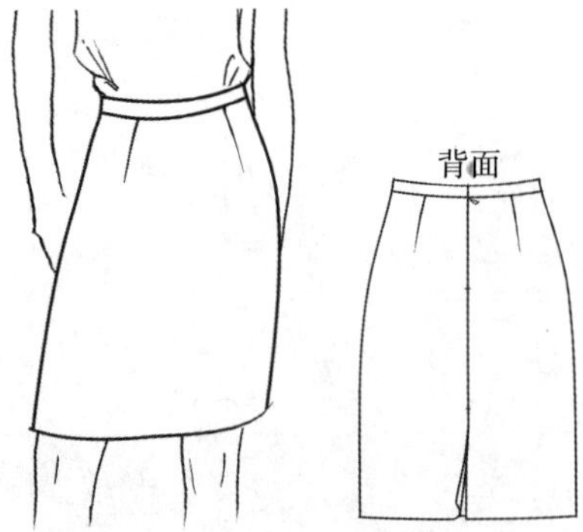

图2-4　裙装基础款式

2. 每个小组自己选定一个喜欢的品牌进行市场调查。调查内容如下：

（1）该品牌当季有多少款裙装在售？

（2）主要使用哪些面料？在售裙装的价格范围？

（3）至少拍摄 5 款在售裙装，写出款式造型关键词。

任务二　裙装结构设计原理

任务目标

1. 了解裙装基本形态与人体结构的关系。
2. 能正确进行人体测量并合理设计成品规格。
3. 掌握原型裙结构制图与样板制作的方法。
4. 理解原型裙结构设计原理。

任务导入

裙装包覆人体腰部以下部位，因此，裙装结构设计主要需考虑人体腹、臀部位及下肢的形态及运动需求。合理的裙装结构必须做到既能符合款式造型的需求，又能满足着装者日常生活中的基本运动。

任务准备

一、裙装基本结构

我们常将裙装基本结构叫做裙原型或基型，即是指不添加任何设计元素，仅为满足人体结构及着装舒适性需求的裙装款式。裙片基本形态及与人体体表曲面形态的关系，见图 2-5。

从图中发现，裙装的基本结构是圆台与圆柱的组合体。臀围线以上近似为圆台，圆台上圆周为腰围，下圆周为臀围；臀围线以下近似为圆柱形。

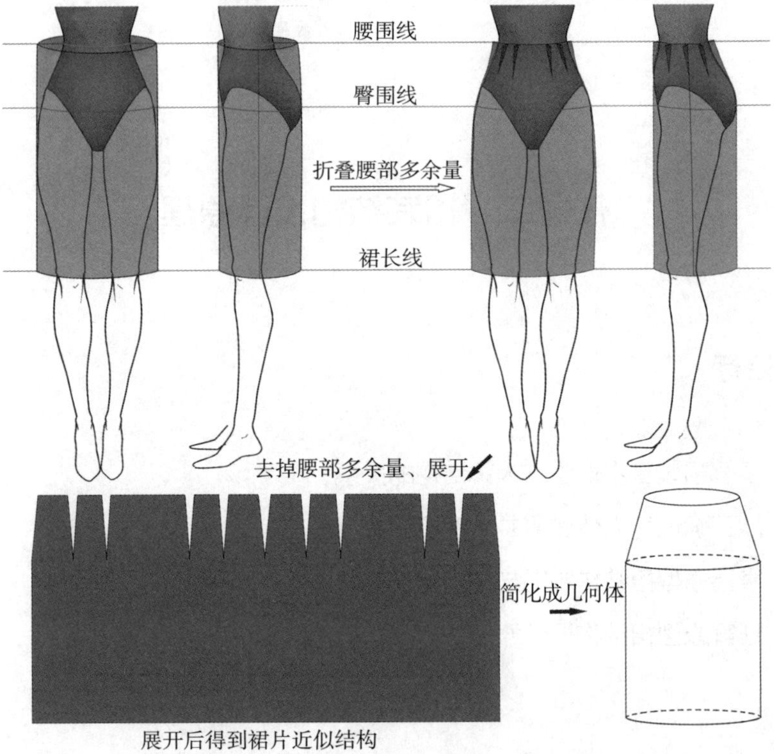

图 2-5 裙片基本形态及与人体体表曲面形态的关系

二、人体运动对裙装结构的影响

日常生活中，人体在走、跑、坐、蹲等动态情况下，肢体会有一定的运动幅度，同时，人体体表曲面也会因挤压扩张而变大，因此，为满足基本运动的需要，通常要在裙子的腰、臀、下摆等部位加放一定的放松量。图 2-6 所示为人体步幅与裙长、裙摆围间的关系。从图中可发现：裙长越长，为满足运动需求，需要的裙摆围就越大。若是裙摆窄小的款式，可通过开衩、加入褶裥、插角等方式，来满足动作幅度的需求，见图 2-7。开衩的止点根据款式造型而定，要既满足运动需要又能整体比例协调。

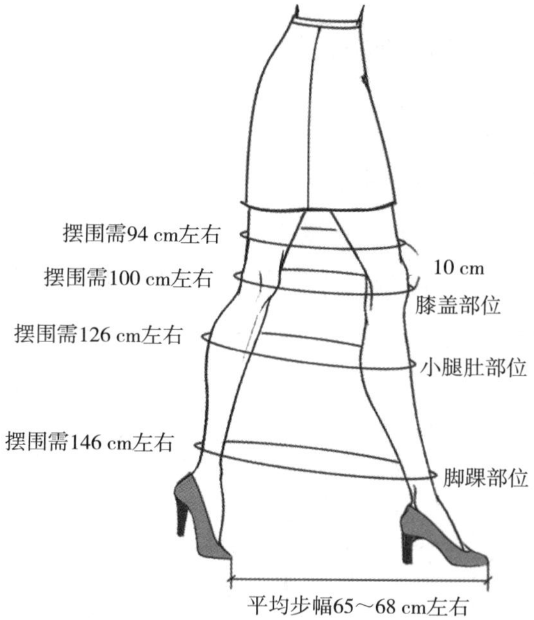

图2-6 步幅与裙长、裙摆围间的关系

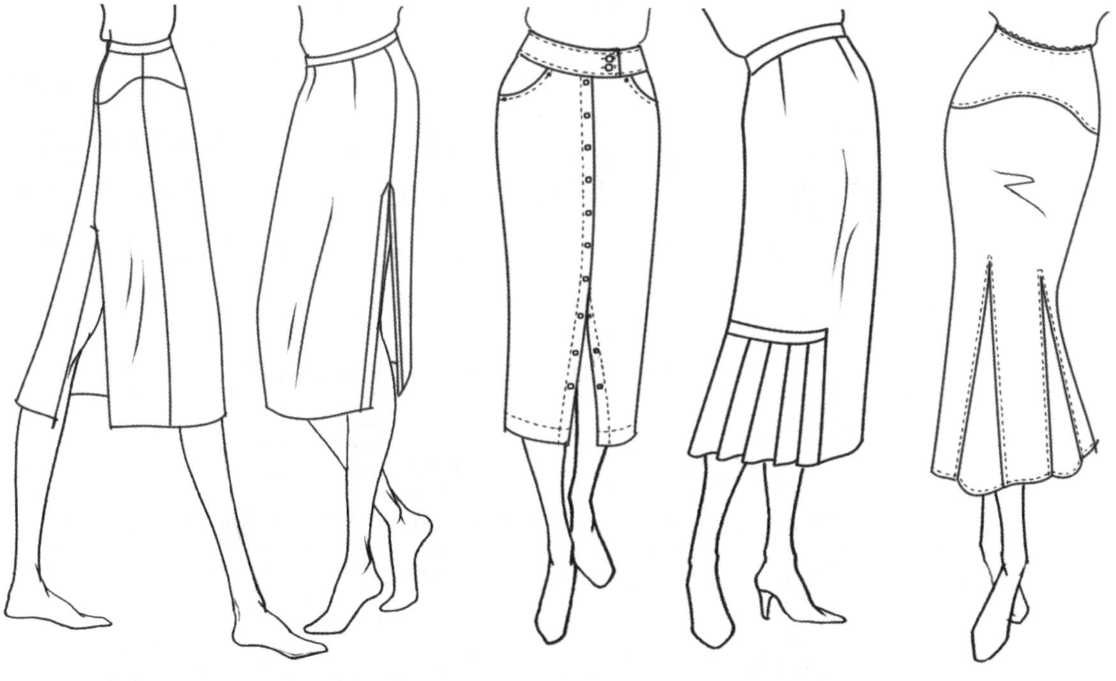

图2-7 增加裙下摆活动量的结构设计方法举例

三、裙装成品规格设计

服装成品规格设计合理与否，会直接影响穿着的舒适度和服装的美观性。服装成品规格设计包括控制部位规格设计与细部规格设计两方面内容。

控制部位是指直接影响服装造型与合体性、舒适性的部位。服装控制部位规格是在人体测体数据的基础上，加放一定的放松量而得。狭义上的服装成品规格设计就是指控制部位的规格设计。

细部规格是指服装局部造型的尺寸分配，如口袋大小、高低、分割线的位置等，这些部位的规格对服装的服用性能影响不大，但会对服装的审美性产生较大影响。因此，对于服装的细部规格，我们要认真分析款式特点与流行趋势，综合考虑功能性与艺术性的需求，按照比例估算而得。

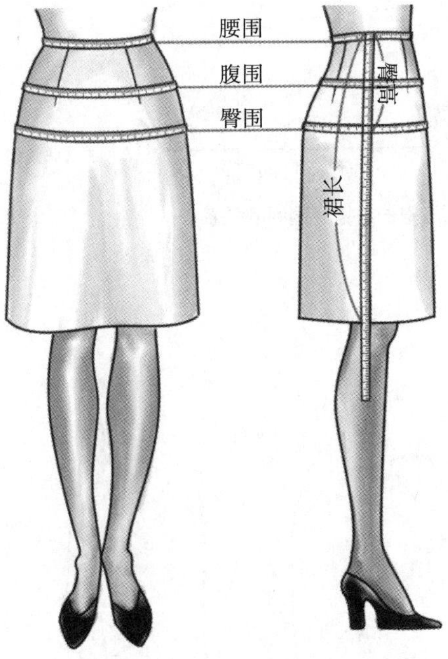

图2-8 裙装人体测量

1. 裙装的人体测量

制作裙装时，需要测量的主要控制部位有腰围、臀围与裙长。在高级定制中，为了更加符合定制者体型，还需要测量腹围（也叫中腰围）、臀高等尺寸。人体各部位测量方法见表 2-3 与图 2-8。

表 2-3 裙装人体测量的主要部位与测量方法

测量部位	测量方法
腰围	在腰部最细处水平围量一周
臀围	经过臀高点围绕臀部最丰满处水平围量一周
腹围	经过腹部凸起部位水平围量一周
臀高	从腰侧点量至臀围线的长度
裙长	从腰侧点量至裙摆底边的长度

2. 裙装成品规格设计

成品规格 = 人体净体尺寸 + 放松量。

裙装各部位放松量的确定，主要需要考虑人体日常活动需求、体型、服装造型、面料特性、穿着场合等因素。如当人体呼吸、坐、蹲时，腰围会增大1.5～3 cm，臀围会增大 2.5～4 cm。从生理学角度讲，1～2 cm 的压迫对身体并无太大影响，因此，综合考虑活动与造型的需求，适体型裙装的腰围通常加放0～2 cm，臀围加放 2～4 cm。

在工业化批量生产中，没有指定的穿着对象，服装的成品规格主要依据服装号型国家标准来确定。号型标准是在我国正常人体进行大量实测的基础上，经过科学分析，归纳总结而形成的国家标准。目前，我国服装行业实施的是服装号型 GB/T 1335—2008 标准，包括 GB/T 1335.1《服装号型　男子》、GB/T 1335.2《服装号型　女子》与 GB/T 1335.3《服装号型　儿童》标准。服装号型标准是服装企业标准化、系列化、规范化生产以及消费者选购服装的重要依据。

任务实施

四、裙装结构设计原理分析

（一）原型裙规格设计

根据女性 A 体中间体腰围、臀围的人体数据，结合裙装结构设计特点及制图时款式变化的便利性与通用性制作原型裙，原型裙规格见表 2-4。

表 2-4　原型裙规格　　单位：cm

号型	160/68A			
部位	腰围	臀围	臀高	裙长
人体数据	66～70	88.2～91.8	0.1×号+a	0.4×号+a
原型规格	68	92	18	55

*注：臀高与裙长的规格可依据身高（号）的比例进行估算，其中 a 为调节量，其值根据实际造型的需要确定，可为正值也可为负值。

（二）原型裙结构制图

1. 绘制框架图

原型裙框架图见图 2-9。

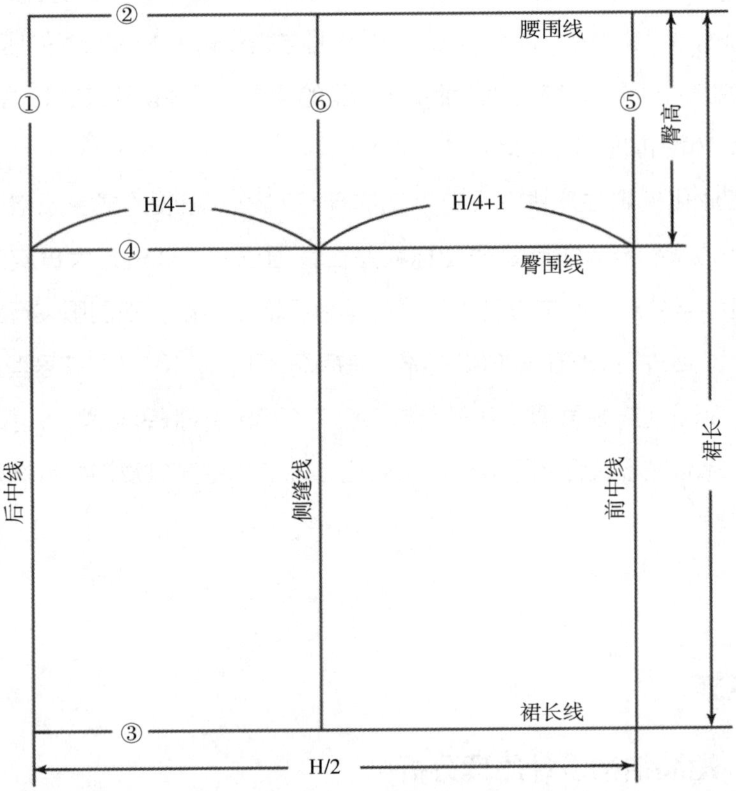

图2-9 原型裙框架图

2. 绘制结构图

原型裙结构图见图 2-10。

（三）制作原型裙纸样

1. 纸样检查：复核各部位规格尺寸是否符合要求；检查前后片侧缝拼合处腰头是否圆顺，若不顺就照图 2-11 所示方法修顺。

2. 作记号、标注：用剪口钳与打孔钳（图 2-12），分别在省尖、省大、臀围线等部位作对位与定位记号，并作好文字标注。原型纸样是服装结构制图的母版，还不是服装成品纸样，因此，省尖定位孔打在实际位置。完成的原型裙纸样见图 2-13。

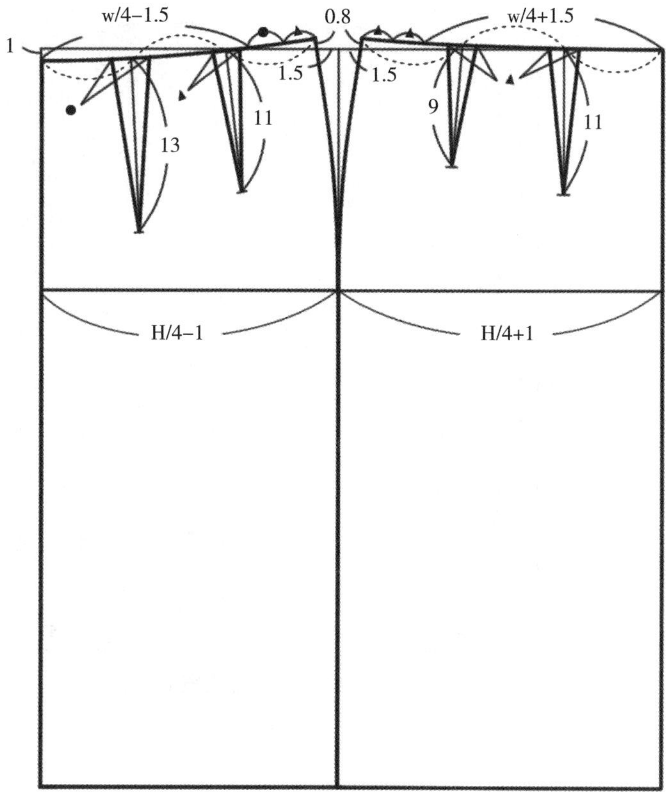

图2-10 原型裙结构图

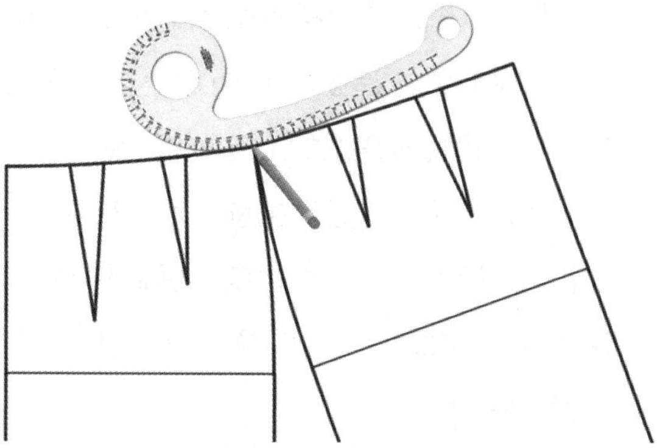

图2-11 画顺前、后裙片腰侧拼缝处

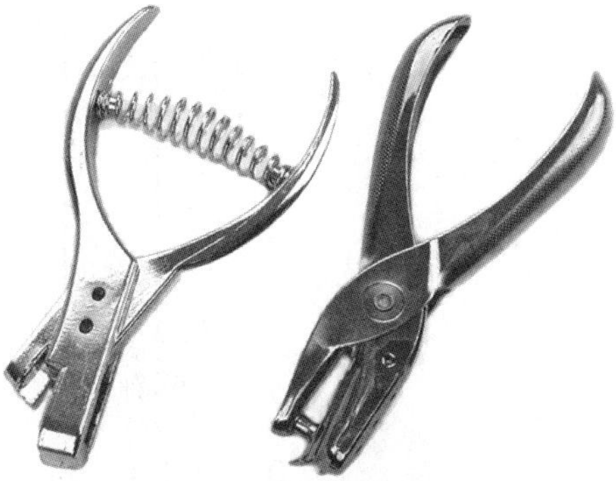

图2-12 剪口钳与打孔钳

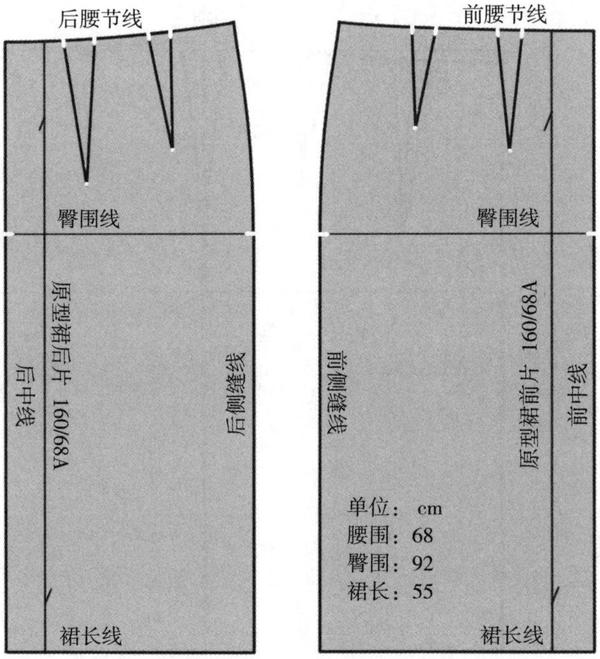

图2-13 原型裙纸样

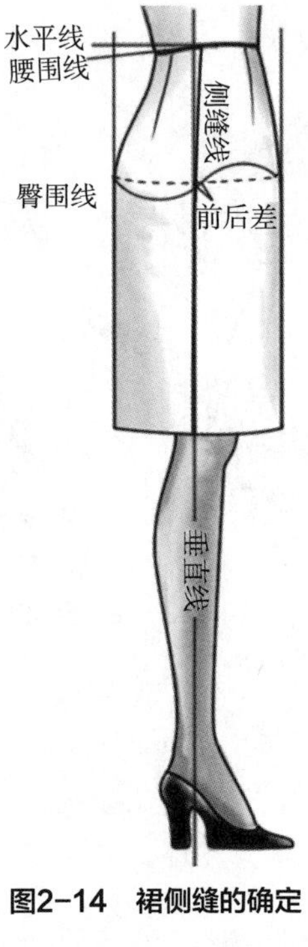

图2-14 裙侧缝的确定

（四）裙装结构设计原理分析

1. 前、后片臀围的分配：从理论上讲，前、后片臀围大小可以有三种分配形式：前后相等、前大后小和前小后大。一般前后裙片臀围大小的差值在0～2 cm，可根据款式造型需求而定。从体侧看，裙子侧缝线略向后偏移在视觉上感觉更均衡，人体也显得更加挺拔。因此，原型裙前、后片臀围采用了前大后小的分配形式，原型裙前、后片臀围相差2 cm。这种处理方式也便于连衣裙制图时上、下侧缝吻合，见图2-14。

2. 前、后片腰围的分配：由于人体臀部凸起量大于腹部，为满足体型要求，后片收省量宜比前片更大。因此，原型裙前、后片腰围分别采用W/4+1.5与W/4-1.5的分配方式，从而使后片总省量比前片多1 cm。当然，这种分配形式不是固定不变的，在实际生产中，腰省的大小与个数可根据所设计的原型臀腰差的大小而调整。为使收省部位圆润饱满，一般以每个省量不超过 4 cm 为宜。

3. 臀腰差量的处理：裙装结构设计的重点是处理好臀围与腰围的差值。臀腰差的处理方法很多，其中收省是服装结构设计中常用的一种结构处理方式。我们也可以将腰部的省量转移到其他部位，或将省道转变成分割线、褶、裥等其他形式，如图 2-15 所示。

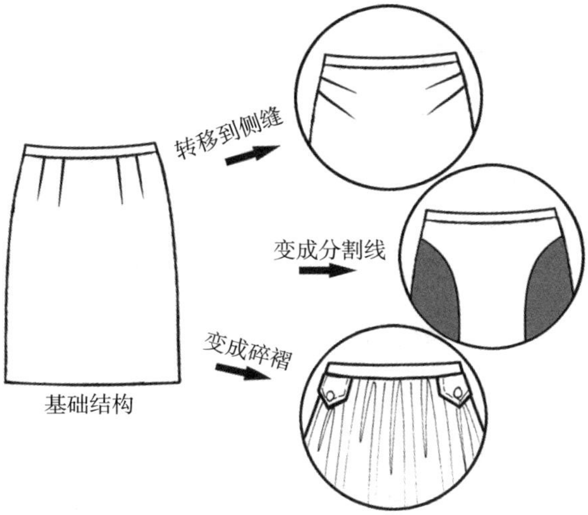

图2-15 裙装臀腰差的处理

任务评价

学习小组工作状态评价，见表 2-5。

表 2-5 学习小组工作状态评价表

小组成员及分工情况	工作状态评价			
	评价项目	等级		
		A	B	C
	分工情况	分工合理、人人参与	分工较合理	分工不合理、有人无事可做
	协作情况	团结协作、进展顺利	大部分组员团结协作	矛盾较多、进展不顺
	工作进度	比要求时间超前	与要求时间一致	没在要求时间内完成
	工作质量	项目质量符合要求	基本符合要求	很多地方不能达到要求
	工作热情	工作热情高、思维活跃、积极动手	有工作热情、能按要求动手完成	工作消极

思考与练习

一、填空题

1. 原型裙前、后片臀围的差值是________ cm，前后片腰围的差值是________ cm，前后片腰省量的差值是________ cm。

2. 裙装臀腰差的结构处理方式除省道外，还有________、________、________等。

3. 裙装成品尺寸等于____________________________。当人体呼吸、坐、蹲时，腰围会增大________ cm，臀围会增大________ cm。从生理学角度讲，________ cm的压迫对身体并无太大影响，因此，综合考虑活动与造型的需求，适体型裙装的腰围通常加放________ cm，臀围加放________ cm。

二、简答题

1. 什么叫控制部位？裙装的控制部位有哪些？如何测量？

2. 裙装成品规格为什么要在人体测量尺寸的基础上加放一定的放松量？确定放松量的依据有哪些？

三、实践题

每位同学分别制作一套规范的 1 : 5 与 1 : 1 原型裙硬纸样。

任务三　裙装结构设计

任务目标

1. 学习并掌握裙装结构设计的方法。

2. 掌握不同裙装的特点，能合理选配面料并进行规格设计。

任务导入

服装结构是指服装各部位间的组合关系。主要包括服装的廓型结构、细部结构以及各部件间的组合结构三大结构关系。服装结构是由服装的造型、功能、材料以及制作工艺决定的。

服装结构设计是基于人体结构特征，从功能与艺术的角度研究人体结构与服装款式造型的关系，利用科学的结构设计方法，将服装立体造型转化成能进行缝制加工的衣片结构过程。服装结构设计在服装生产过程中起着承上启下的作用，它既是服装款式设计的延伸和完善，又是服装工艺设计的前提和准备，同时也是服装满足着装需求的重要保障。在进行服装结构设计时，我们时刻要牢记三个关键点：一要准确领会服装款式效果图；二要满足人体体型与功能需求；三要利于缝制加工。因此，科学的服装结构设计流程一般要经历以下环节，见图 2-16。

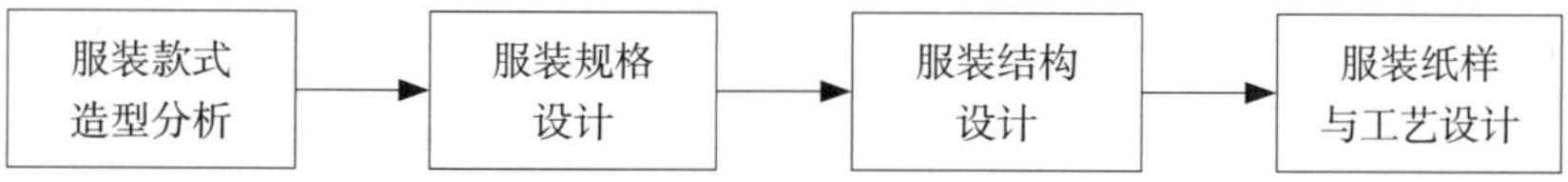

图2-16 服装结构设计流程

任务准备

裙装结构简单，其结构变化主要表现在廓型、内部结构线及部件造型等方面。

一、廓型的变化

裙装基本廓型为 H 型，在 H 型的基础上，通过省道转移的方法，将腰省转移到裙摆，可得到 A 型裙，见图 2-17；如果要保持 A 裙的臀围基本合体，我们可以将省尖向下调整，直至臀围线上，见图 2-18。

从图 2-18 中可见：省尖越接近臀围线，摆围与臀围展开的量越小。还可以通过切展、抽褶等结构变化方法，得到 O 型裙，将腰省转移至裙摆后，还可以通过水平拉开的方法，增加碎褶或折裥的量，从而演变为碎褶裙或折裥裙。如将裙下摆收紧，则可以形成两头小、裙身外鼓的O型裙（也叫灯笼裙），见图2-19。裙装廓型演变外观效果见图2-20。

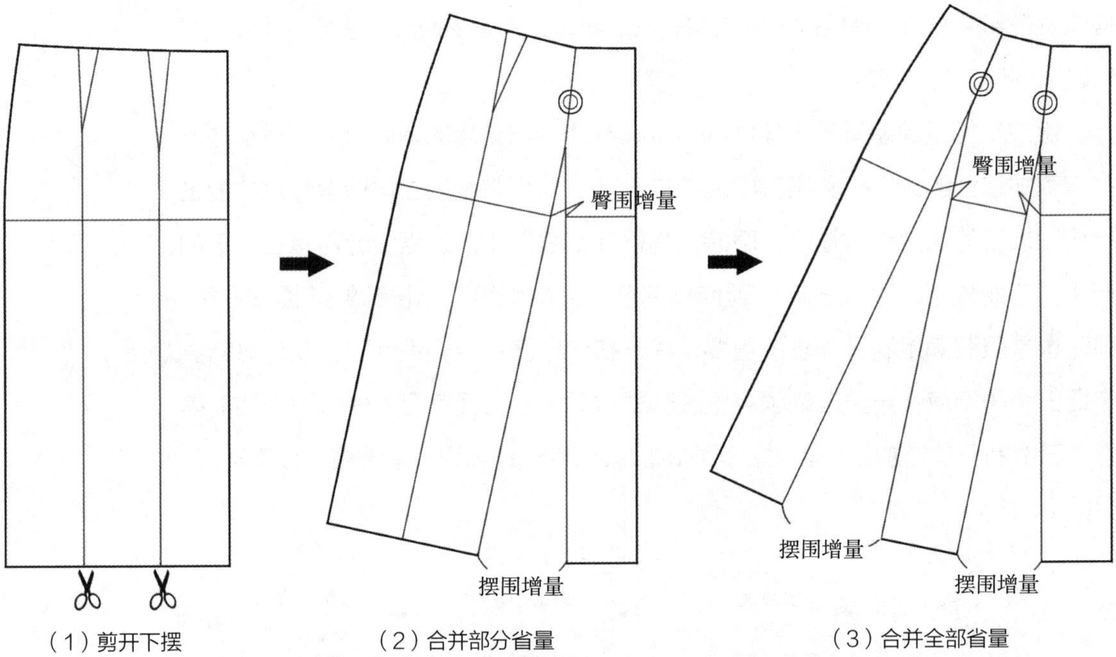

图2-17　A型裙结构设计基本方法

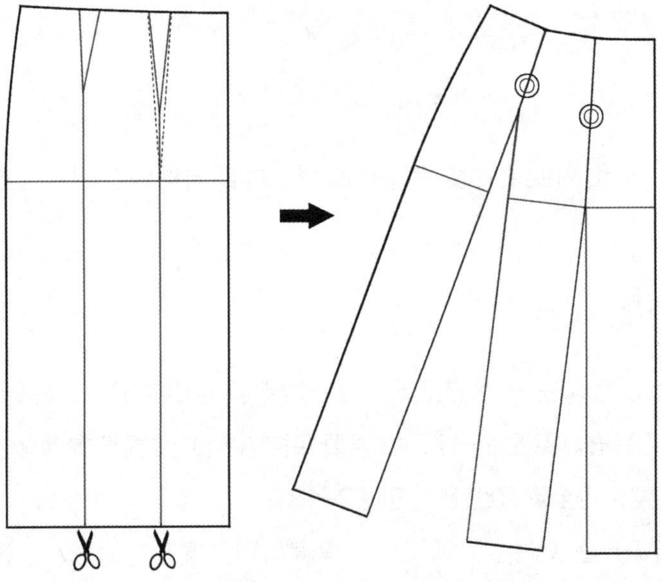

图2-18　省尖位置与摆围、臀围展开量的关系

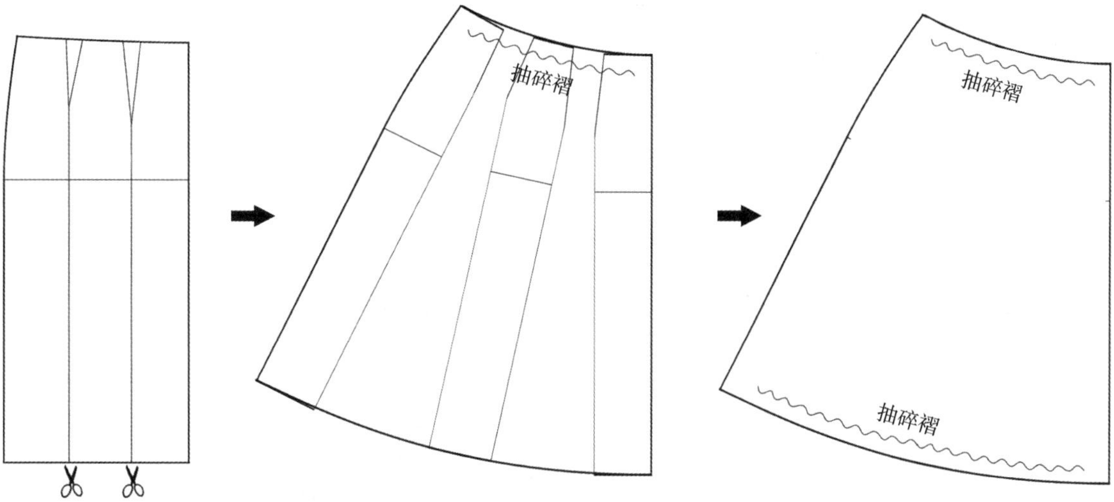

（1）剪开下摆　（2）合并省量，水平拉开，腰部抽褶　（3）腰部与下摆均抽褶

图2-19　碎褶A裙、O型裙的结构设计基本方法

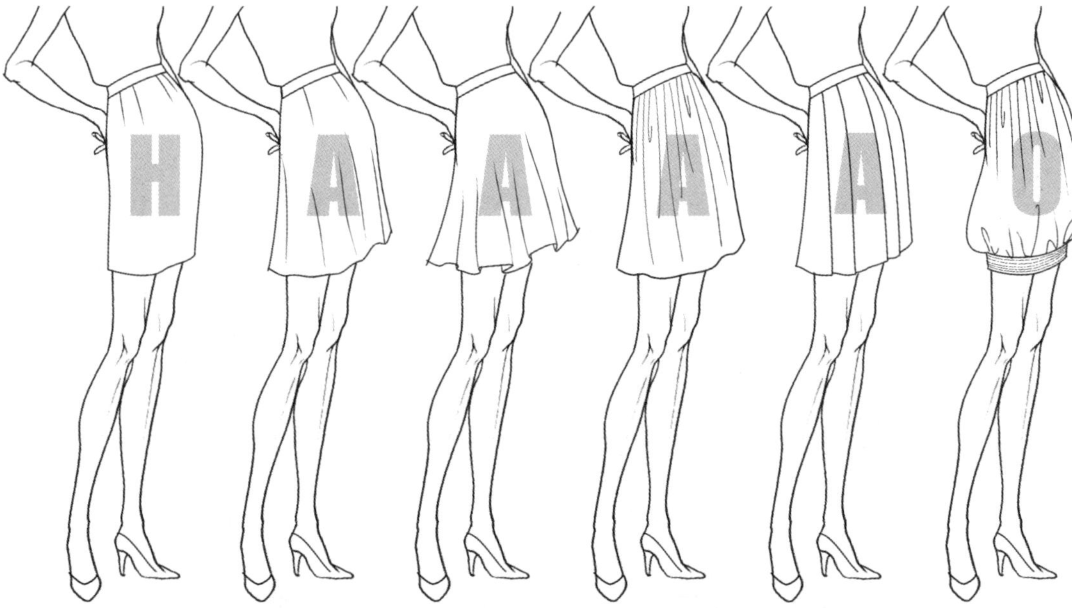

（1）直裙　（2）斜裙　（3）圆裙　（4）碎褶裙　（5）裥裙　（6）灯笼裙

图 2-20　裙装廓型演变外观效果

二、内部结构线的变化

裙装内部结构线主要包括基础结构线、省缝线、分割线、褶裥等。裙装内部结构线变化丰富，从而使裙装的细节设计更加多姿多彩。

1. 基础结构线的变化

裙装基础结构线包括腰节线、侧缝线、开衩、下摆、拉链以及各类部件的造型线等。如腰节线、裙下摆的形状可以是常规的弧线，也可以是不规则形状，见图 2-21。

（1）V 型腰节线　（2）双开口拉链　（3）不规则裙裾　（4）不规则腰节线

图2-21　基础结构线的变化

2. 省缝线的变化

腰省是处理臀腰差的基本方式。但省的大小、位置、个数、形状不是固定不变的，可根据设计的需要灵活变化。省道转移结构设计原理见图 2-22。

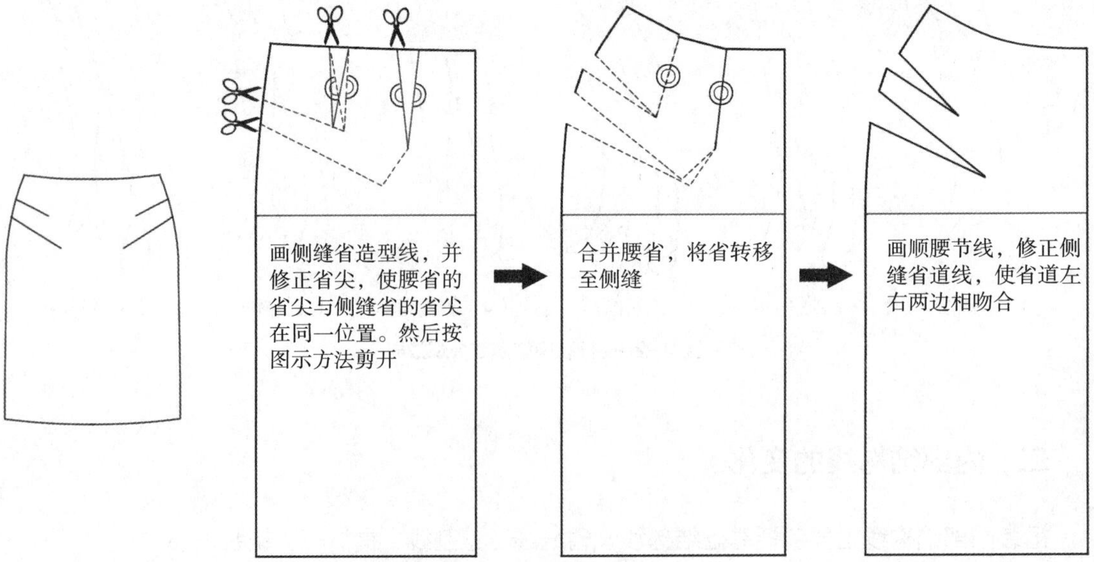

图2-22　省道转移结构设计原理

3. 分割线的变化

分割线是服装上常用的一种造型手段。根据功能的不同，分割线可以分为功能性分割线与装饰性分割线两类。

功能性分割线：是指为满足人体体型而设计的分割线，因此宜设计在人体凹凸变化最大的部位，以便更合理地将省量融合于其中。功能性分割线结构设计原理，见图 2-23。

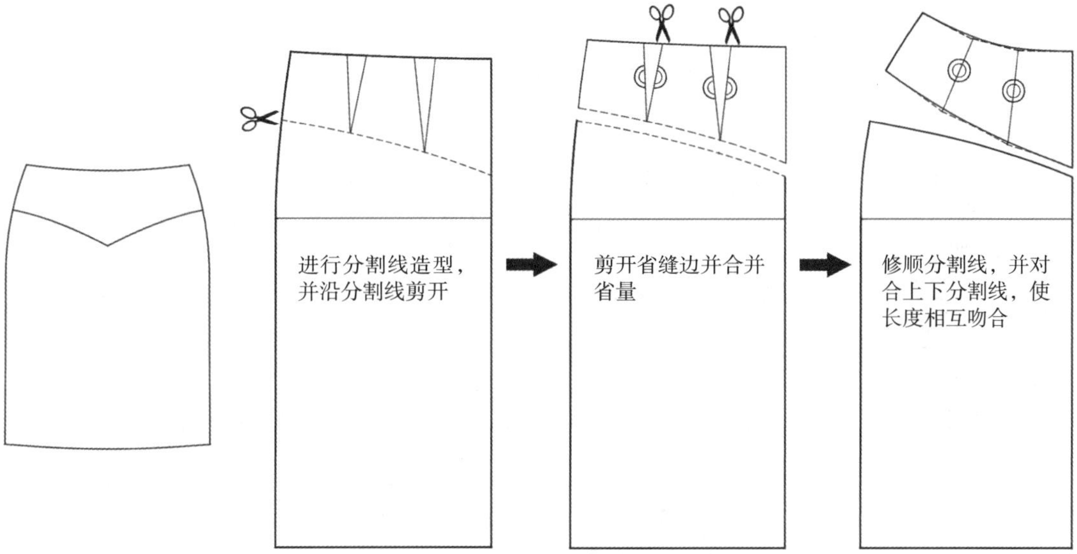

图2-23 功能性分割线结构设计原理

装饰性分割线：装饰性分割线是指为使人们产生视觉美感而设计的分割线，它可以根据装饰的需要设计在服装的任何部位。因此，对于装饰性分割线来讲，设计的要点就是要比例协调、美化人体及方便缝制。

分割线在服装造型中有着重要的作用，通过线条所特有的方向性、运动性，赋予了服装更丰富的内容与表现力。裙装中分割线的运用，见图 2-24。

4. 褶裥的变化

褶裥也是服装上常用的造型手段。褶是指无固定大小与方向的细碎褶纹，它立体感强，有着很强的装饰性。裥有固定的大小，并有规律地按指定方向将面料进行折叠。裥根据其折叠方式不同，可分为顺裥与对合裥两大类。如果折叠的裥量很小且通过缉缝线加以固定，就叫做塔克。褶、裥、塔克在裙装上的运用见图 2-25，碎褶裙结构设计原理见图 2-26、图 2-27，裥裙结构设计原理见图 2-28。

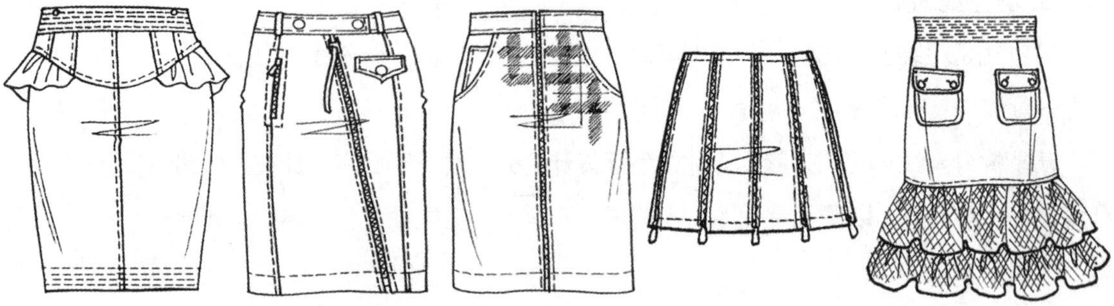

（1）分割线中加入装饰波浪花边

（2）纵向分割与斜向拉链装饰线组合

（3）将袋口线与分割线巧妙组合

（4）将拉链融合到分割线中

（5）通过分割将不同材质组合，并改变了裙的廓型

图2-24　分割线在裙装上的运用

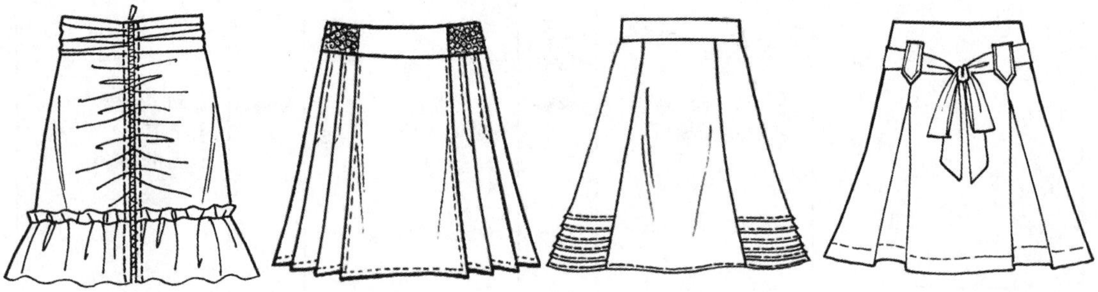

（1）碎褶　　（2）顺裥　　（3）塔克　　（4）对合裥

图2-25　褶、裥、塔克在裙装上的运用

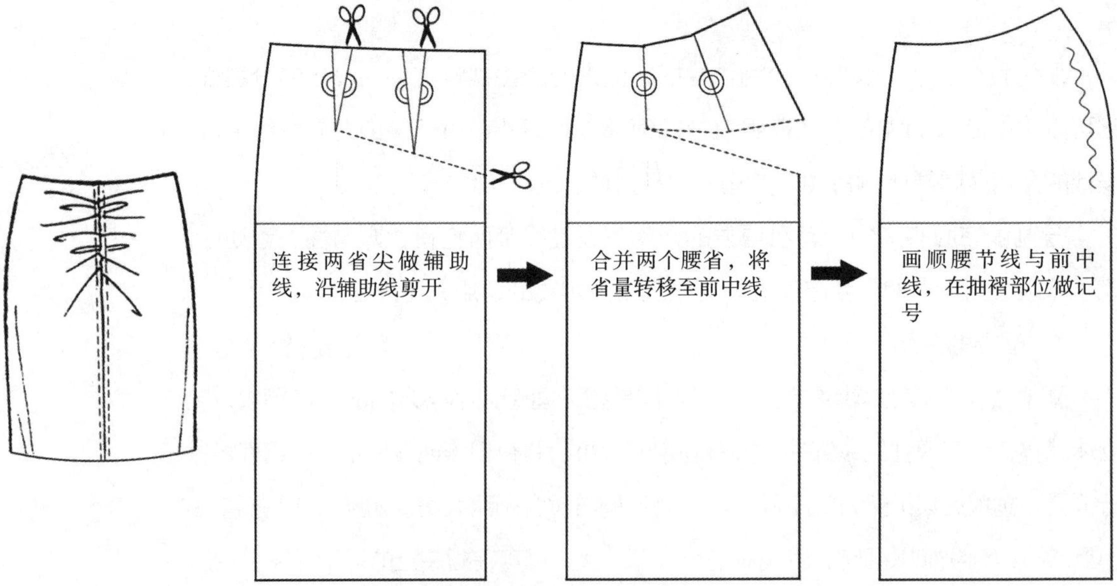

图2-26　将省道量转变为碎褶的结构设计方法

当由省量转化而成的褶量无法满足设计需求量，我们还可以通过在需要抽褶的部位添加辅助线，进行切展的方法来增添抽褶量，见图 2-27。

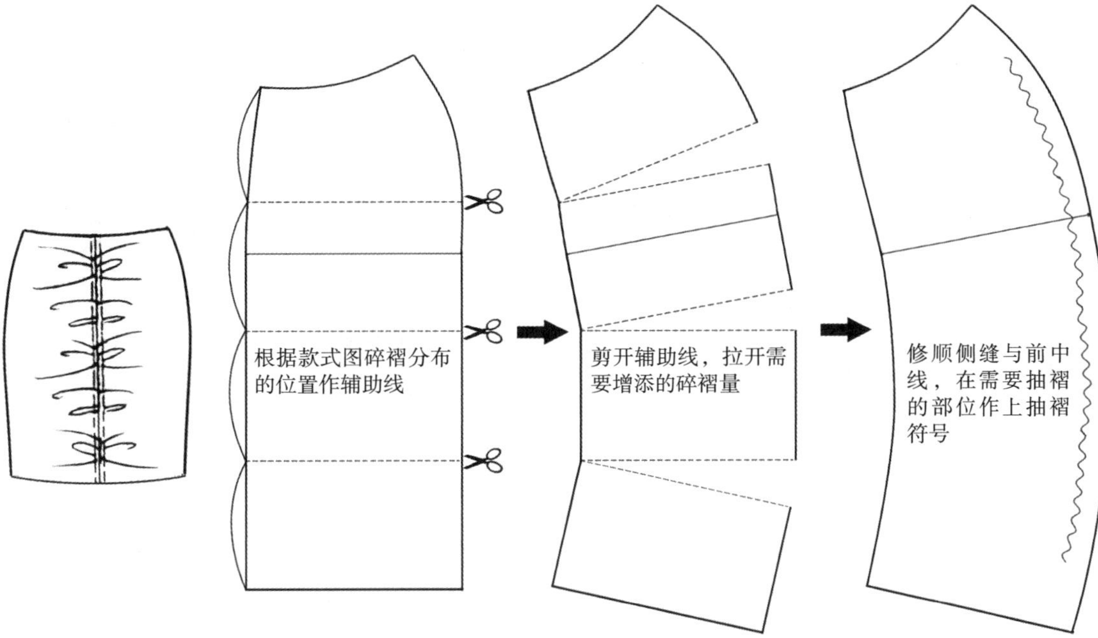

图2-27　需要大量抽褶量的碎褶裙结构设计方法

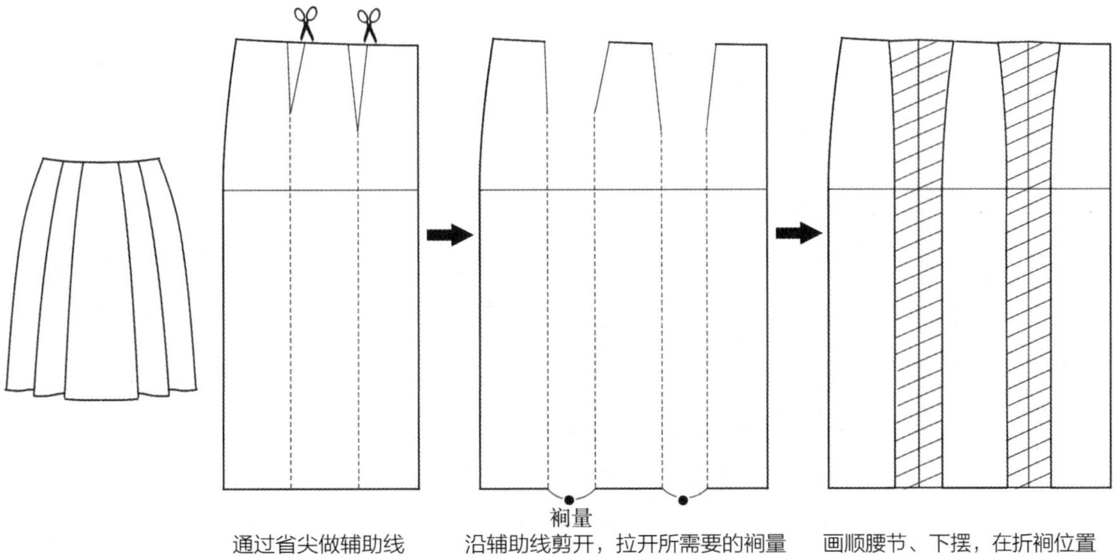

褶裥符号方向说明：用斜线方向表示褶裥方向，由斜线高点向低点方向折叠。

图2-28　裥裙的结构设计方法

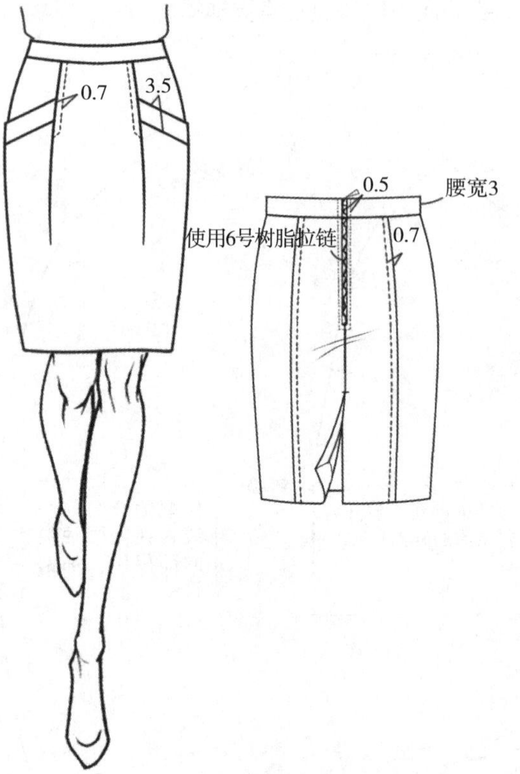

图2-29 后开衩直裙款式图

任务实施

三、H 型裙结构设计

H 型裙是裙装的基础造型，其造型特点是腰、臀合体，裙子摆围与臀围接近，外轮廓基本呈 H 型。根据裙下摆合体度的不同，H 型裙又有直裙与窄裙之分。窄裙由于裙摆窄小，常通过开衩来满足行走的需要。

1. 款式设计

造型为直裙，裙长在膝盖以上 6~8 cm，前片左右各 1 个腰省，斜插袋；后片纵向分割，后中开衩，明拉链，直腰头，见图 2-29。

2. 规格设计

直裙规格见表 2-6。

表 2-6 直裙规格

单位：cm

号型	160/68A			
部位	裙长	腰围	臀围	腰头宽
尺寸	55	68	92	3

3. 结构设计

直裙结构设计方法见图 2-30（图中灰色样板为裙原型模板），分割线、省道部位的纸样校正方法见图 2-31，直裙面料净样见图 2-32。在确定分割线、省道、口袋位等结构线的位置与形状时，要与款式图中的相应部位进行反复比较，确保与款式图相符。结构设计要点：

① 腰节线位置确定：根据设计需求及流行趋势确定。本款将原型腰节线下降 1.5 cm，裙腰安装后，腰部依然在正常位置，也符合现在的穿着习惯。

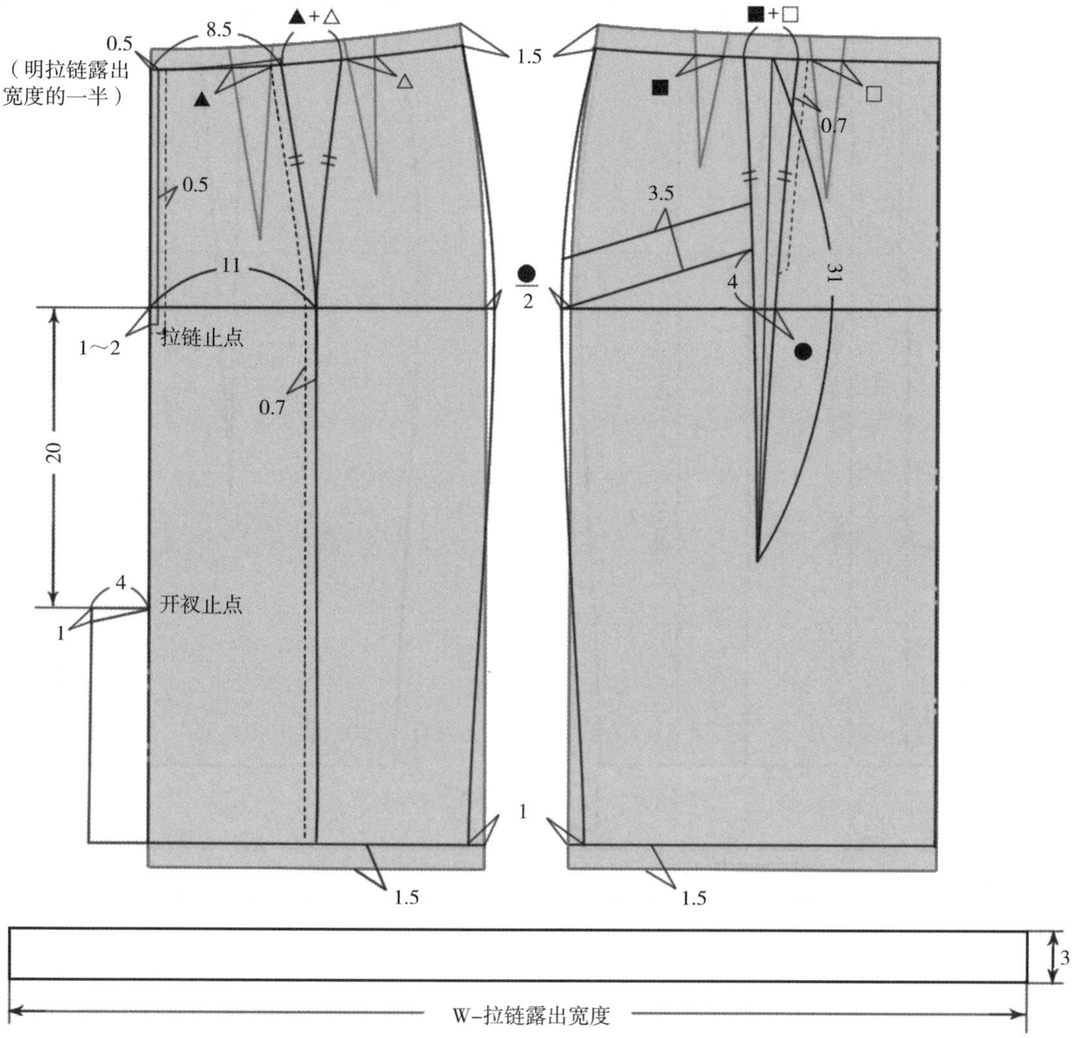

图2-30　直裙结构设计

图2-31　分割线、省道的校正方法

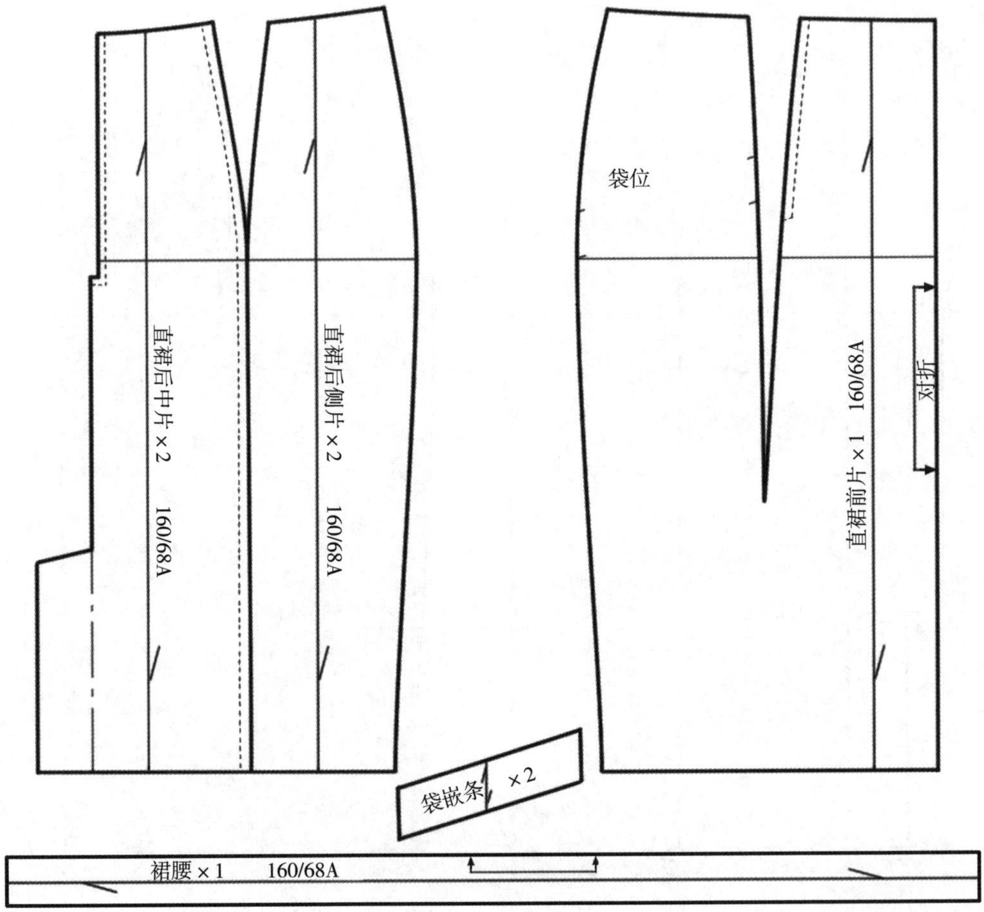

图2-32 直裙面料净样

② 腰省的处理：前片省长超过臀围线，因此需要对臀围进行修正，在臀侧加放出臀围线上的省量，以保证成品臀围规格。后片将省融入到分割线中。

③ 开衩止点的确定：裙摆围较小时，开衩是最常用的增加活动幅度的方法。开衩的部位与形式可根据风格的需求自由设计，但开衩的止点位置除要考虑整体比例协调外，一定要确保穿着的美观，在臀围线以下 18～20 cm 的位置比较适合。

④ 明拉链的结构处理：对于使用明拉链结构的款式，在绱拉链部位需要减去拉链啮合后链牙的宽度。表 2-7 为不同型号拉链啮合后链牙宽度范围。

表 2-7　不同型号拉链啮合后链牙宽度范围　单位：cm

链牙材料	型号							
	2	3	4	5	6	8	9	10
金属	3.5	4.5	5.2	6.0	—	7.8～8.0	—	9.0
尼龙	3.5～3.8	4.0～4.8	5.0	5.8～6.0	6.6～6.7	7.2～7.3	8.0～8.1	9.0～10.5
树脂	—	4.5	5.3	6.0	6.7	8.0	—	9.0

四、X 型裙结构设计

X 型裙的廓型像鱼，腰、臀及裙身上半部合体，向下逐步放开，下摆展开成鱼尾状，故又叫鱼尾裙。X 型裙鱼尾的位置、展开的大小根据造型需要而定。但裙身最细部位的围度与位置的高低要合理设计，以确保行走方便。鱼尾部位可通过拉展、分割、加入插角等结构处理方式，增加裙摆幅度，从而塑造出富有动感的鱼尾效果，见图 2-33。

图2-33　鱼尾裙造型

1. 款式设计

裙身前短后长，前裙长在膝盖以上 6～8 cm，后裙长在膝盖附近。前片装门襟拉链，左右各一个月亮袋；后片育克分割，左右各一个贴袋，弧形腰、适腰型，见图 2-34。

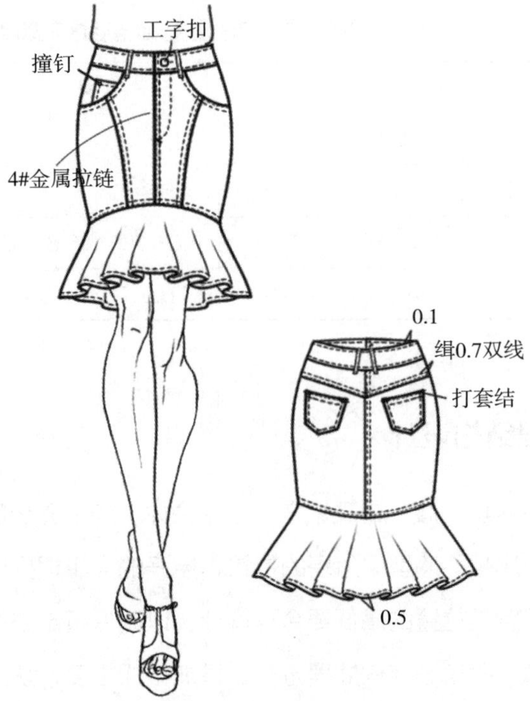

图2-34　鱼尾裙款式图

2. 规格设计

鱼尾裙规格见表 2-8。

表 2-8　鱼尾裙规格　　单位：cm

号型	160/68A			
部位	前裙长	后裙长	腰围	臀围
尺寸	54	60	68	92

3. 结构设计

结构制图方法见图 2-35，鱼尾波浪、腰头、育克的纸样处理方法见图 2-36，面料净样见图 2-37。结构设计要点：

① 裙身最细部位的位置与围度的确定：为方便行走，裙身最细部的位置不能太低，宜在大腿中部上下；此处的围度也不能太小，至少 80 cm。

② 腰省的处理：将前片腰省分别在侧缝、前中分割线、月亮袋中处理掉；后片将省转移至育克分割线和侧缝中。

③ 腰侧起翘量与后腰中点下落量的确定：裙身非常合体，为防止后腰出现余量，可适当增加后裙中点的下落量。

④ 裙摆展开量的确定：展开量的大小主要根据造型、面料特性确定。

⑤ 口袋的造型与位置：对穿着机能无影响，因此，口袋的位置与大小主要通过分析款式图中相应部位的比例关系确定。

⑥ 纸样校正：纸样完成后，需要校正前后片腰、波浪等缝合部位的长度是否相等，缝合处是否圆顺。

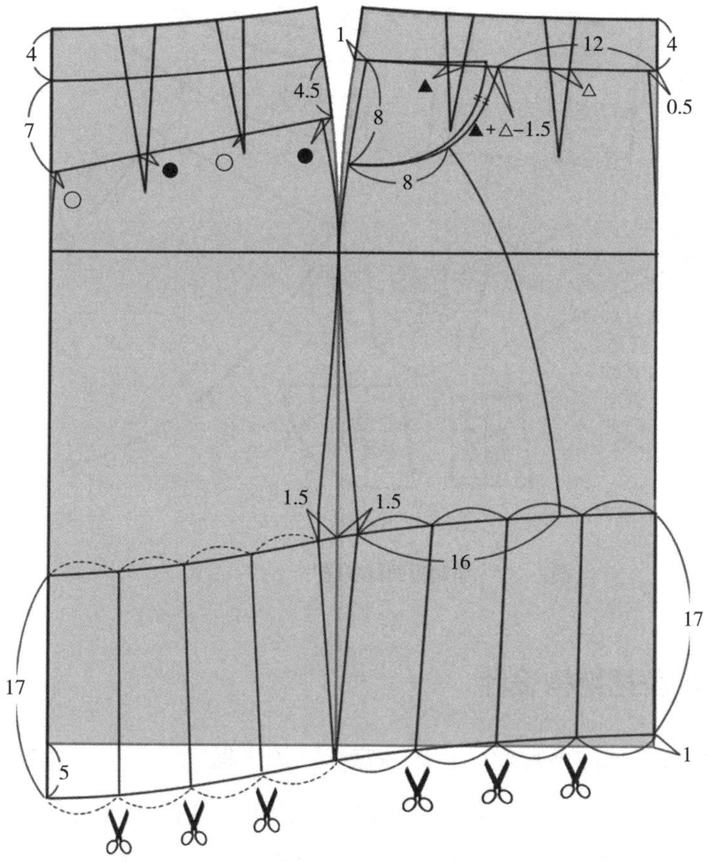

图2-35 鱼尾裙结构设计

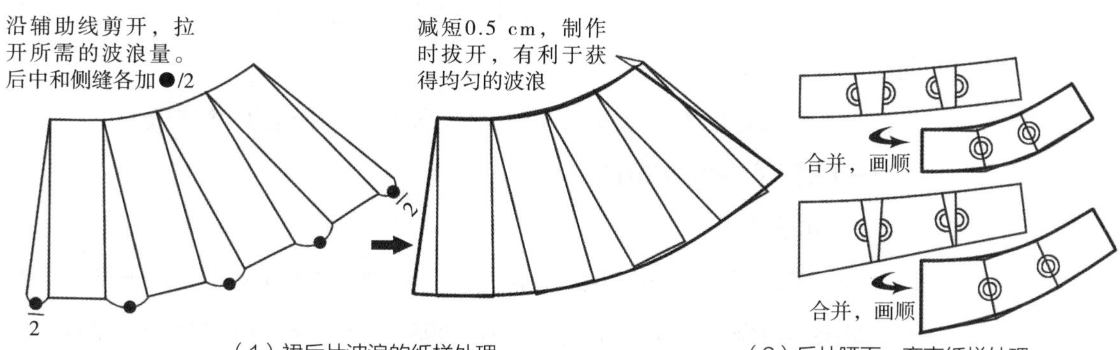

（1）裙后片波浪的纸样处理

（2）后片腰面、育克纸样处理

图2-36 鱼尾波浪、腰头、育克的纸样处理

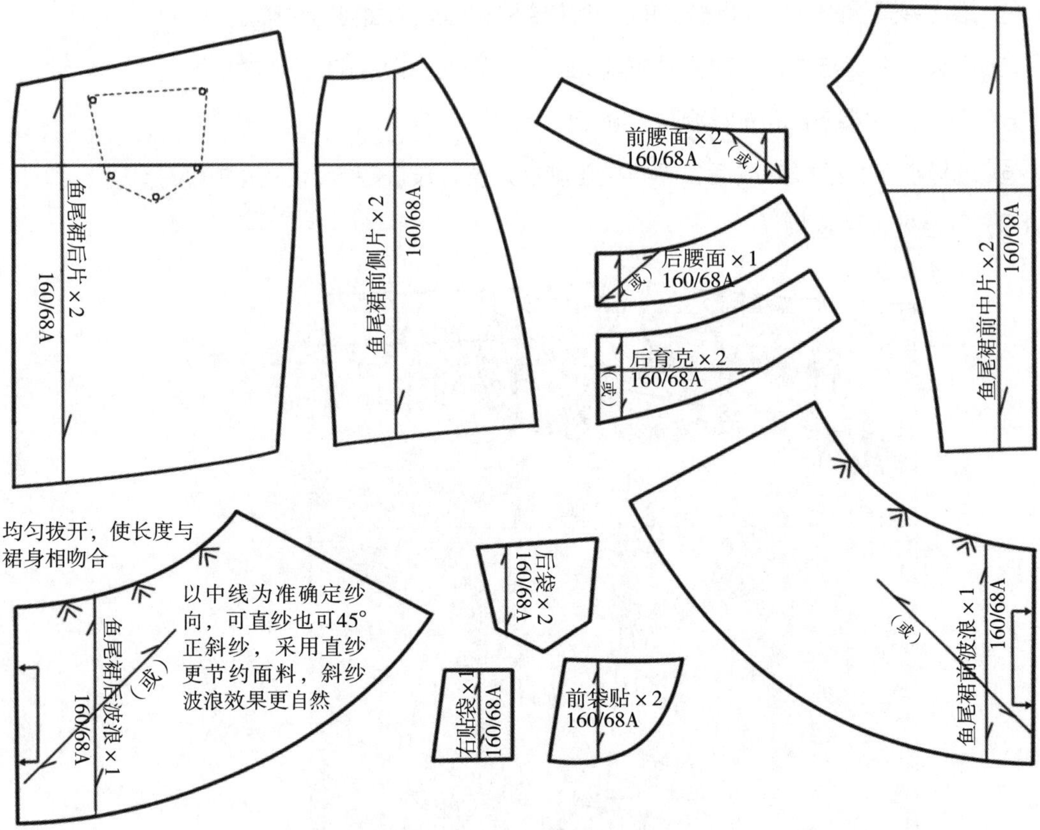

图2-37 鱼尾裙面料净样

五、A 型裙结构设计

A 型裙造型特点是臀部较合体或宽松，裙下摆宽大，裙身外轮廓呈 A 型。根据裙摆大小的不同，A 型裙又可分为斜裙和圆裙，见图 2-20。

（1）斜裙：腰合体，臀部较合体，裙摆较宽松，但裙摆弧度一般不超过 60°。

（2）波浪裙：在斜裙的基础上，进一步加大裙摆，从而使面料由于自重下垂而产生起伏的波浪效果。

（3）A 型裙造型活泼，富有动感，在女装与童装中运用非常广泛。

（一）褶裥斜裙结构设计

1. 款式设计

裙长在膝盖以上 12～15 cm，前片育克分割，左右不对称，左侧做 4 个顺裥；后片采用组合分割线，加有袋盖的圆角贴袋。前、后育克各两个皮带袢，左侧缝绱隐形拉链，无腰头低腰型，见图 2-38。

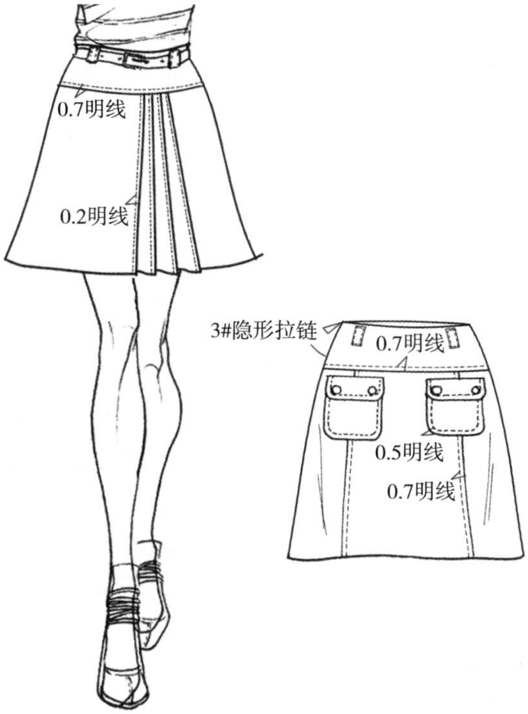

图2-38　褶裥斜裙款式图

2. 规格设计

褶裥斜裙规格见表 2-9。

表 2-9　褶裥斜裙规格　单位：cm

号型	160/68A		
部位	裙长	腰围（原型）	臀围
尺寸	45	68	92

3. 结构设计

制图方法见图 2-39（图中灰色样板为裙原型模板），裙后片纸样处理见图 2-40，裙前片纸样处理见图 2-41。结构设计要点：

① 低腰裙腰围的确定：在原型裙片上直接降低所需要的低腰量。控制腰围 68 cm 是以原型裙正常腰位为准。故裙实际腰围应大于 68 cm，制图完成后实测。

② 腰省的处理：前、后片腰省量均可转移至育克分割线中。

③ 裥的确定：裥量的大小根据造型的需求而定，上、下展开量可相同，也可以不同。另外，由于裥可以张合，因此加入褶裥造型后，裙臀围大小不固定，会随下肢的运动而变化。

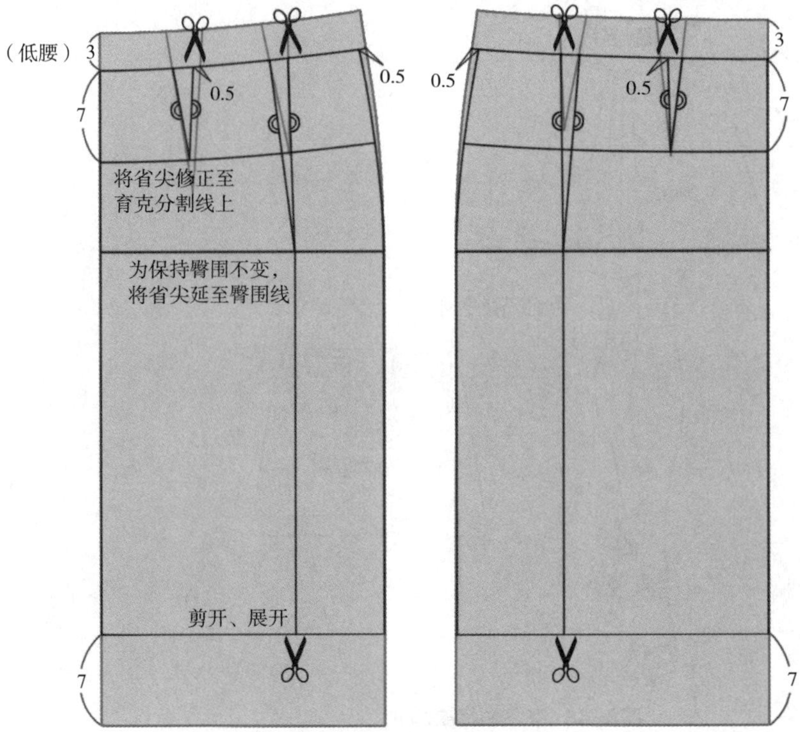

图2-39 褶裥斜裙结构设计

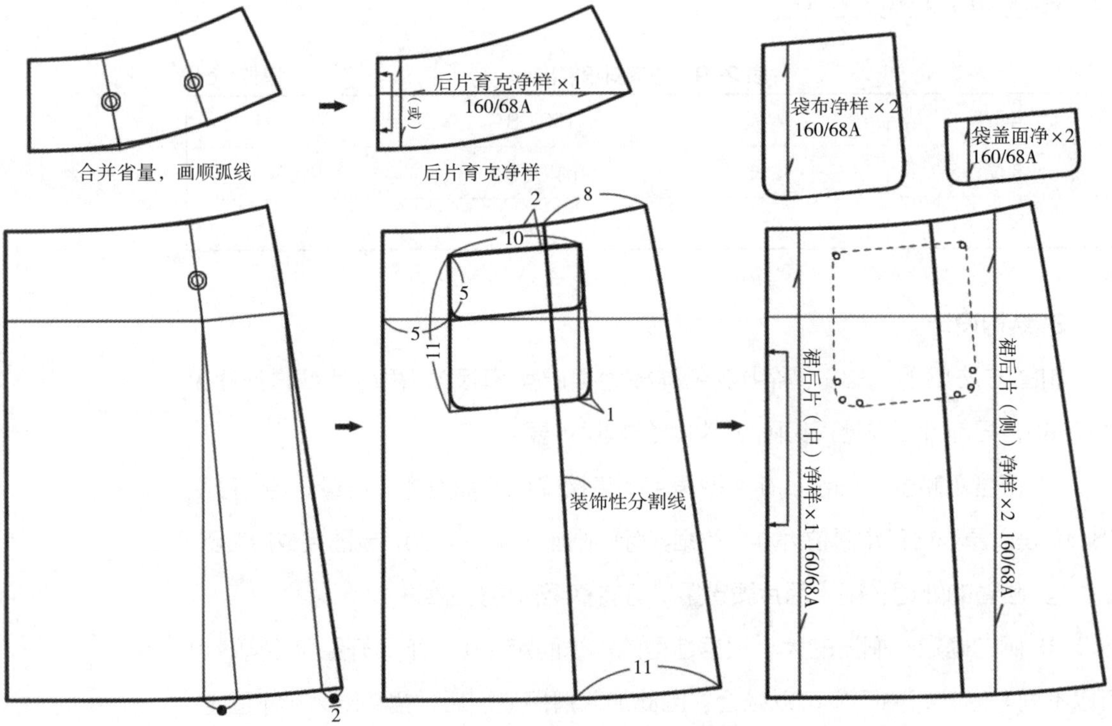

图2-40 褶裥斜裙后片纸样处理

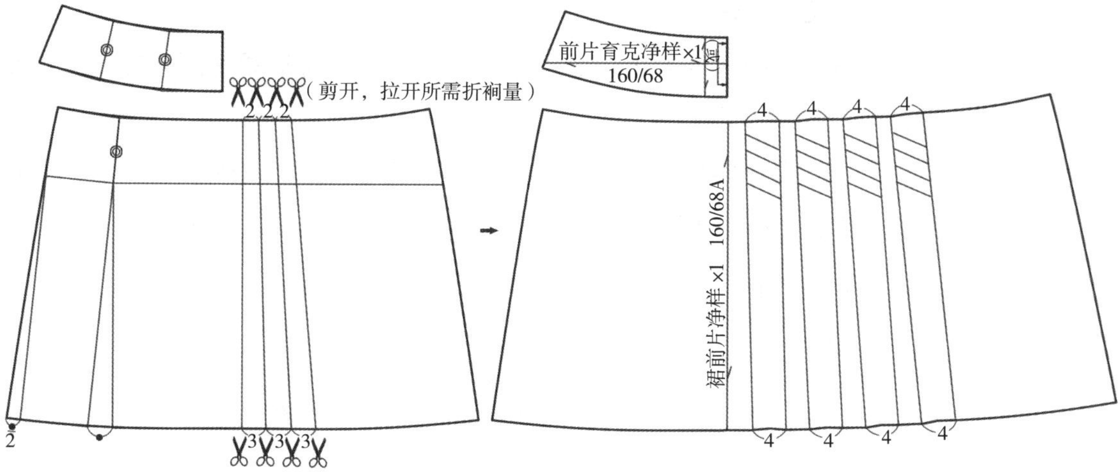

图2-41 褶裥斜裙前片纸样处理

（二）波浪裙结构设计

波浪裙下摆起伏自然，轻盈飘逸富有动感，适合各年龄层次女性。波浪裙的结构设计除在原型裙基础上通过省道转移的方式构成外，还可通过做圆、分割、抽褶、加插角等结构处理方式，从而获得更加丰富的外观效果，见图 2-42。

（1）圆角波浪裙　（2）局部波浪裙　（3）插角波浪裙　（4）层叠波浪裙　（5）抽碎褶波浪裙

图2-42 波浪裙常见造型

1. 圆裙结构设计

圆裙是根据一定大小圆心角制图而得到的圆弧形裙片，其制图原理见图 2-43。结构设计要点：

① 腰围圆半径的计算：圆裙制图的关键就是正确计算圆的半径。我们知道圆的周长 $C=2\pi R$，圆裙的圆心角可以是一个正圆，也可以是圆的一部分，或由多个圆组成。因此，圆裙腰围圆半径的计算方法为：

$$R=\frac{\text{腰围}}{2\pi\times(\text{圆心角}/360)\times\text{片数}}$$

② 裙长的修正：由于裙身自重的影响，在悬挂状态下，圆裙的长度会自然拉长，特别是斜纱方向部位或结构疏松的面料。因此，为了保证成品裙摆高度一致，在制版时将易拉长的部位先减短 1～3 cm。对于性能不熟悉的面料，可将

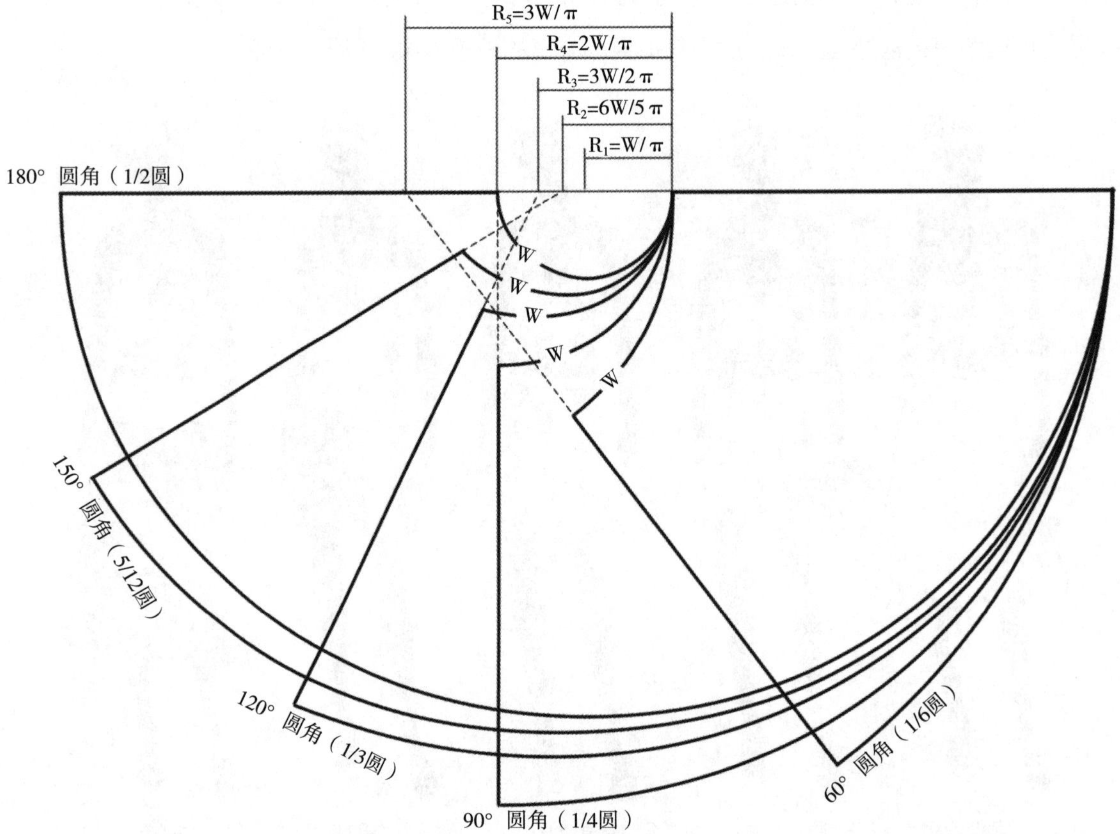

图2-43 圆裙结构设计原理

样裙悬挂静置一天左右，再将伸长的部位修正即可。

③ 纱向的确定：圆裙裙片的纱向可以有三种确定方法，见图 2-44。在实际生产中，可根据产品的成本、价格、外观效果等因素综合考虑。

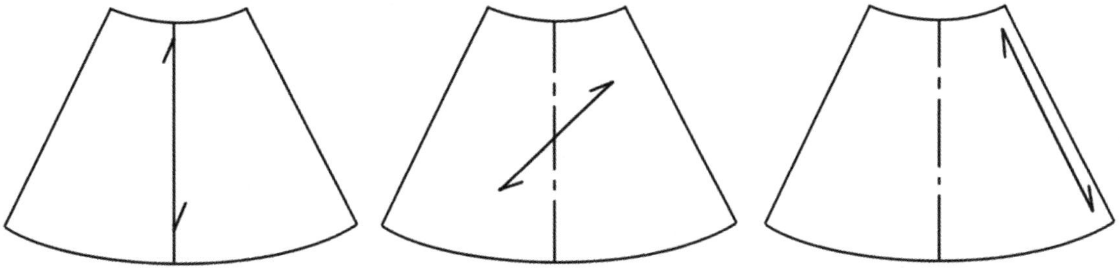

（1）两侧为斜纱向，向中逐渐过渡为直纱，整体波浪效果较均匀。

（2）裙身各处纱向一致，波浪均匀自然，但耗料大

（3）用料节约，但波浪效果不均匀

图2-44 圆波浪裙裙片纱向的确定方法

2. 圆角波浪裙结构设计

款式见图 2-45，两片各 90°圆裙，前后片相同，右侧绱隐形拉链，规格见表 2-10。制图方法见图 2-46。

图2-45 圆角波浪裙款式图

表 2-10 圆角波浪裙规格 单位：cm

号型	160/68A		
部位	裙长	腰围	腰头宽
尺寸	64	68	3

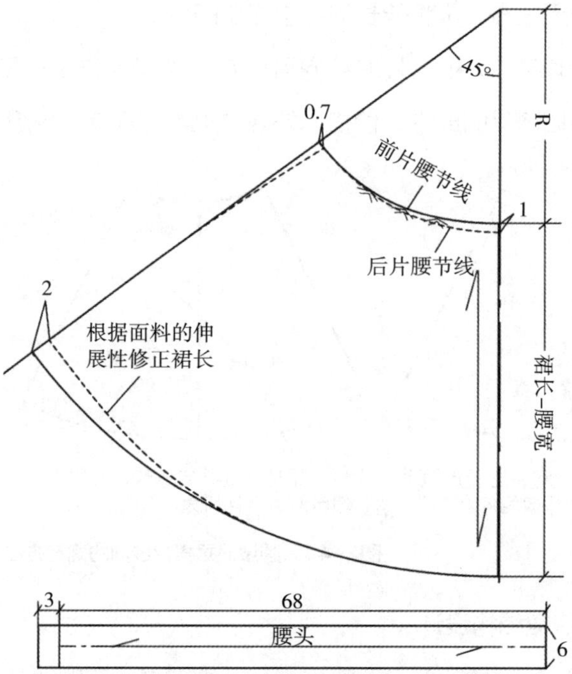

图2-46 圆角波浪裙的制图方法

结构设计要点：

① 腰围圆半径的计算：

$$R=\frac{68}{2\times3.14\times1/4\times2}\approx21.6$$

② 斜边的修正：将裙片斜丝缕部位的裙长减短 2 cm 左右，结构疏松易拉长的面料还可以短更多。具体可根据实测而得。

③ 后腰下落量：为符合人体体型，将后腰中点下落 1 cm 左右。

④ 略减小裙片腰围：将腰侧向内移 0.7 cm 左右，使裙片腰围比实际需要腰围略小，制作时将裙片腰围略拔开，通过拔开使裙片腰线变直，利于绱腰；同时，有利于裙子下摆得到均匀的波浪效果。

⑤ 不规则裙裾：如果将圆弧形下摆改为四边形或多边形，就可得到异形下摆角度裙，见图 2-47。还可以通过多层重叠，得到参差不齐的多层裙裾效果。

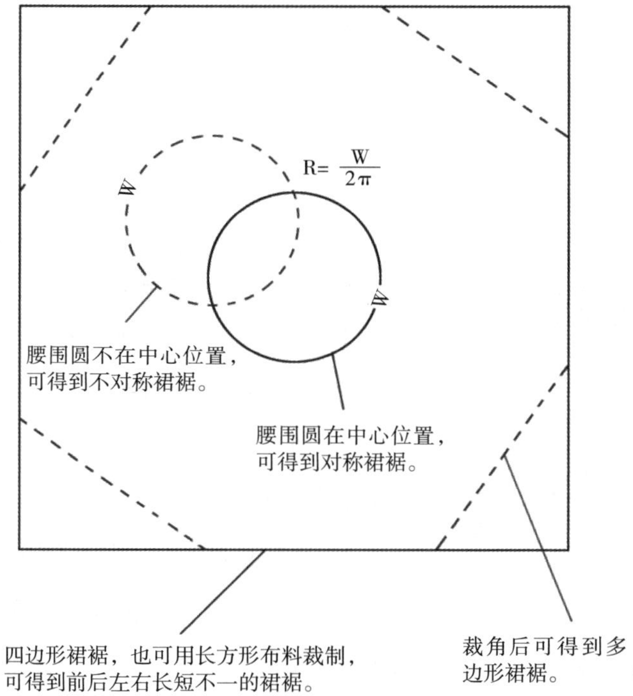

图2-47　360°多边形异形下摆角度裙

六、O 型裙结构设计

O 型裙的造型特点是腰、裙摆部位收紧，裙身蓬松，向外鼓出，如英文字母 O。裙身的蓬松量可通过添加褶、裥的方法来实现。

1. 款式设计

裙长在膝盖以上约 15 cm 左右，高腰，裙身抽碎褶，裙下摆收进，裙里布比面料短，故形成裙身外鼓的造型。后中绱明拉链，见图 2-48。

2. 规格设计

碎褶 O 型裙规格见表 2-11。

表 2-11　碎褶 O 型裙规格　　单位：cm

号型	160/68A		
部位	裙长	腰围（原型）	臀围
尺寸	43	68	不限

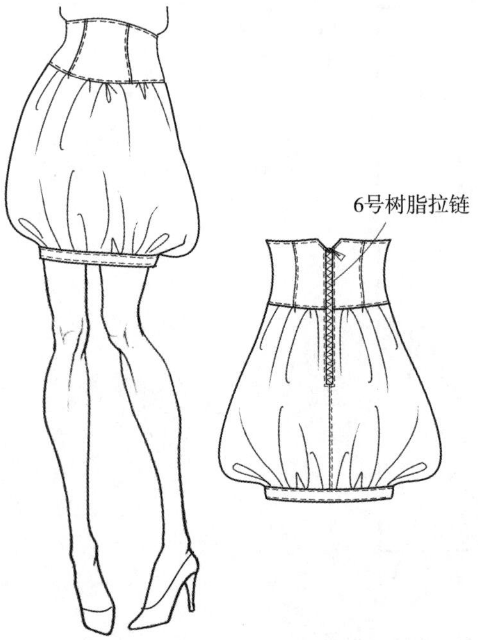

图2-48 碎褶O型裙款式图

3. 结构设计

制图方法见图 2-49，裙腰、裙身纸样处理见图 2-50，裙身前、后片净样见图 2-51。结构设计要点：

① 高腰位置的确定：根据款式图比例，估算高腰的量，然后在原型裙片上直接加高所需要的高腰量。同时，由于腰线抬高，上腰口围度会有所增大，增加的量如图 2-49 所示方法添加。

② 抽褶量的确定：由造型需求而定。一般为原长的 0.5～1 倍。

③ 增加垂荡量：要达到款式图所示的造型效果，在结构设计时，要使裙片实际长度比成衣的长度（43 cm）大。增长多少，由需要的垂荡效果而定。

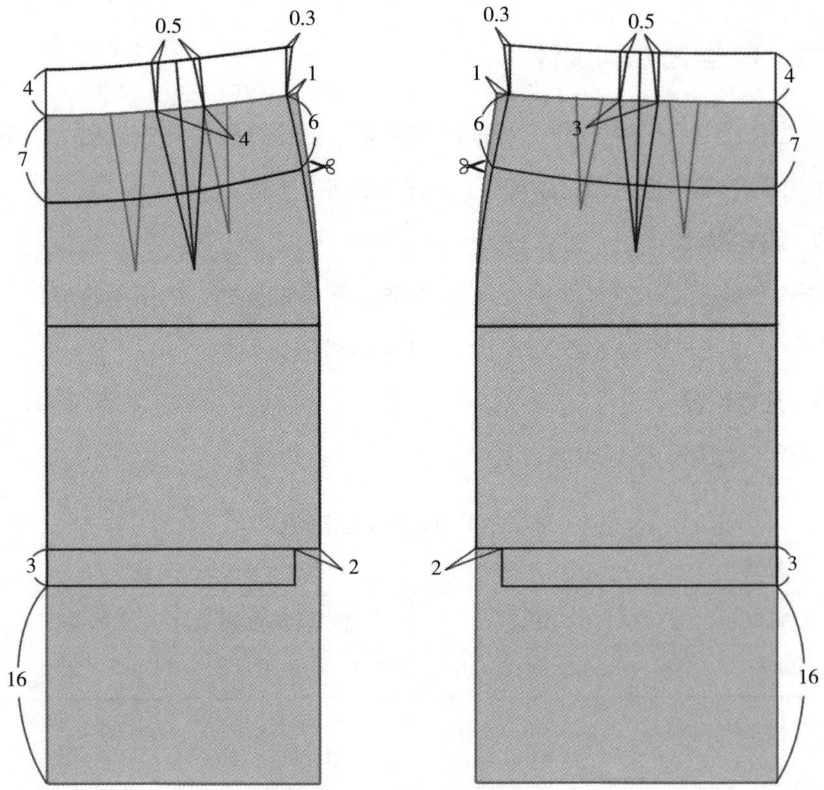

图2-49 碎褶O型裙结构设计

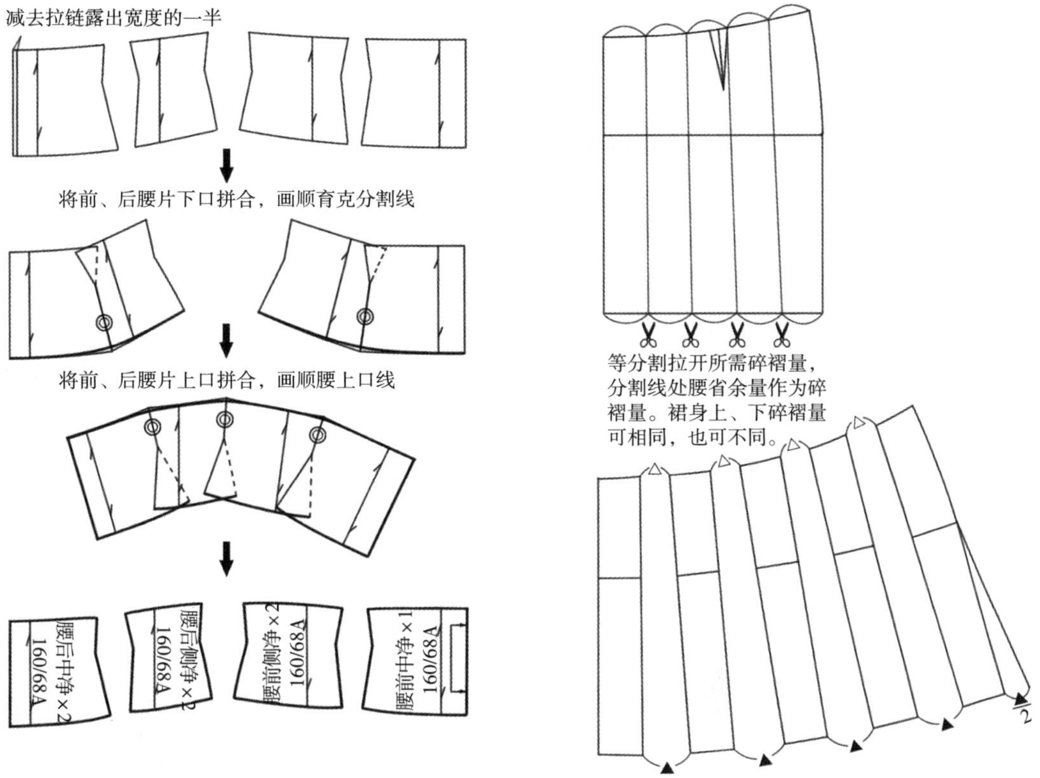

图2-50 O型裙裙腰、裙身纸样处理

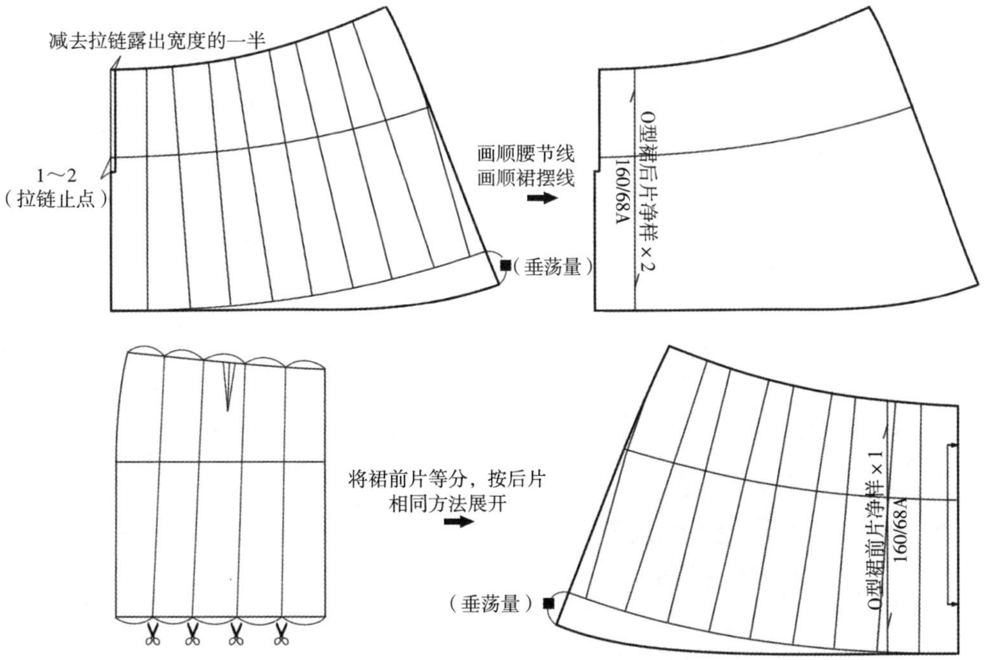

图2-51 O型裙前、后裙片纸样

拓展训练

七、插角裙结构设计

款式图见图 2-42 的款式（3）。插角裙的基础裙片可以是直裙也可以是 A 型裙，直身型插角裙的臀围合体，女性人体曲线明显；A 型插角裙臀围较合体，裙摆大，动感强，风格活泼。图 2-42（3）款为臀部较合体的 A 型插角裙，裙长在膝盖以上，据此进行结构设计，制图方法见图 2-52。裙身及插角的纸样处理方法见图 2-53。

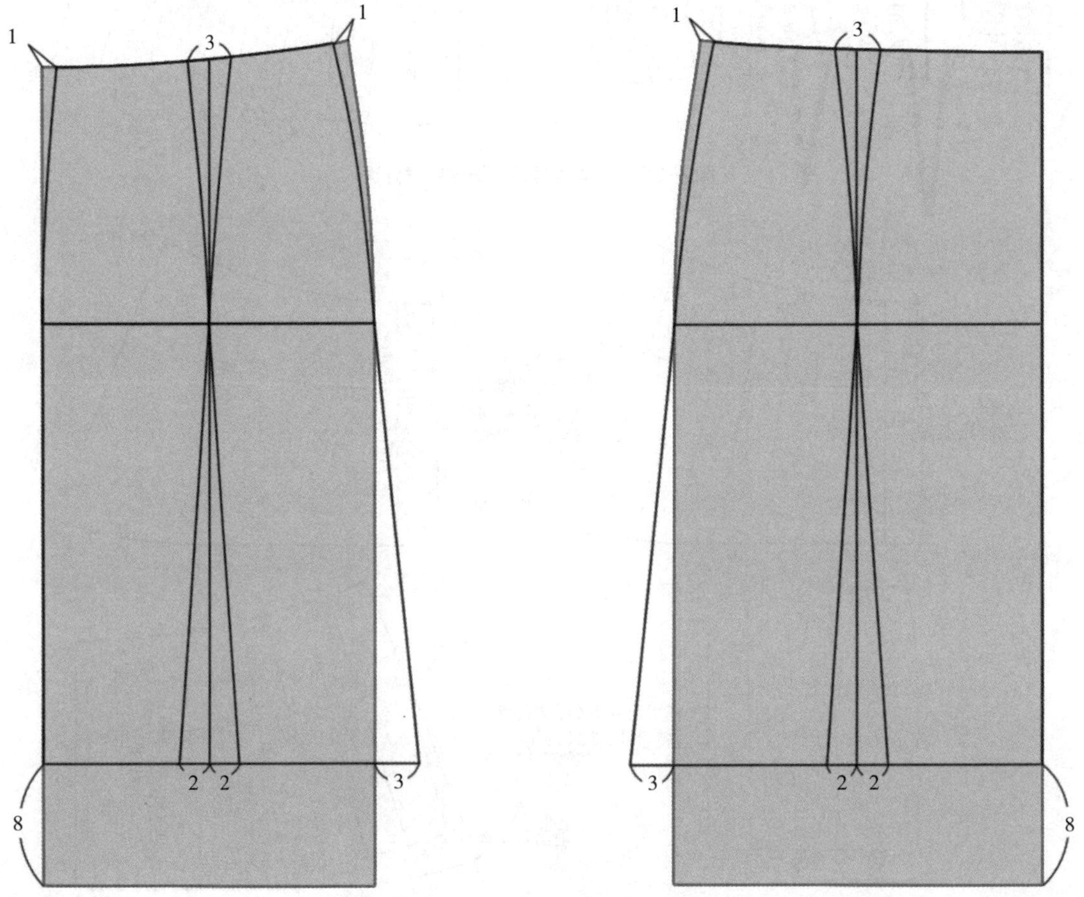

图2-52 插角裙结构设计

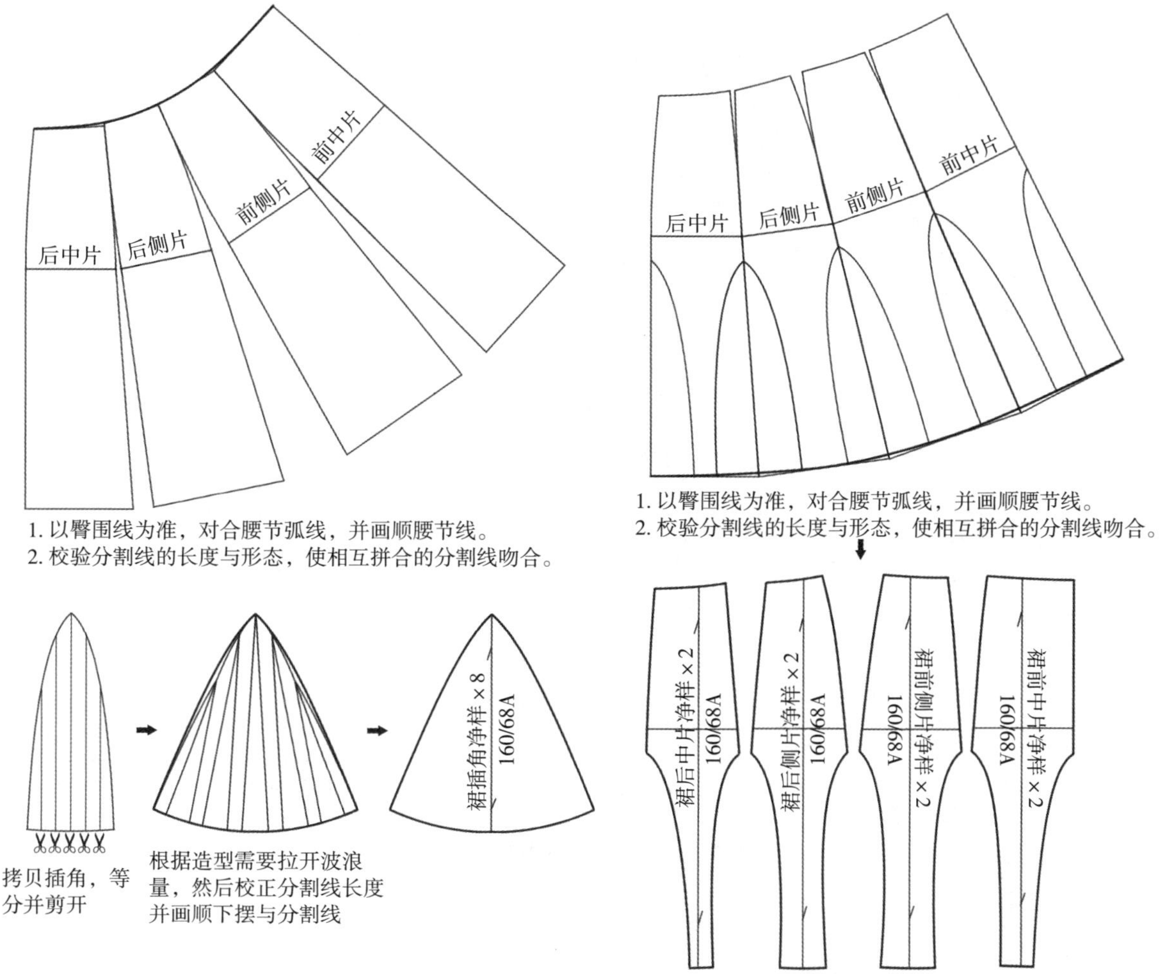

图2-53 插角裙纸样处理方法

八、节裙结构设计

款式图见 2-42 的款式（5）。节裙又叫塔裙，是由多节裙片组合而成，可用相同材质组合，也可用不同材质拼接。节裙是通过节长与抽褶的变化而产生一种韵律美。节裙造型设计的关键是确定合适的节高与抽褶量。一般情况下，抽褶量为原长的 1/2 至 1 倍，如果需要更夸张的抽褶效果，可以取原长的 2 倍，主要根据造型需求以及面料的厚薄、硬挺度等因素而定。节裙各节高度的确定要做到比例协调、美观。一般可根据黄金分割比的规律进行设计。图 2-42（5）款为育克分割节裙，首节为育克分割，不抽褶；裙长在小腿肚附近，其结构制图方法见图 2-54。

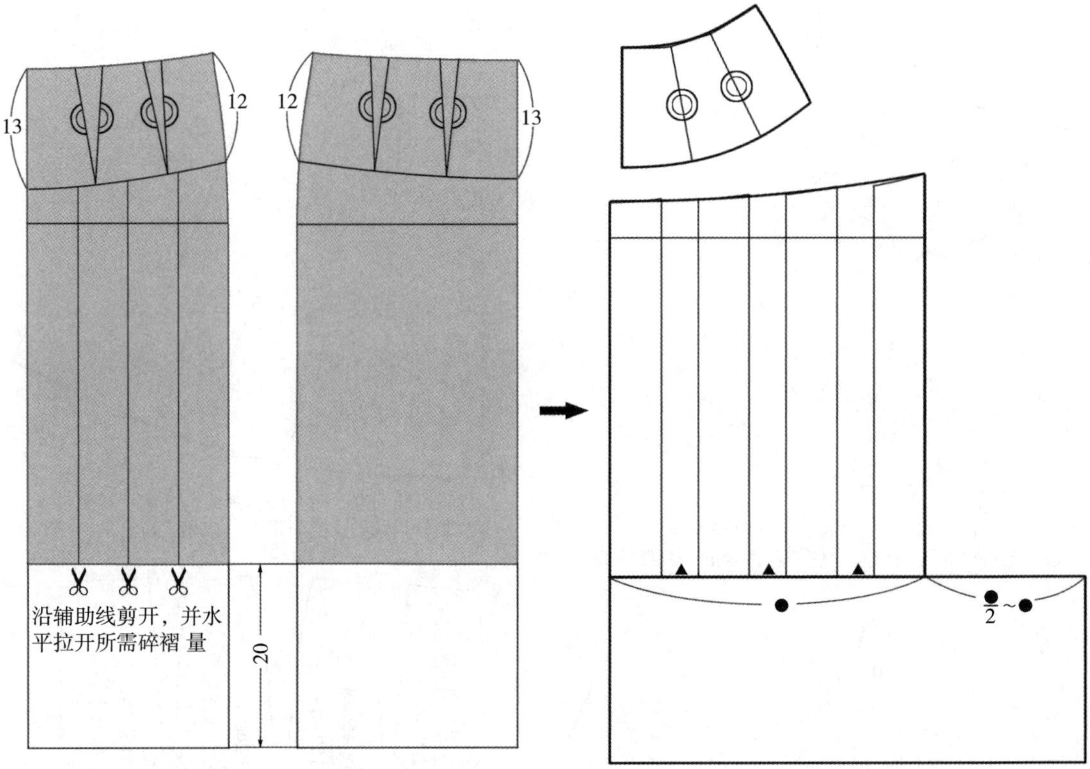

（1）依据款式图中服装与人体的比例关系，估算节长的比例关系及碎褶量的大小

（2）展开所需的碎褶量，并画顺外轮廓。前片采用相同的方法制图

图2-54　育克分割节裙结构设计

思考与练习

一、填空题

1. 服装结构是由服装的________、________、________以及________决定。

2. 分割线根据作用的不同，可分为________性分割线与________性分割线两大类。________性分割线是为满足人体体型凹凸变化而设计的分割线，因此宜设计在________部位。

3. 褶是________________________，裥是________________________。根据折叠方向的不同，裥可分为________、________两大类。

4. 裙装根据外轮廓造型的不同，可分为________、________、________、________四种基本型。

二、实践题

1. 裙子省道变化结构设计练习，见图 2-55。

图2-55　裙子省道变化结构设计练习

2. 进行图 2-56～图 2-61 所示的裙装结构设计，要求：

（1）以 160/68A 的人体为依据，根据款式图的长、宽比例估算成品规格。

（2）结构符合款式图。

（3）线条清晰、流畅，结构完整，标注规范。

三、拓展题

裙装创意设计：以分割线、褶裥为设计元素，分别设计直裙、A 型裙、X 型裙各一款。画出裙装前、后片平面款式图和结构图，要求：

（1）结构合理，款式图比例协调，结构表现清楚。

（2）结构完整，标注规范。

（3）规格设置符合款式设计要求。

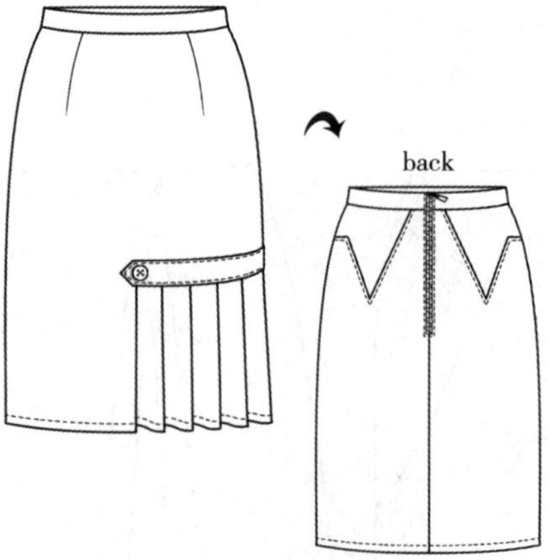

图2-56 直腰顺裥H型裙

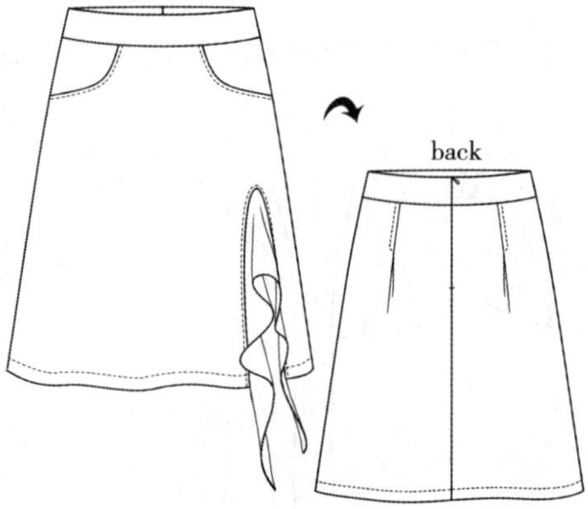

图2-57 弧形腰A型裙

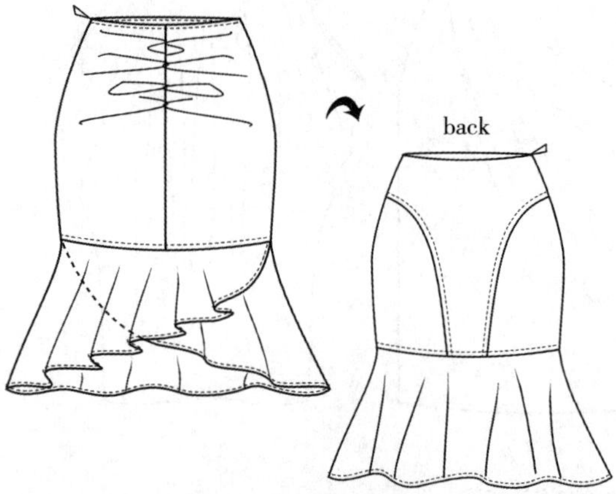

图2-58 低腰X型裙

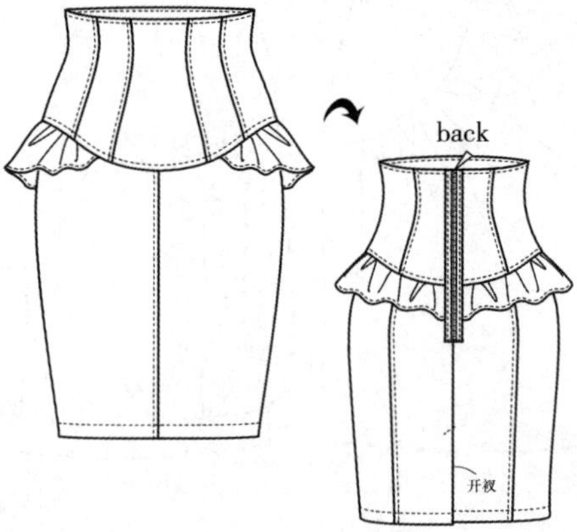

图2-59 高腰窄裙

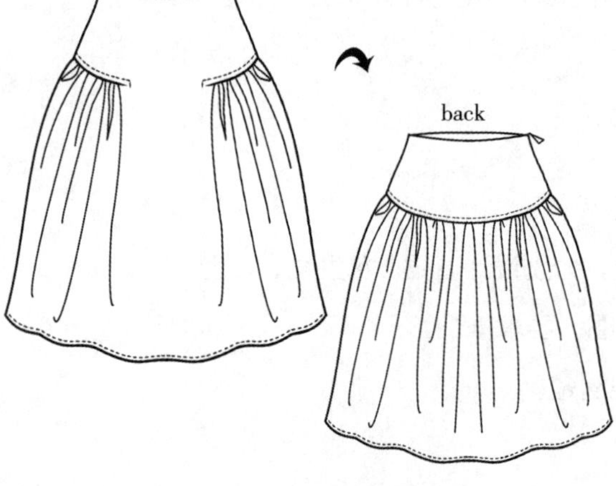

图2-60 无腰碎褶裙

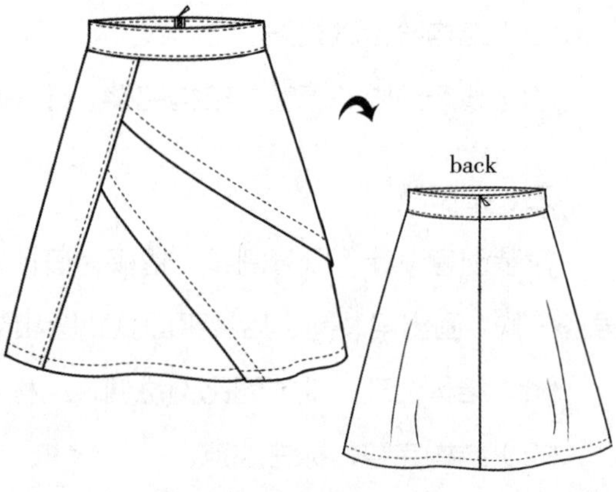

图2-61 折裥装饰A型裙

项目三　裤装结构设计

裤装包覆人体腰、腹、臀及两腿，穿裤子能使下肢活动自如，因此，裤装是日常生活中穿着最频繁的服装。裤装种类繁多，造型变化丰富，通过本项目的学习与实践，学习者可以掌握以下内容：

项目目标

素质目标

1. 针对学生的特点，创设轻松愉快的教学氛围，使学生自主发现问题、解决问题；

2. 让学生在观察欣赏中感受、体验裤装的美，在实践操作中表现美、创造美，使学生的主体作用得到充分发挥。

知识目标

1. 了解裤装造型变化要素；
2. 明确裤装规格设计要点；
3. 掌握裤装结构变化原理。

技能目标

1. 能根据款式图进行裤装分类；
2. 能绘制典型裤装结构图。

任务一　裤装结构种类

任务目标

1. 了解裤装的结构种类。
2. 了解人体结构与裤装基本结构的关系。

任务导入

裤装品种繁多，不同国家分类方法也各不相同。为便于研究，我们根据裤装的结构要素进行归类，见表 3-1。

任务准备

■ 裤装结构种类

一、根据裤装的长短归类

按裤装的长短可分为长裤、中裤、短裤、超短裤等，见表 3-1。裤长的变化见图 3-1。

二、按裤腰的高低归类

按裤腰的高低可分为低腰型、适腰型与高腰型三大类；按裤腰制作工艺的不同，可分为绱腰型与自带腰型，见表 3-1。

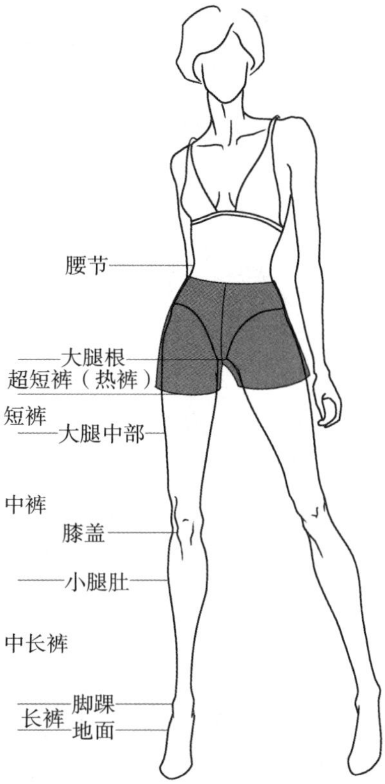

图3-1　裤长的变化

三、根据裤腿的造型归类

按裤腿的造型可分为直筒裤、喇叭裤、锥形裤、灯笼裤四种基本型，见表3-1。其中直筒裤是基本裤型，其他裤型都可在直筒裤的基础上演变而得。

四、按裤装腹臀部的合体度归类

按臀围的合体度情况，可分为紧体型、适体型、宽松型与超宽松型四类，见表3-1。

五、按照用途不同归类

根据用途不同，可分为西裤、休闲裤、运动裤、工装裤等，其中使用牛仔面料制作的休闲裤，也常叫做牛仔裤。另外，世界各国和不同民族还有丰富多彩的传统裤装，以及连衣裤、背带裤等。

表 3-1　裤装造型要素汇总

裤长	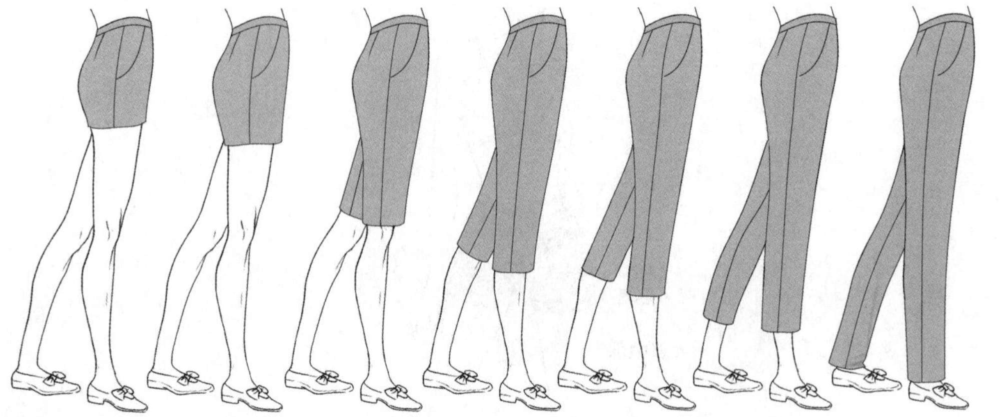 超短裤（热裤）　短裤　中裤（五分裤）　七分裤　八分裤　九分裤　长裤
裤腰	 低腰型　适腰型　高腰型　松紧型（绱腰）；无腰型　连腰型（自带腰）
裤腿造型	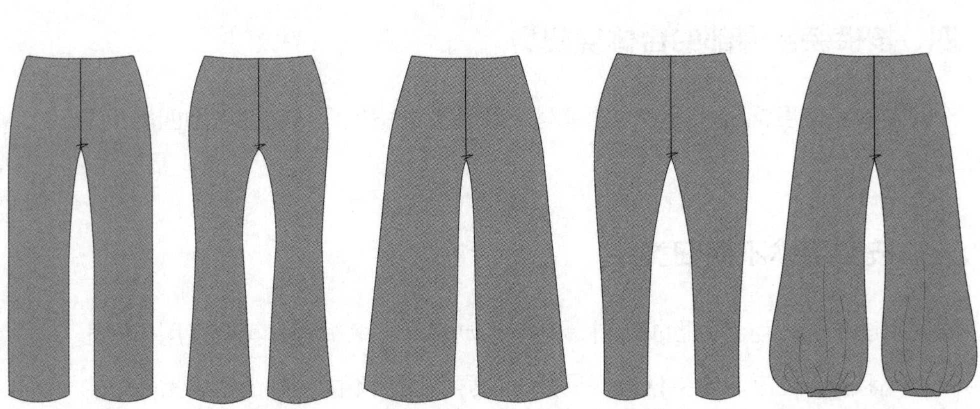 直筒裤　喇叭裤　大喇叭裤　锥形裤　灯笼裤

（续表）

腹臀部合体度	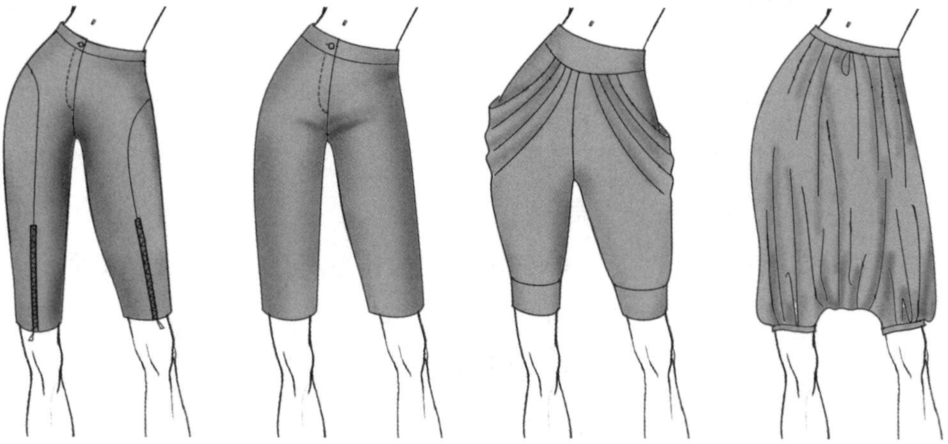 紧体型　适体型　宽松型　超宽松型		
口袋	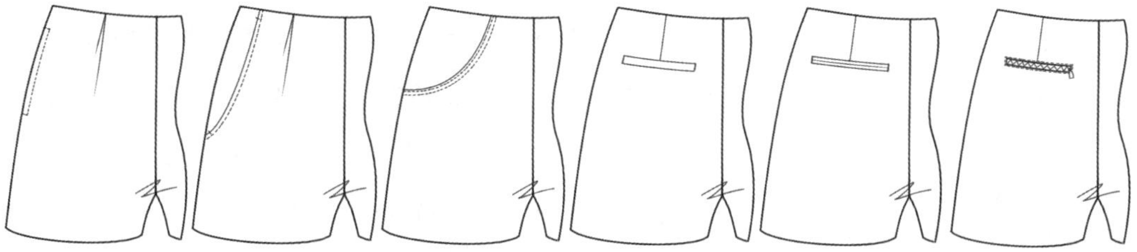 直插袋　斜插袋　横插袋（插袋）　单嵌袋　双嵌袋　拉链袋（挖袋） 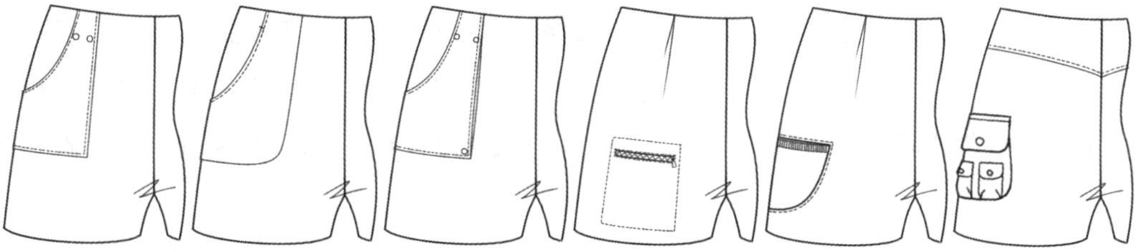 明线明贴袋　暗线明贴袋　风琴贴袋　内贴袋　挖贴袋　组合贴袋（贴袋）		
裤脚口	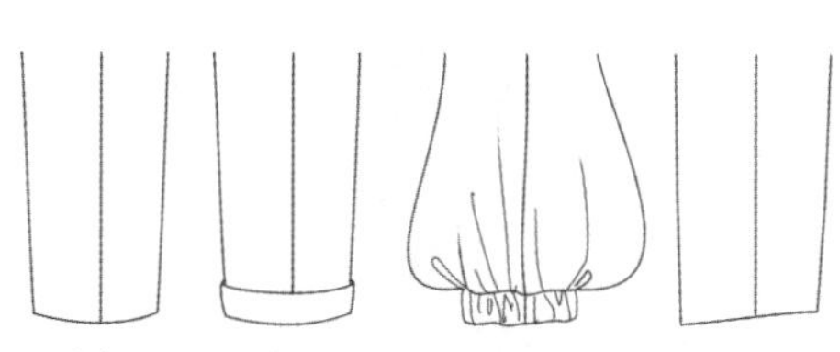 平脚口　卷边　松紧　前高后低	腰臀差处理形式	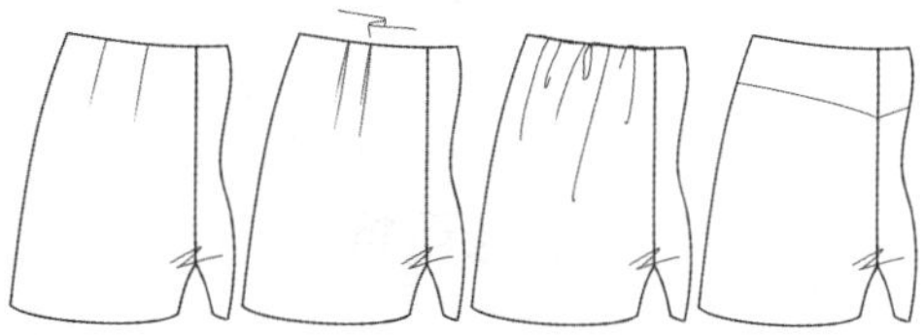 收省　活褶　碎褶　分割线

思考与练习

一、填空题

1. 裤装造型变化要素主要有________、________、________等。

2. 裤腿的造型有________、________、________、________四种基本形态，其中________是基础裤型，其他裤型都可在其基础上演变而得。

3. 口袋根据制作工艺的不同，可分为________、________和________三大类。其中插袋有________、________和________三种基本形式。挖袋有________、________和________三种基本形式。

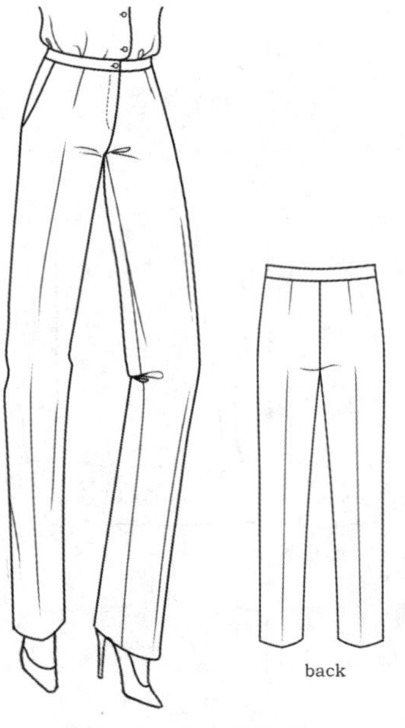

图3-2 女裤基础款式

二、实践题

1. 4～5 名同学一组，老师分别给各组发放 6～10 款不同的裤装款式图。同学们将各款式图与图 3-2 的裤装基础款式进行比较，参考表 3-1 的模式，梳理出款式造型关键词。

2. 每个小组自己选定一个喜欢的品牌进行市场调查。调查内容如下：

（1）该品牌的定位？

（2）该品牌零售模式？当季有多少款裤装在售？

（3）主要使用哪些类型的面料？在售裤装的价格范围？

（4）至少拍摄 5 款在售裤装，写出款式造型关键词。

任务二　裤装结构设计原理

任务目标

1. 了解裤装基本形态与人体结构的关系。

2. 能正确进行人体测量并合理设计裤装成品规格。

3. 掌握原型裤结构制图与样板制作的方法。

任务导入

与裙装相比，裤装除了包覆人体腹臀部外，还要围裹住双腿，因此，裤装的结构主要受下体的体表形态及活动需求影响。

任务准备

一、人体结构对裤装结构的影响

人体下体由腰部、腹部、臀部和下肢四部分组成。腰部细、短，近似为圆柱体；腹臀部为一个前凸后翘的复杂曲面体；下肢分为大腿与小腿两部分，近似为上粗下细的圆台形柱体，见图 3-3。为便于分析，我们以裆深线为界，可将裤装的结构分成两个部分：腹臀部与裤腿，见图 3-4。裤腿的结构较简单，平面展开图近似为上大下小的梯形。腹臀部结构较复杂，为复合曲面体。同时，腹臀部结构设计是否合理，对裤子的机能影响很大。因此，在进行裤装结构设计时，需要重点考虑以下三点：

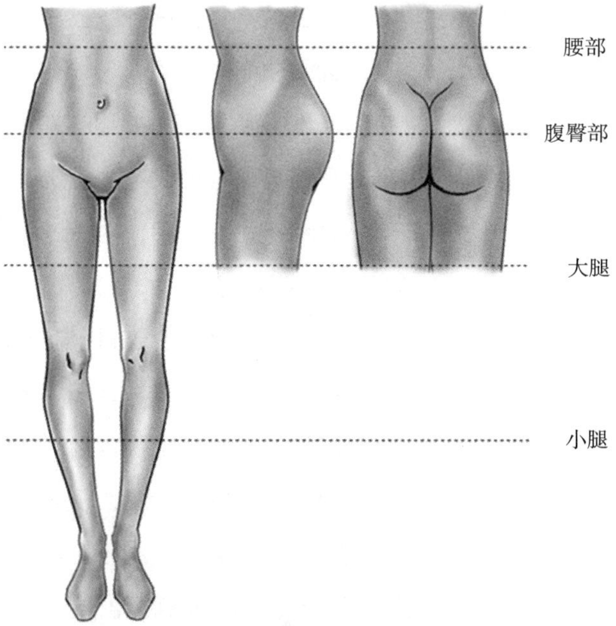

图3-3 人体下体基本结构与形态

1. 臀腰差的处理

与裙装臀腰差的处理方式相同，可以收省，也可以将省转移到其他部位，或转变成分割线、褶裥等其他形式。省的大小与个数，随臀腰差大小的不同而异。一般以一个省不超过 4 cm 为宜。省的位置分布在人体凹凸

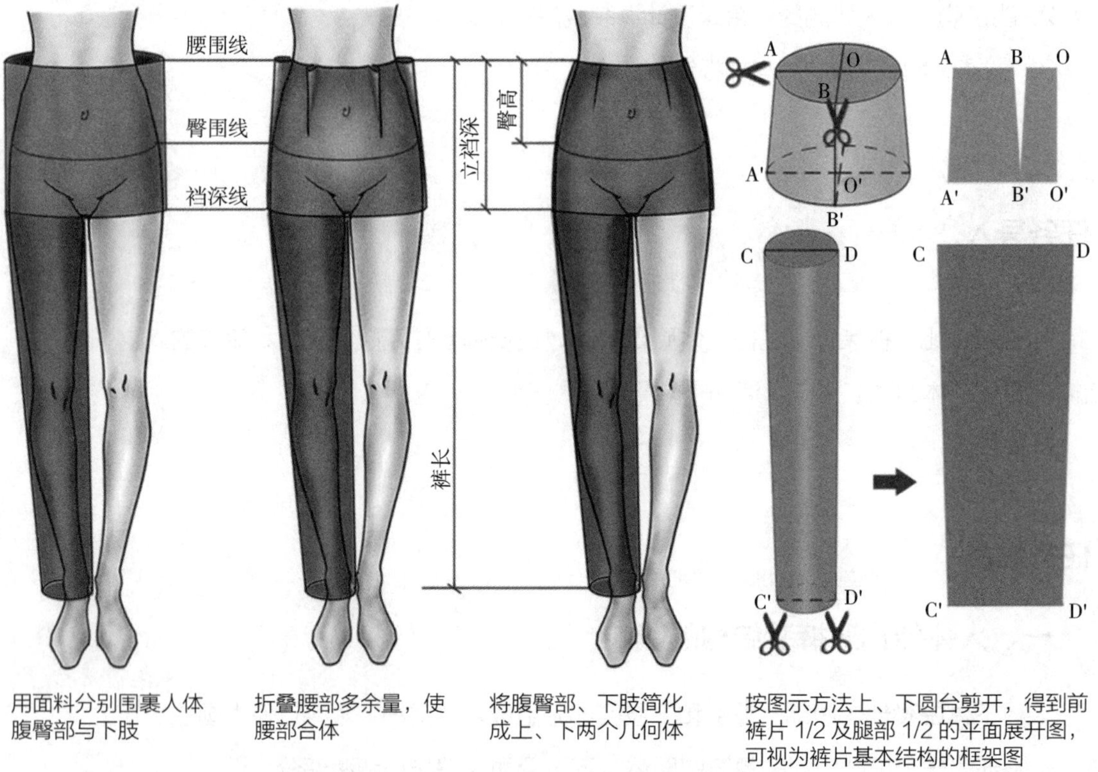

图3-4 女下体体表曲面形态与裤片基础结构的关系

变化最大的部位，省长宜在臀凸部位与腹凸部位附近。

2. 裆深的确定

裤裆部位是腹臀部与裤腿的交界处，裆深的大小，会直接影响到穿着的舒适程度与运动的方便程度。裆深过浅，穿着不舒服，而且在下蹲、弯腰、行走、跑步时，人体会产生勒紧感；裆深过深，会限制下肢的运动幅度。裤装的裆深需要在人体测量数据（直裆深）的基础上至少加放 1～2 cm 的宽松量。

3. 前后裤片裆缝弧线总长与形态

裤装裆缝弧线的总长决定于人体腹臀厚度、腰节的位置、直裆深，同时，为满足人体弯腰、下蹲、跑跳等活动需求，裆缝弧线总长还需加放一定活动量。因此，裤装裆缝弧线的总长应大于或等于人体周裆长，即后腰中点—裆底—前腰中点，见图 3-5。形状上，由于正常人体腹部凸起量较小，且凸起部位偏上；而臀部较肥厚，凸出明显且臀凸部位偏下。因此，前裤片窿门弧线略平直，后裤片窿门弧线较弯曲。

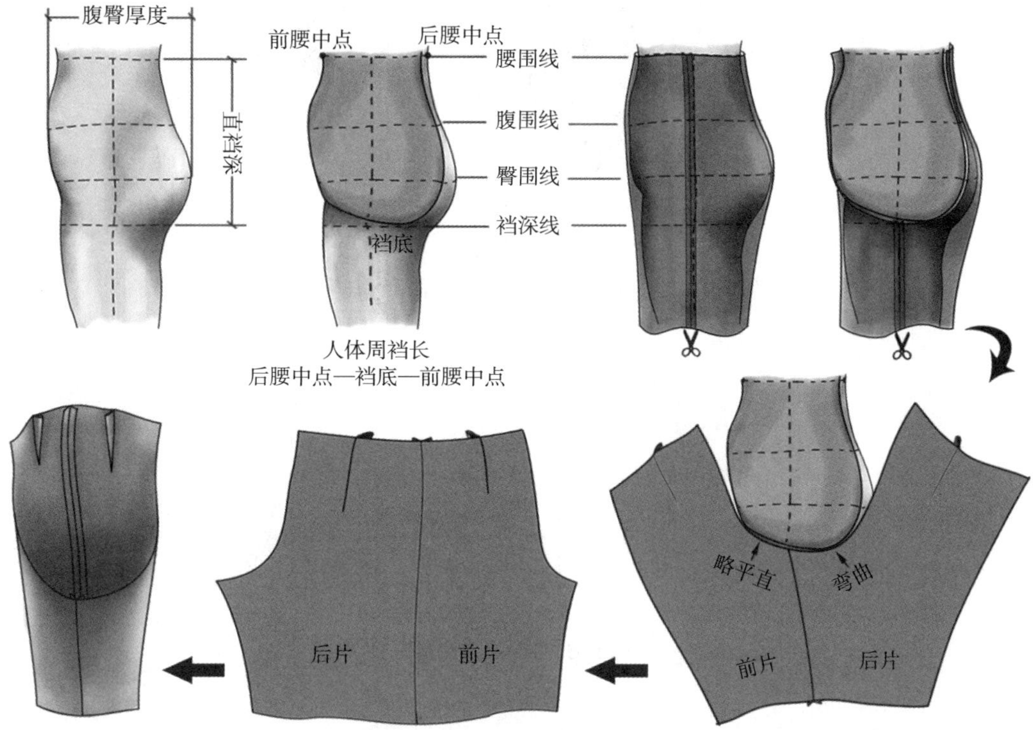

图3-5　人体腹臀部的厚度及曲面形态对裤装裆缝结构的影响

二、裤装成品规格设计

1. 人体测量

裤装控制部位主要有腰围、臀围、裤长、立裆深、中裆与脚口大。人体测量的部位与方法见表 3-2 与图 3-6。在量身定制裤装时，还需要测量腹围、大腿根围、小腿肚围，使制作出的裤装比批量生产的服装更加美观、舒适、合体。

表 3-2　裤装人体测量的主要部位与测量方法

测量部位	测量方法
腰围	在腰部最细处水平围量一周
臀围	经过臀高点围绕臀部最丰满处水平围量一周
裤长	从腰侧点量至裤子所需要的长度位置
直裆（确定立裆深的依据）	从后腰中点量至会阴部位的垂直距离
膝围（确定中裆的依据）	在膝盖部或偏上4～5 cm位置围绕一周测量
脚踝围（确定脚口大的依据）	经踝骨突起点，测量踝骨中部的围度

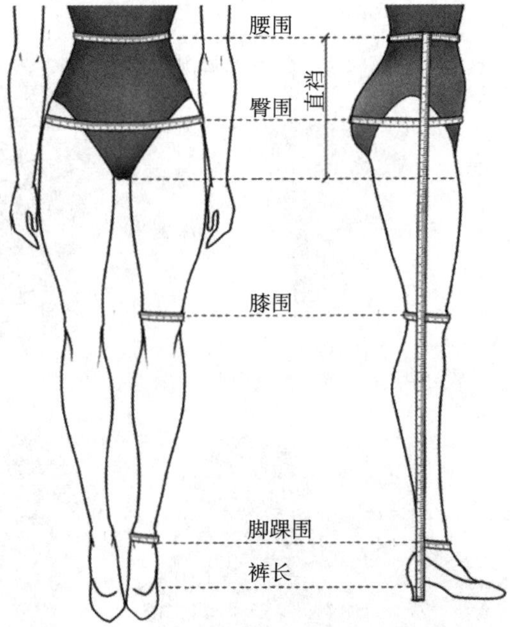

图3-6 裤装人体测量的部位与方法

2. 成品规格设计

确定裤装的成品规格，主要需要考虑人体体型、裤型、面料、穿着季节、流行趋势等因素，在人体净体尺寸基础上，加上适量的放松量而得。或者根据服装号型标准，按照一定的比例估算。女西裤常见裤型规格设计参考表 3-3。

表 3-3 女西裤常见裤型规格设计参考表 单位：cm

类型	裤长			腰围（W）	臀围（H）（非弹性面料）	立裆深（不包括腰宽）
	长裤	中裤	短裤			
紧体型	实测值或按号的比例计算			型 +0～2	净臀围 +0～2	直裆 +1～2 或成品 H/4+0～1
适体型				型 +1～2	净臀围 +2～8	直裆 +2～3 或成品 H/4+1～2
宽松型	0.6× 身高 ±a	0.5× 身高 ±a	0.3× 身高 ±a	型 +2～3	净臀围 +8～16	直裆 +3～5 或成品 H/4+2～3

说明：1. 裤子中裆大小决定于膝围与裤腿造型。人体膝盖的围度在静态直立时最小，随着动作的变化会增大，因此，裤装中裆的最小值不能小于人体下蹲时测量出的膝围大小，否则会限制人体动作。

2. 裤脚口的大小决定于所需要裤腿的造型效果。锥形裤脚口小，但要保证能顺利穿脱，否则可通过在脚口开衩、加拉链等方法解决；直筒裤脚口与中裆大致接近；喇叭裤脚口根据造型需求而确定。

任务实施

三、女裤原型结构设计

1. 女裤原型规格设计

女裤原型规格见表 3-4。

表 3-4 女裤原型规格 单位：cm

号型	160/68A					
部位	腰围	臀围	裤长	立裆深	中裆宽	脚口宽
人体尺寸	66～70	88.2～91.8	98	24.5	—	—
基型尺寸（不含腰）	68	92	95	24	22	22

2. 制作女裤原型模板

① 绘制原型框架图，绘图步骤见图 3-7。

② 绘制结构图。

■ 画前、后裤片外轮廓结构线，见图 3-8。

■ 画后裤片裆缝弧线、腰节线及腰省，见图 3-9。

■ 画前裤片腰节线与腰省，见图 3-10。

■ 修正前、后裤片侧缝线与裆缝线拼接部位，见图 3-11。

③ 女西裤原型结构图，见图 3-12。

④ 女裤原型模板、主要部位名称及标注方法见图 3-13。

四、裤装结构设计原理分析

1. 裤片臀围的分配

前、后裤片臀围大小可采用前后不同与前后相同的分配形式，分配形式不同，裤子侧缝的位置也不一样。常规裤装一般采用前小后大的分配形式，此时侧缝略偏前；宽松型裤装如睡裤等，为方便制作，前、后裤片臀围可相等；连衣裤为使侧缝线做到上、下一致，前、后裤片臀围可前大后小。一般情况下，前、后裤片臀围大小差为 0～2 cm。

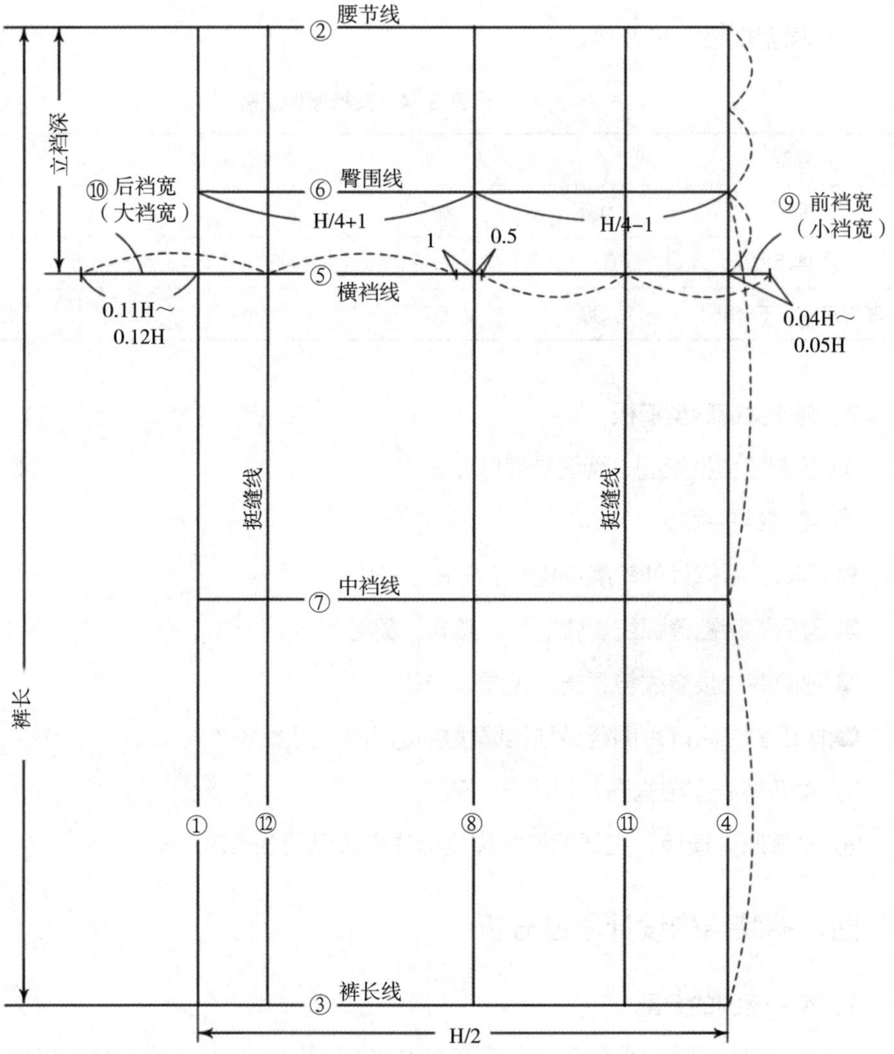

腰节线
②
立裆深
⑩ 后裆宽
（大裆宽）
⑥ 臀围线
H/4+1
H/4−1
⑨ 前裆宽
（小裆宽）
1
0.5
⑤ 横裆线
0.11H～
0.12H
0.04H～
0.05H
挺缝线
挺缝线
中裆线
⑦
裤长
① ⑫ ⑧ ⑪ ④
③ 裤长线
H/2

图3-7 女裤原型框架图

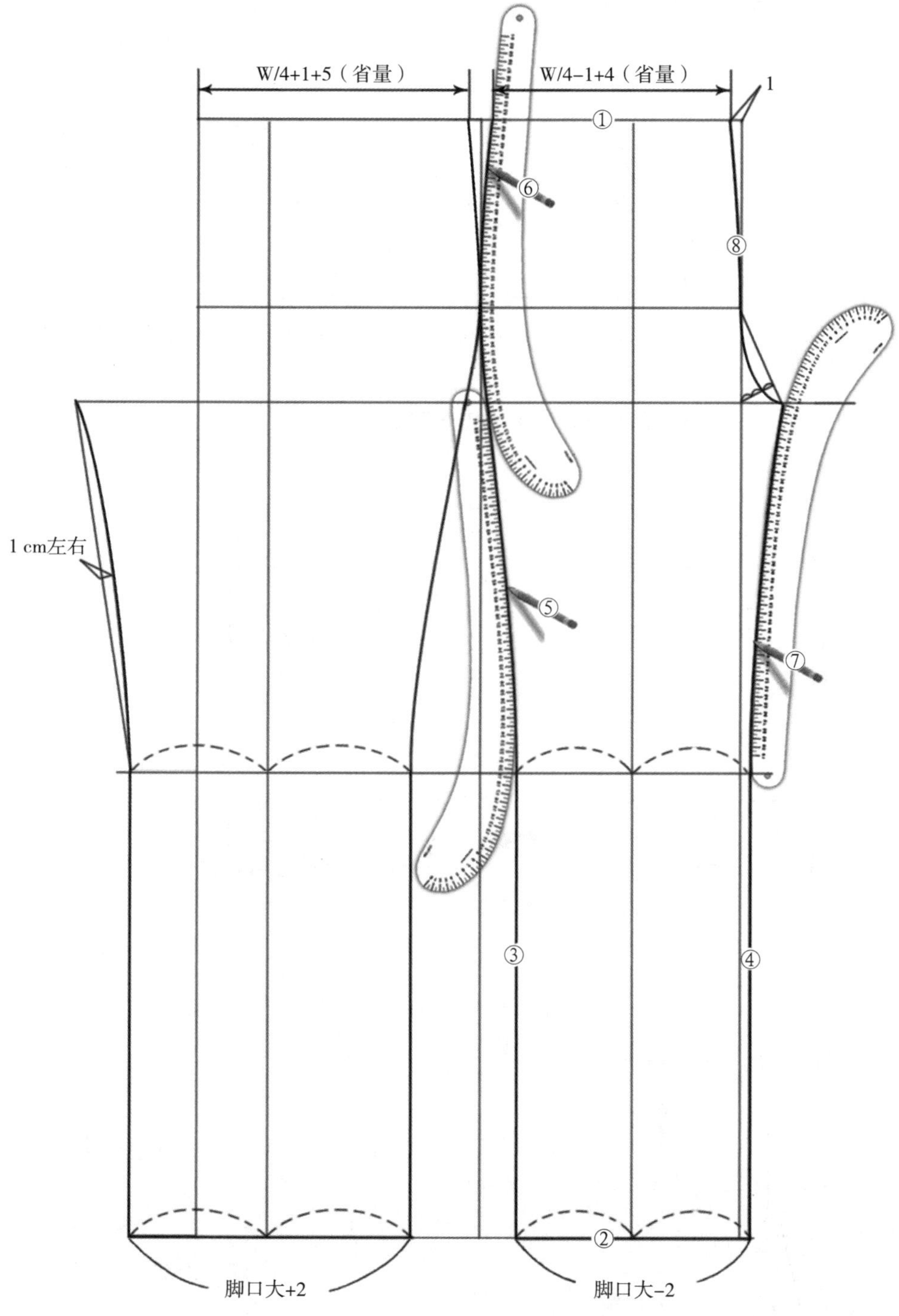

图3-8　女裤原型前、后裤片外轮廓结构线画法

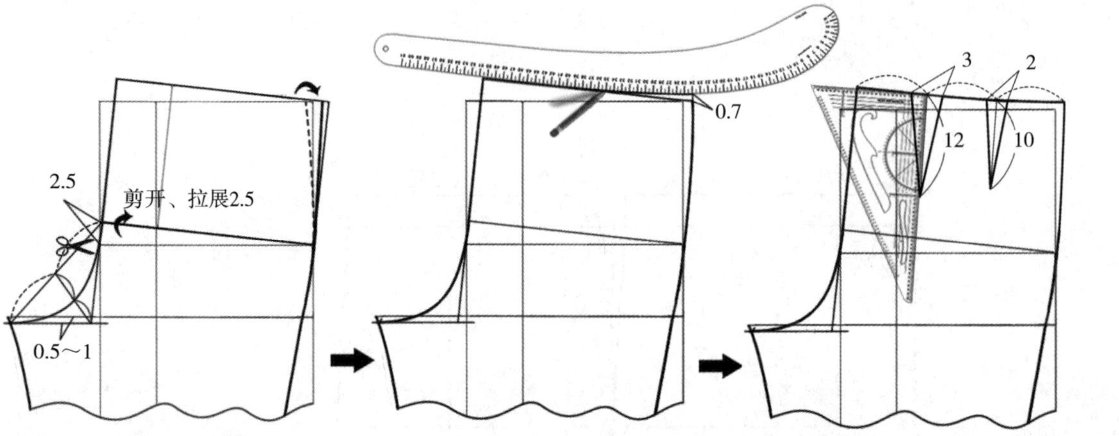

沿臀围线剪开，以臀侧点为圆心，向上拉开 2.5 cm（后起翘量）。后裆落裆量取 0.5～1 cm

腰侧点抬高0.7 cm，画顺腰节线

将腰节线三等分，两等分点做垂线，为腰省中心线。省量分别为 3 cm、2 cm

图3-9　后裤片裆缝弧线、腰节线及腰省画法

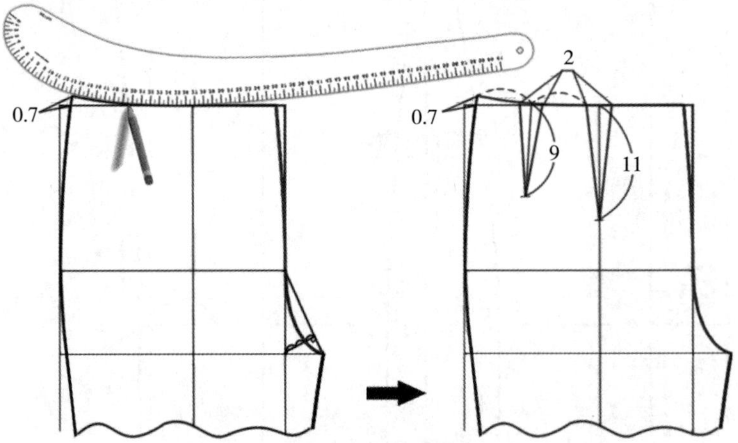

图3-10　前裤片腰节线、腰省画法

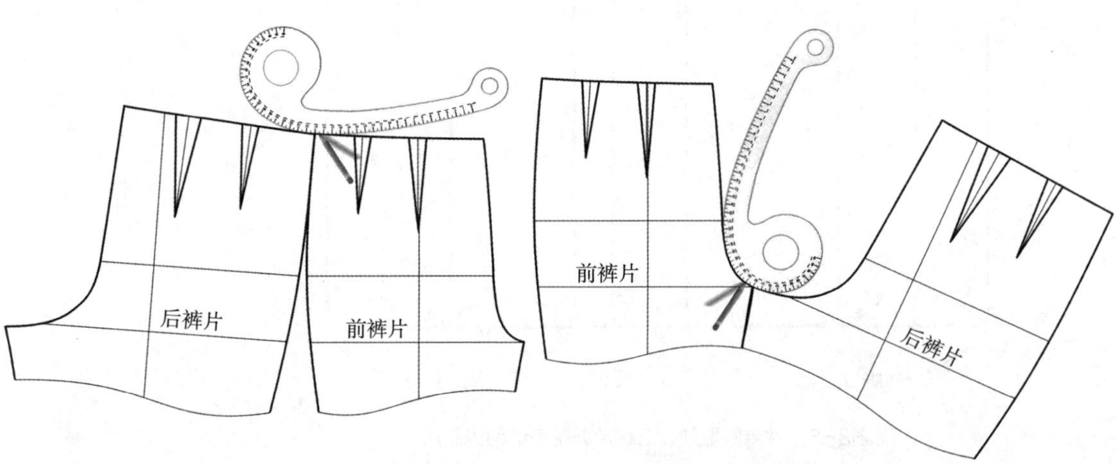

将前、后裤片侧缝弧线拼接，画顺拼接处腰节线

将前、后裤片下裆缝拼接，画顺拼接处裆弧线

图3-11　修正前、后裤片侧缝线与裆缝线拼接部位

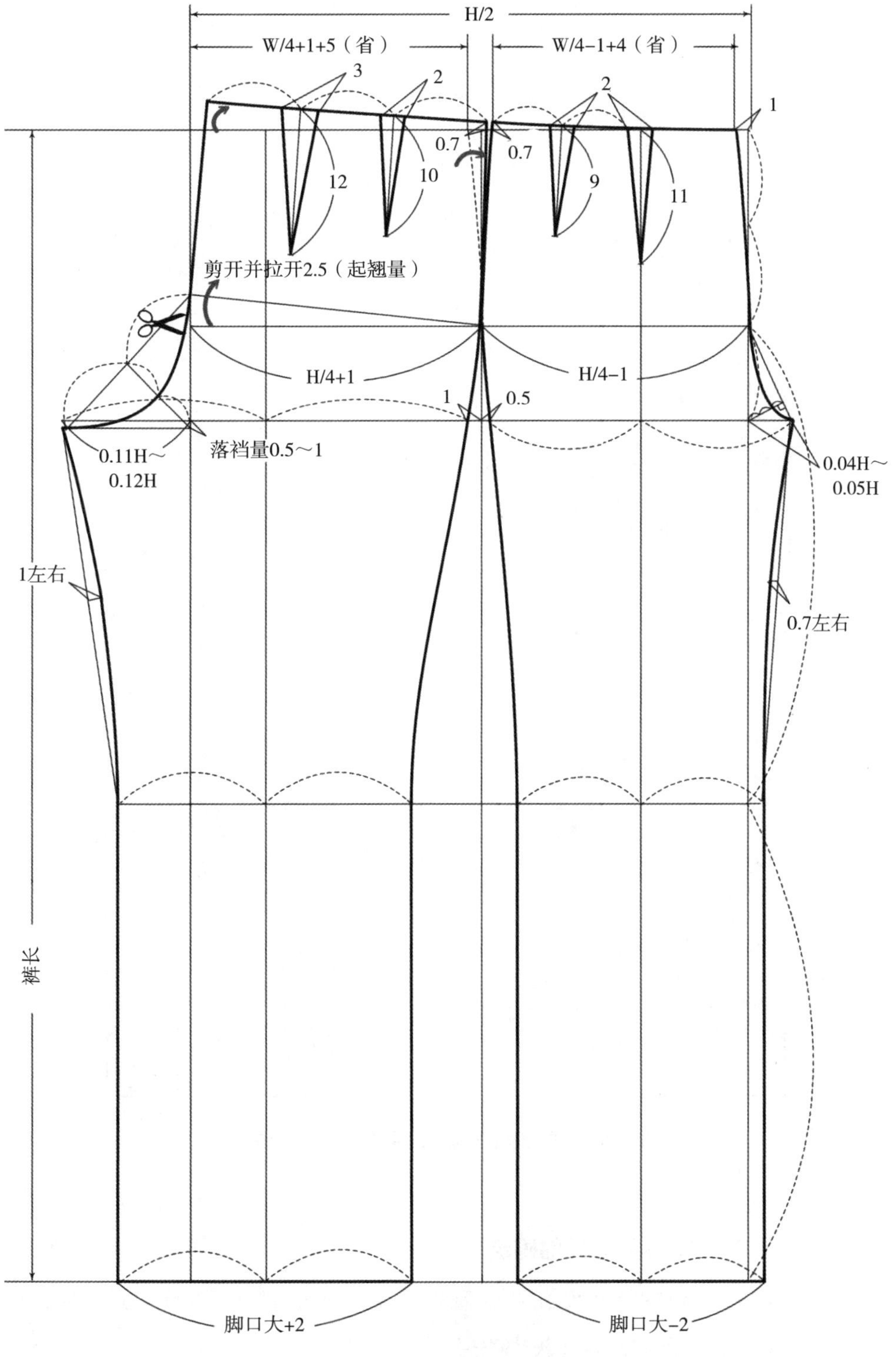

图3-12 女西裤原型结构图

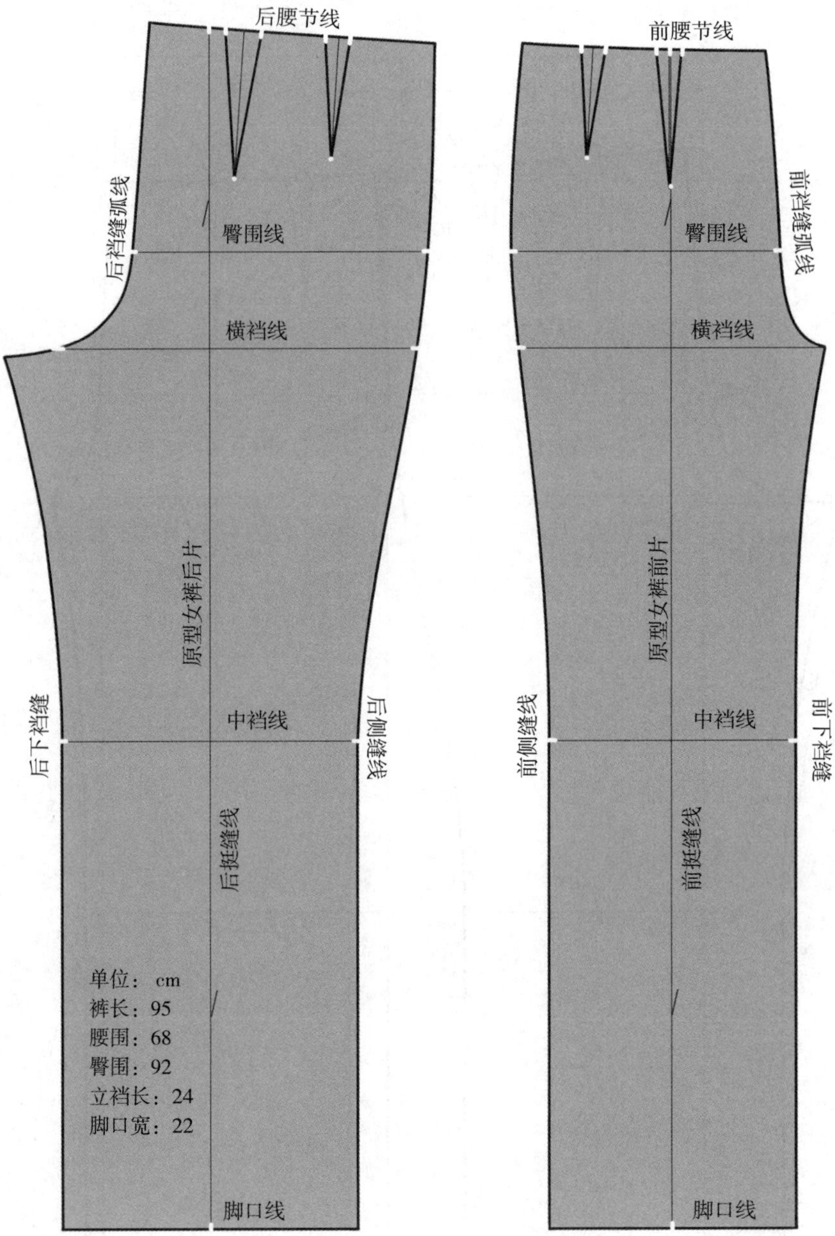

图3-13 女裤原型模板、主要部位名称及标注

2. 前、后腰省量的确定

由于人体腹部凸起量小于臀部，因此，前片腰省量小于后片。且由于腹凸部位更靠上，所以前片省长也略短。

3. 裤片前、后裆宽的分配

从图 3-14 中可知，人体构造决定了裤装前裆宽小于后裆宽，正常人体常规西裤前、后片总裆宽为 0.15H～0.16H，前裆宽一般取 0.04H～0.05H，后裆宽一般取 0.11H～0.12H。

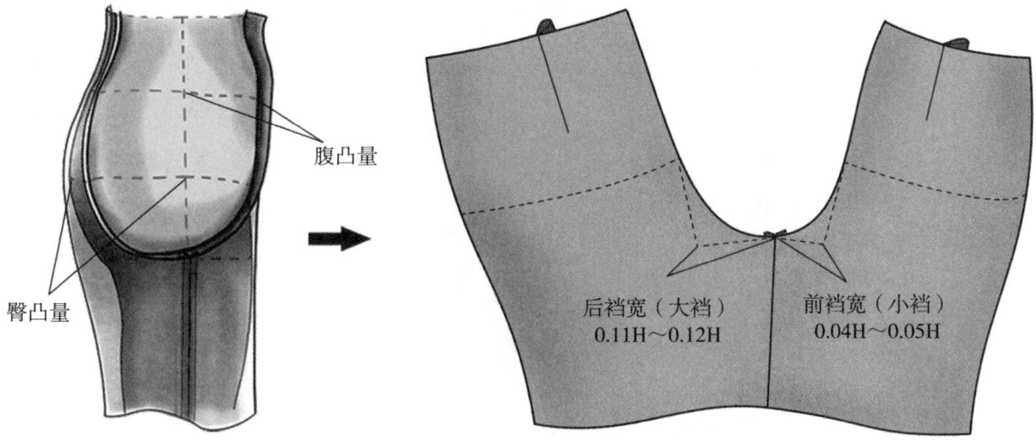

图3-14 前、后裤片裆宽的分配

4. 后裆缝起翘量的大小

后裆缝起翘的目的是满足人体因下蹲、弯腰、上楼等活动拉伸而需要后裆缝伸长的量。起翘量的大小主要决定于裤子的合体度与人体的臀凸量，裤子的合体度越高或人体臀凸量越高，后裆缝斜度也越大，起翘量就应相应增加，以保证腰线圆顺，见图 3-15。裤子后裆缝起翘量一般为 2～3 cm。

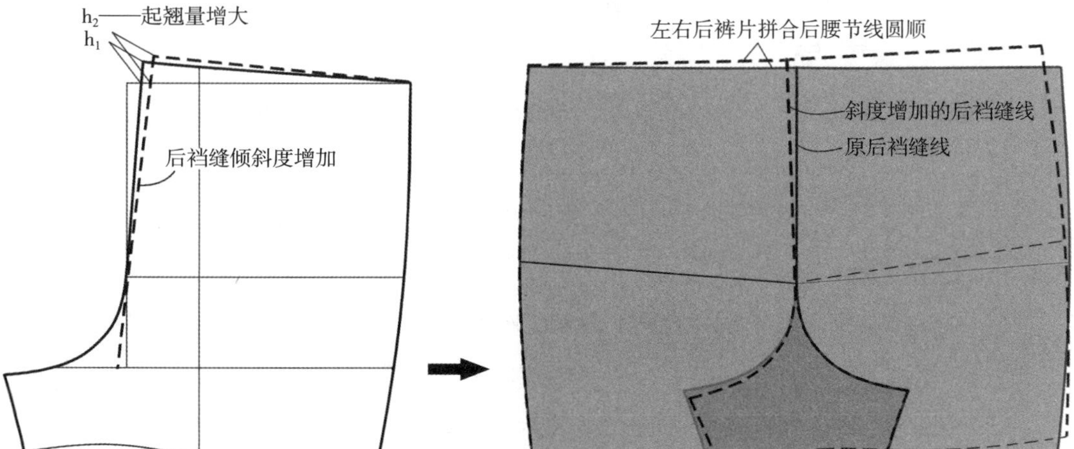

起翘量与后裆倾斜度的关系　　左右后裆缝拼合后的腰节线形态

图3-15 后裆缝斜度与起翘量的关系

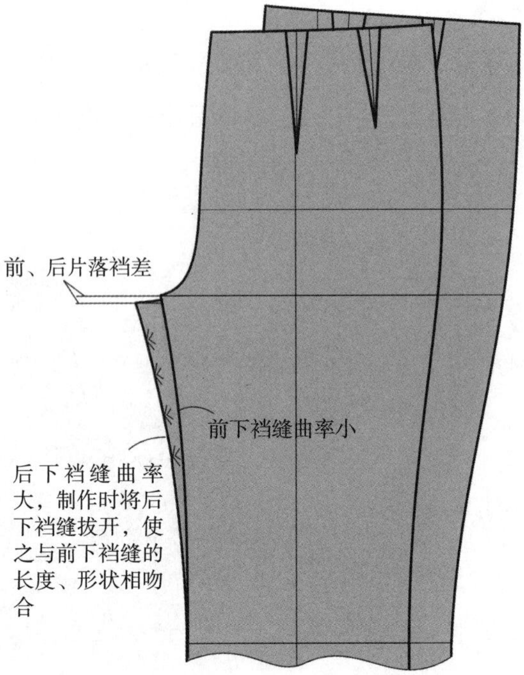

图3-16 前、后裤片下裆缝的吻合

5. 前后下裆缝落裆差的确定

从图3-16中可以发现，前、后裤片下裆缝的倾斜度与弯曲度不同，为了使缝合时两者形状和长度能相吻合，我们常通过落裆将后下裆缝减短。落裆差的大小与前、后下裆缝的斜度及曲率的差异有关，差异越大，落裆差就越大，一般取0.5～1 cm。缝制时将后下裆缝略拔开，使其曲率减小且长度增加，从而达到与前下裆缝形状与长度的吻合。

思考与练习

一、填空题

1. 裤装控制部位主要有________、________、________、________、________与________等。

2. 适体型裤装成品腰围的加放量为________，臀围加放量为________。女裤前片臀围分配比例为________、后片为________，前、后片臀围的差值为________ cm。前片腰围分配比例为________、后片为________，前、后片腰围的差值为________ cm。

3. 裤装前、后片裆宽的分配比例分别为________、________。前、后裤片落裆差一般为________ cm，产生的主要原因是________________________。

4. 处理裤装臀、腰围差值的方式主要有________、________、________、________等。

二、简答题

试分析裤装立裆深的大小对舒适性和运动性的影响?

三、实践题

1. 按 1：5 的比例绘制女裤原型结构图，并制作规范的 1：5 女裤原型硬纸样。

2. 按 1：1 的比例绘制女裤原型结构图，并制作规范的 1：1 女裤原型硬纸样。

任务三　裤装结构设计

任务目标

1. 掌握典型裤装造型特点及结构设计方法。
2. 能熟练运用裤原型模板进行款式变化。
3. 掌握裤装主要零部件的制图方法。

任务导入

与裙装相比，裤装增加了裆部结构，因此，裤装结构设计的要点是：一要根据人体体型合理设计腰围、臀围、立裆、前后裆缝的斜度与总长这几个影响服装机能的结构参数；二要准确理解设计师的设计意图，把控好裤型特征，合理确定裤子主要控制部位的加放量、中裆的高低位置以及臀围、中裆宽、脚口宽三者间的比例关系等对裤型影响较大的结构参数。

任务准备

裤子平面结构制图一般常用直接制图和原型制图两种方法。对于初学者来说，通过原型进行裤装结构设计更易把控与掌握。利用原型进行结构设计时，我们始终要抓住一个重点——当着装对象不变时，其腰围、腹臀部的厚度、立裆深等部位的基础尺寸是不变的。也就是说，在进行裤子造型与结构变化时，与这些部位相关的裤装结构参数不变或根据造型需求进行微调，就能保证裤子的服用机能。掌握了这个特点，我们就可以大胆地利用原型结构设计的基本原理与方法，灵活地进行裤装结构设计。

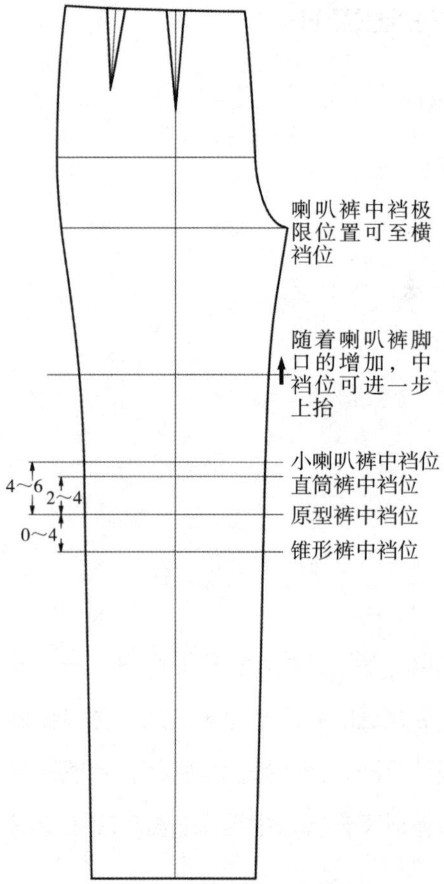

图3-17 裤子廓型与中裆位置

一、裤子中裆位置的确定

服装不仅要符合人体，还要能修饰人体，我们在确定裤子中裆位置的时候，要从服用性与美观性两方面考虑。小腿长可使人体显得更加修长挺拔，因此，合体裤装将中裆位置适当上抬，可以使裤型更加美观。不同廓型的裤装，中裆位置的确定范围见图3-17。

二、裤子廓型变化的结构设计

直筒裤、锥形裤、喇叭裤和灯笼裤是裤装最基本的四种廓型，这些廓型都可以在原型裤的基础上演变而来，其结构设计基本原理与方法见图3-18。

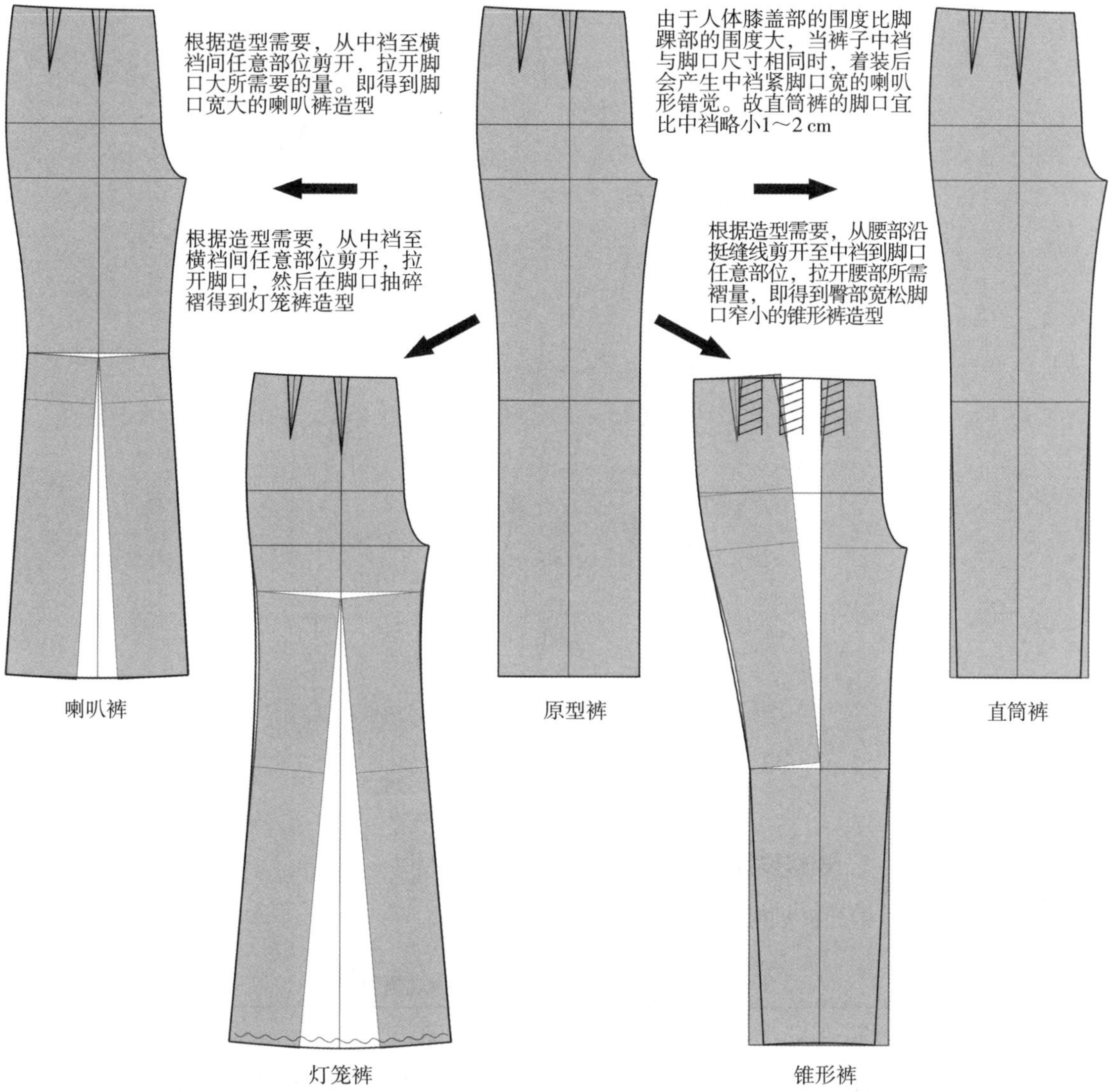

图3-18　裤子廓型变化的结构设计

任务实施

三、直筒裤结构设计

直筒裤是裤装的基本款式，其造型特点是腰、臀合体，见图 3-19。根据面料的不同，臀围加放量为 2～6 cm。裤腿呈 H 型，中裆宽与脚口大小接近或相等。

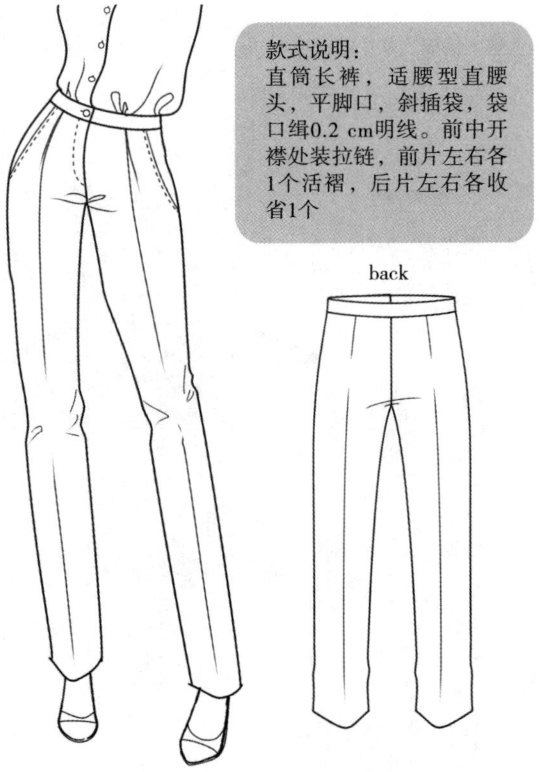

图3-19 直筒裤款式图

1. 规格设计

直筒裤规格见表 3-5。

表 3-5 直筒裤规格设计 单位：cm

号型	160/68A						
部位	裤长	腰围	臀围	立裆长	中裆宽	脚口宽	腰宽
规格	98	68	92	26	22	20	3

2. 结构设计

裤身结构制图见图 3-20，纸样校正见图 3-21，零部件结构制图见图 3-22，裤片净样见图 3-23。结构设计要点：

① 腰节线的位置：根据流行趋势及造型需求，可将腰节线适当上下调整 1～2 cm。腰线调整后，省量就以实际腰线位所余省量为准。

② 裤长的确定：如穿着高跟鞋，裤长就需要在此基础上加上部分鞋跟的长度。

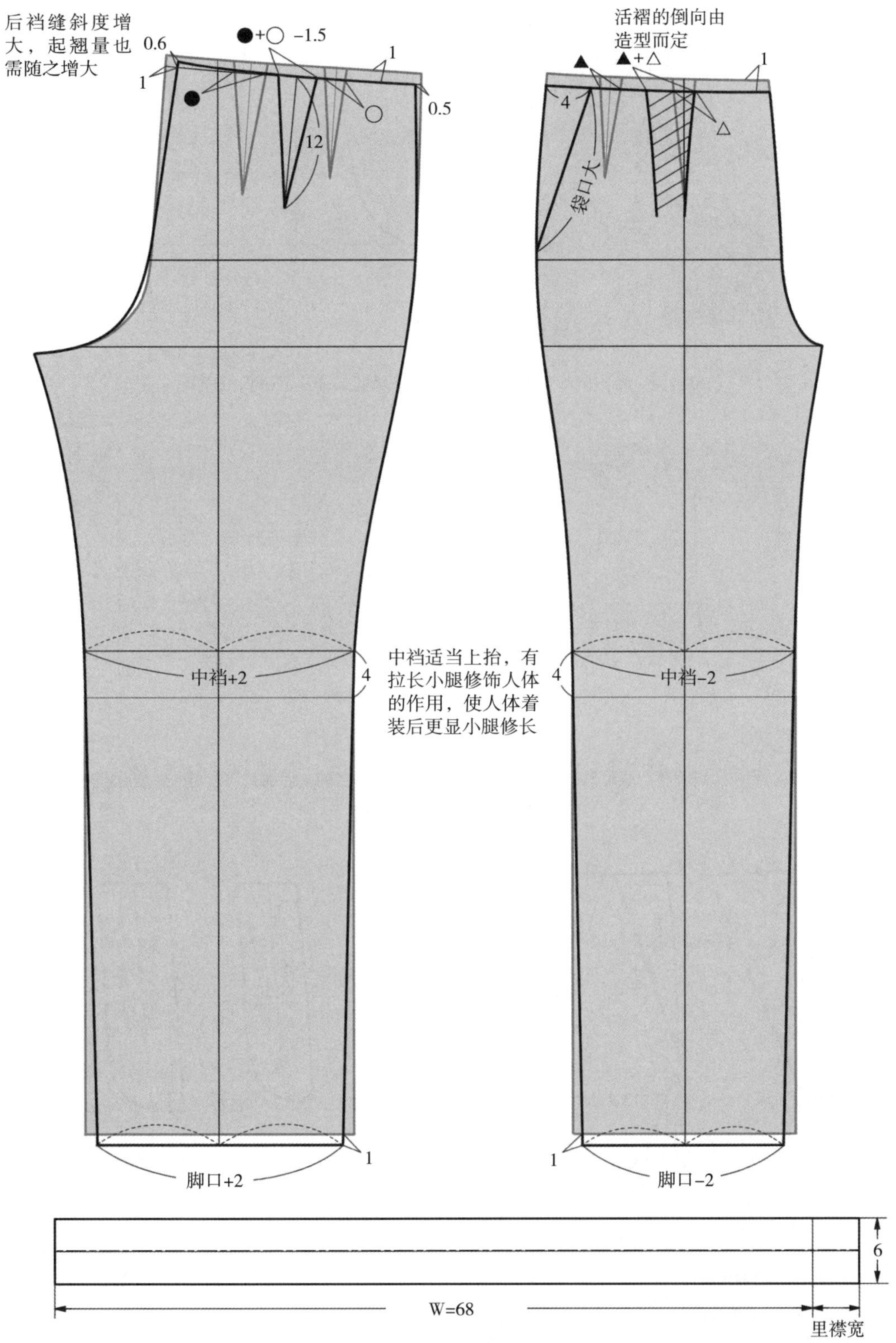

图3-20 直筒裤结构设计

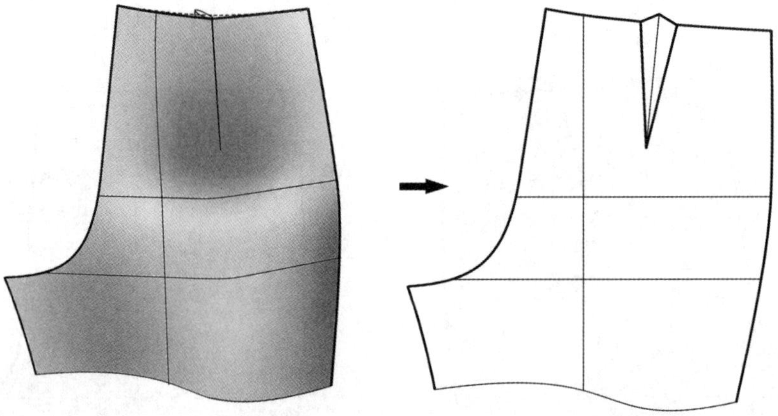

（1）折叠省量，将省倒向后中或侧缝，然后画顺腰节弧线后再将纸样展开

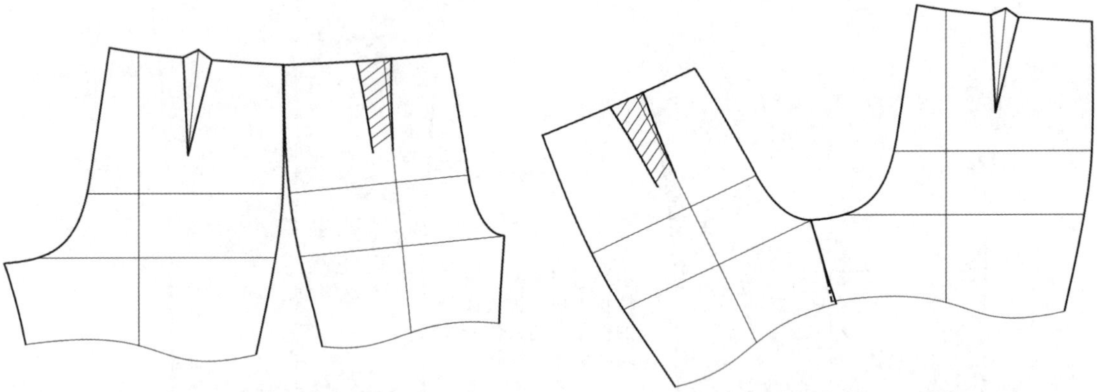

（2）拼合前、后裤片侧缝线，画顺腰节线　　（3）拼合前、后裤片下裆缝线，画顺前、后窿门弧线

图3-21　直筒裤的纸样校正

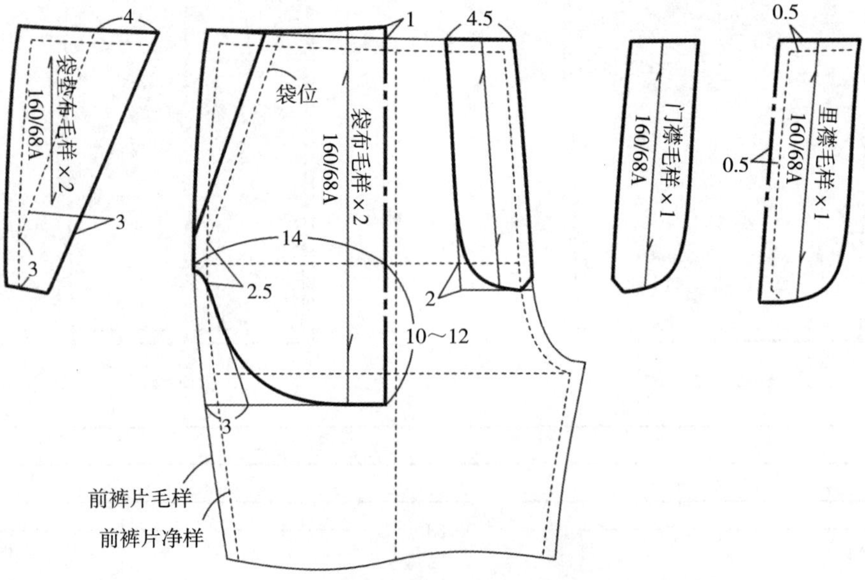

图3-22　直筒裤零部件结构制图

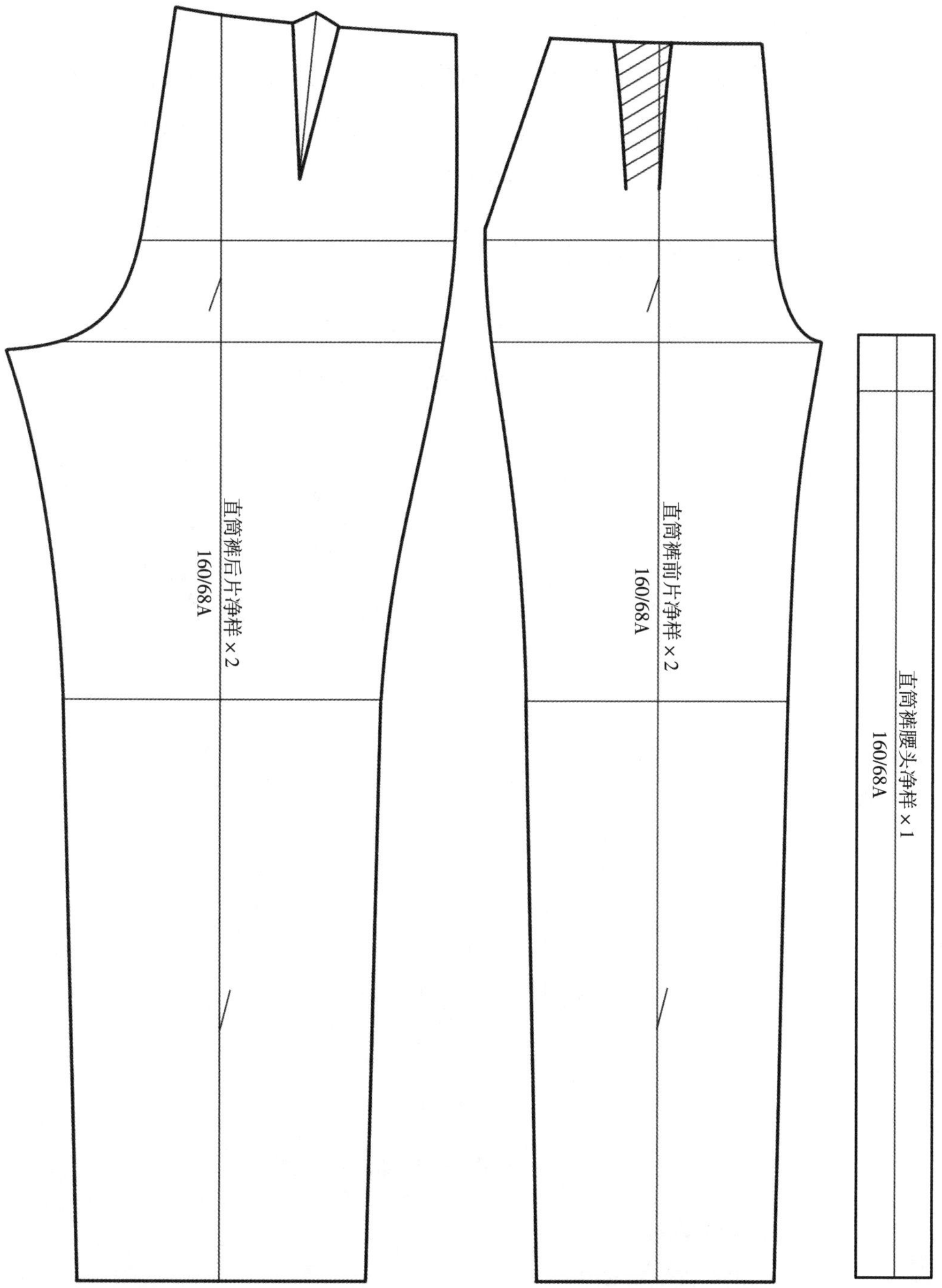

图3-23　直筒裤裤片净样

③ 门襟开口方向：裤子门襟可在右侧也可在左侧。一般牛仔裤门襟常在左侧，西裤门襟常在右侧。

④ 纸样检查：为保证成品规格及缝制时裁片能相互吻合，制图完成后，需要对纸样进行检查。检查的内容包括：控制部位尺寸、相关线的形状与长度、拼合部位是否圆顺等。裤装纸样检查的主要部位与方法见图 3-21。

四、锥形裤结构设计

锥形裤的结构特点是臀围较宽松，常在腰部设计褶、裥等结构，从而夸张臀部，裤脚口收小，呈上宽下窄的锥形，见图 3-24。

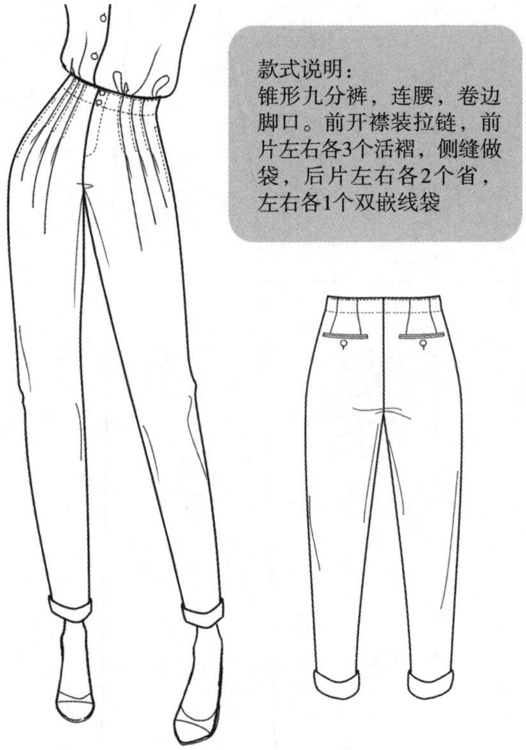

图3-24 锥形裤款式图

1. 规格设计

锥形裤规格见表 3-6。

2. 结构设计

裤身结构制图见图 3-25，前、后裤片纸样见图 3-26，零部件结构制图见图 3-27。结构设计要点：

表 3-6　锥形裤规格设计　　单位：cm

号型	160/68A				
部位	裤长	腰围	臀围	立裆长	脚口宽
规格	90	68	92（原型）	28	18

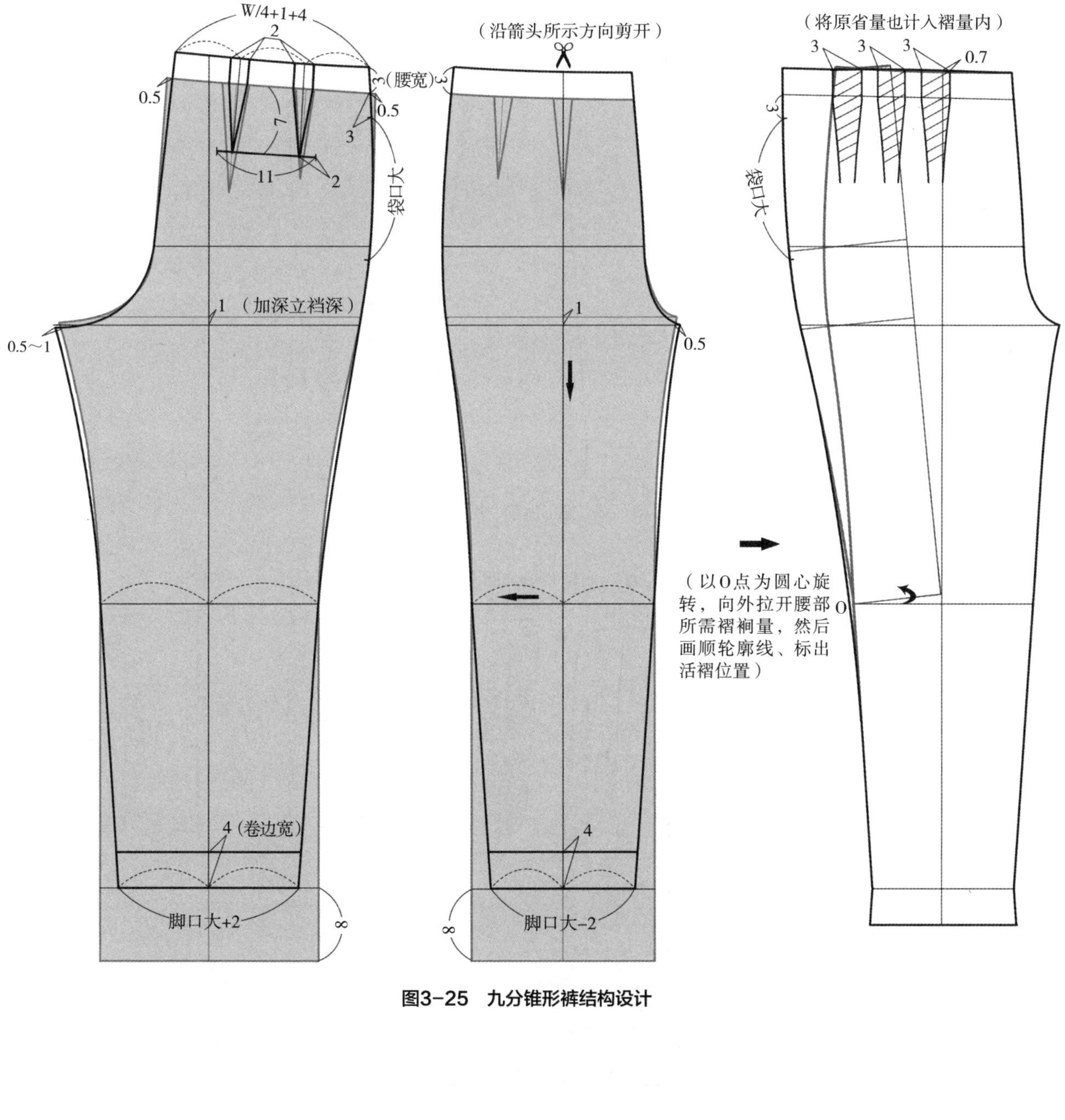

图3-25　九分锥形裤结构设计

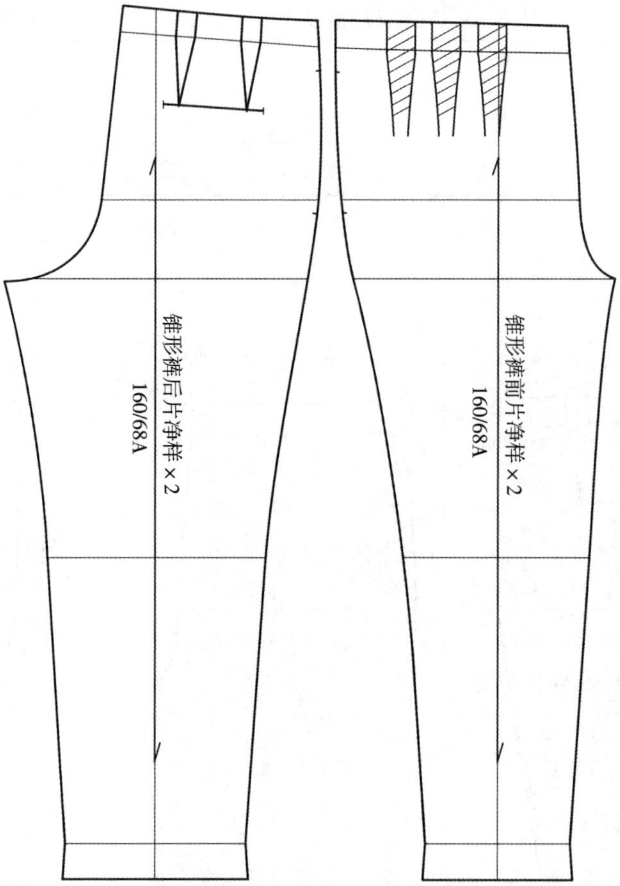

图3-26 锥形裤前、后裤片纸样

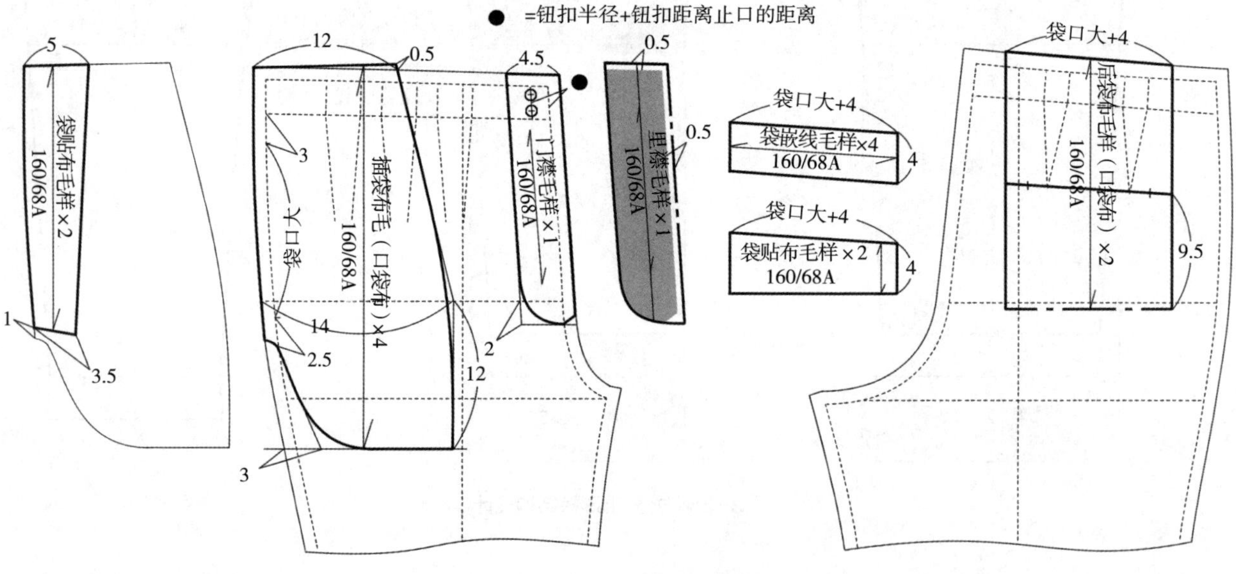

图3-27 锥形裤零部件结构制图

① 锥形裤的臀围较宽松，故立裆深也宜在原型基础上相应增加，调节量为1～2 cm。同时，前后小裆宽也宜适当加大。

② 为利于画顺侧缝线，锥形裤的中裆线也宜下调 1～2 cm。腰部活褶量的加放方法有两种，方法一见图 3-18，方法二见图 3-28，可根据裤管造型的需要来选择。

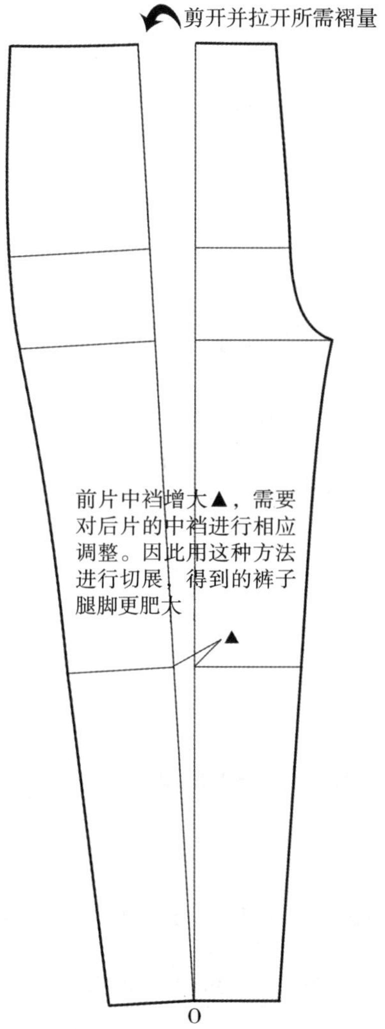

图3-28 腰部褶量加放方法二

五、喇叭裤结构设计

喇叭裤的结构特点是裤脚口敞开，裤腿上小下大，呈喇叭造型。根据喇叭造型特点的不同，可分为小喇叭裤与大喇叭裤。小喇叭裤的裤腿造型特点是中裆以上部位合体，从中裆至脚口逐渐增大；大喇叭裤是臀部较合体，整个裤腿较肥大，从横裆至脚口呈大喇叭状，见图 3-29。如果再进一步将臀围、脚口加大，就逐渐演变成裙裤。

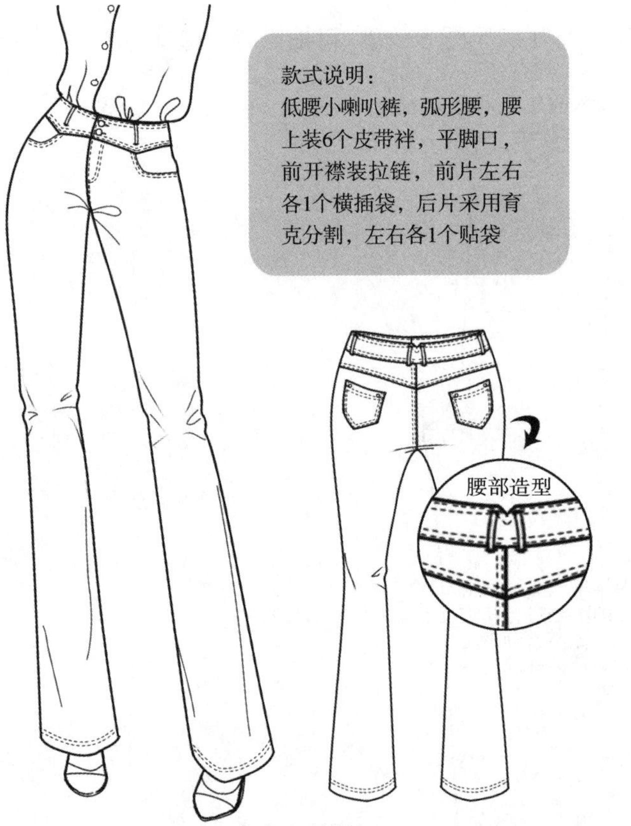

（1）小喇叭裤

（2）大喇叭裤

图3-29 喇叭裤款式图

1. 规格设计

款式图见图 3-29，根据款式特点，确定成品规格见表 3-7。

表 3-7 小喇叭裤规格设计 单位：cm

号型	160/68A				
部位	裤长	腰围	臀围	立裆长	脚口宽
规格	98	68（原型）	92	23	26

2. 结构设计

裤身结构设计见图 3-30，前片门、里襟及口袋的结构设计见图 3-31，裤片净样见图 3-32。

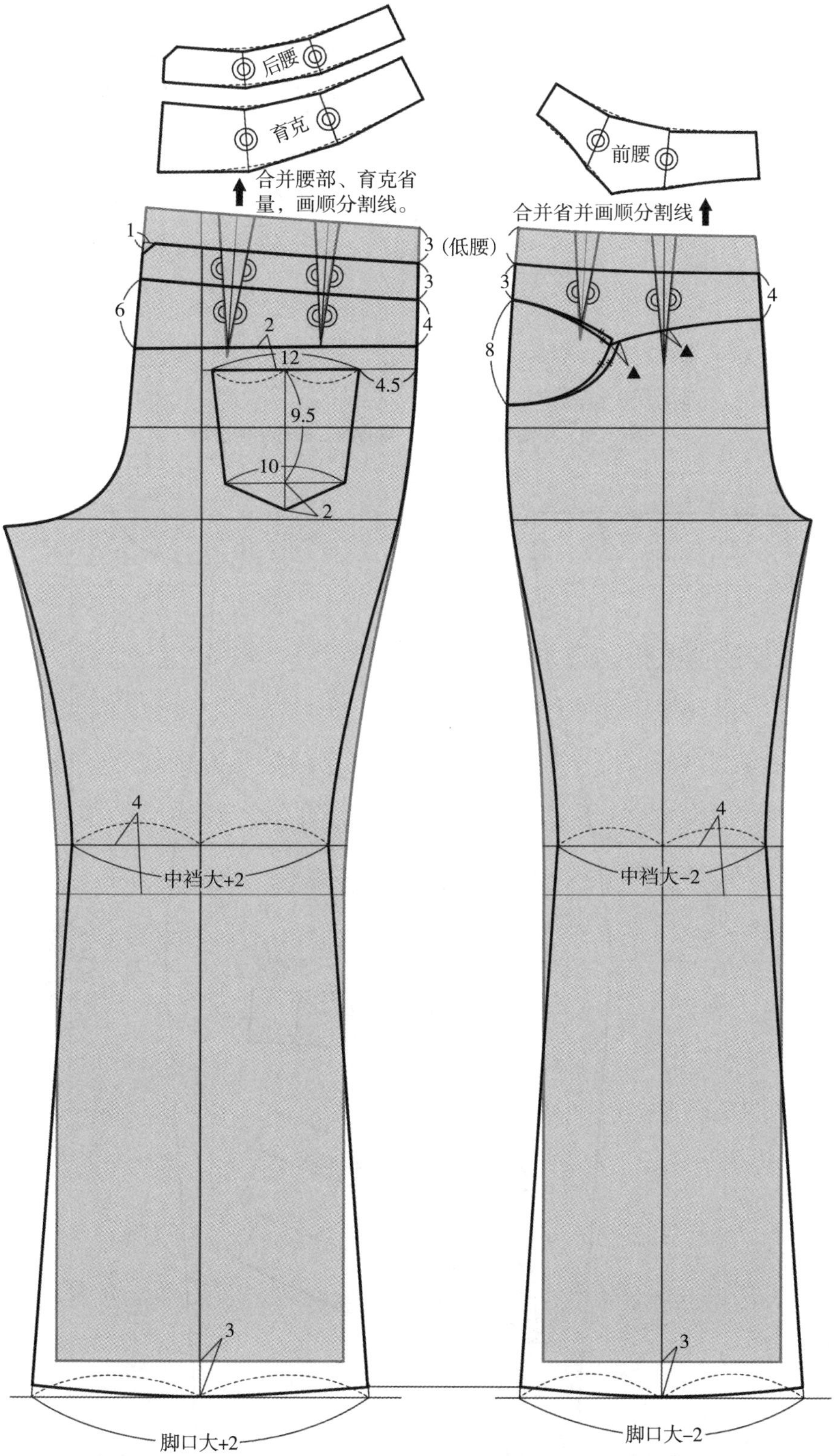

图3-30 小喇叭裤结构设计

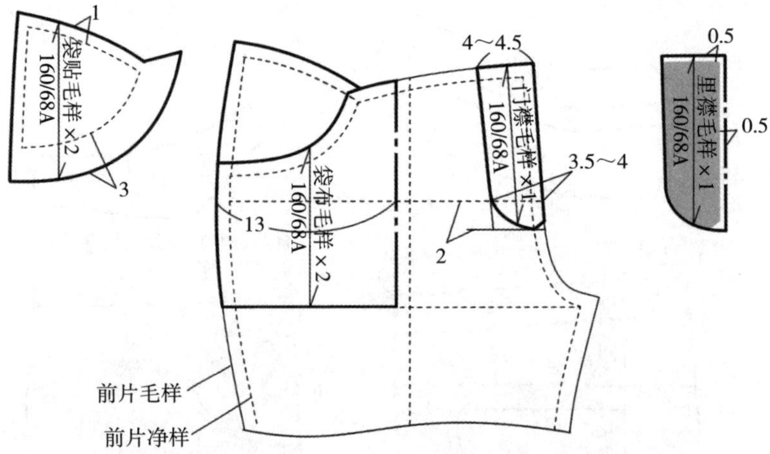

图3-31 小喇叭裤前片门、里襟及口袋的结构设计

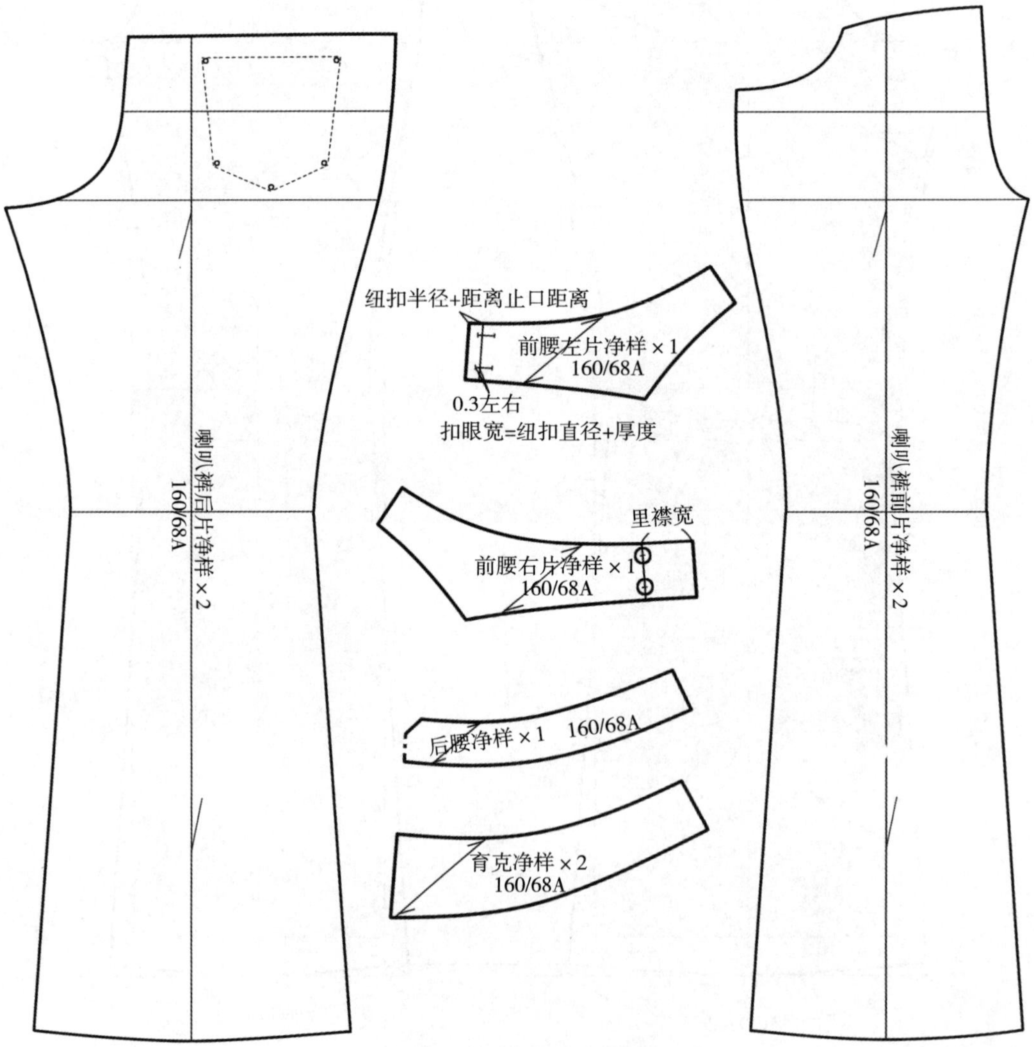

图3-32 小喇叭裤裤片净样

小喇叭裤的造型要点

① 中裆及以上部分合体。因此，为方便人体活动，中裆位置宜偏上，这样既造型美观又使膝盖部位有一定的宽松量。

② 为均匀处理臀腰差，前片横插袋处也可以隐藏部分省量（≤ 2 cm）。

③ 弧形腰面常用斜纱向，以便穿着时能贴合人体和方便缝制。

大喇叭裤与裙裤的结构设计方法见图 3-33。下裆缝在两腿之间，为造型美观和活动方便，脚口处向外增加的量不宜过大，常在 2 cm 以内。

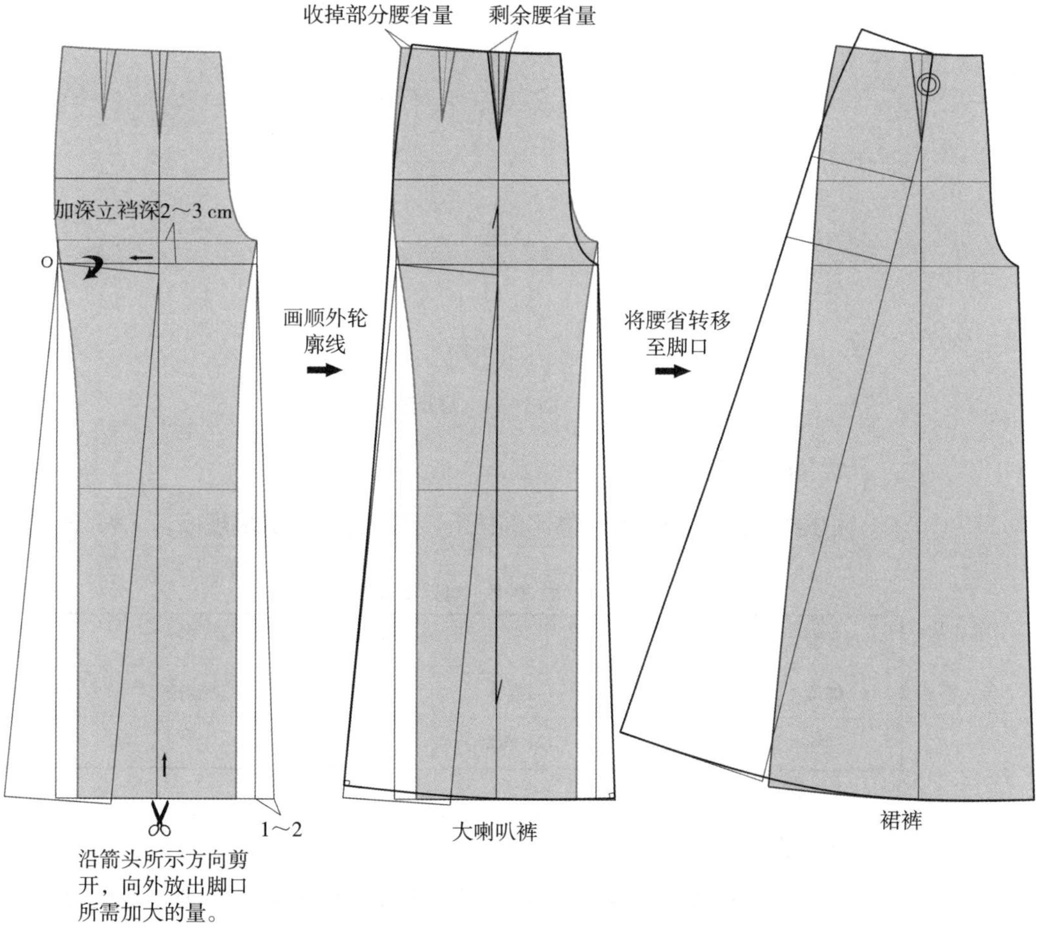

图3-33　大喇叭裤、裙裤结构设计

六、灯笼裤结构设计

款式造型见图 3-34。

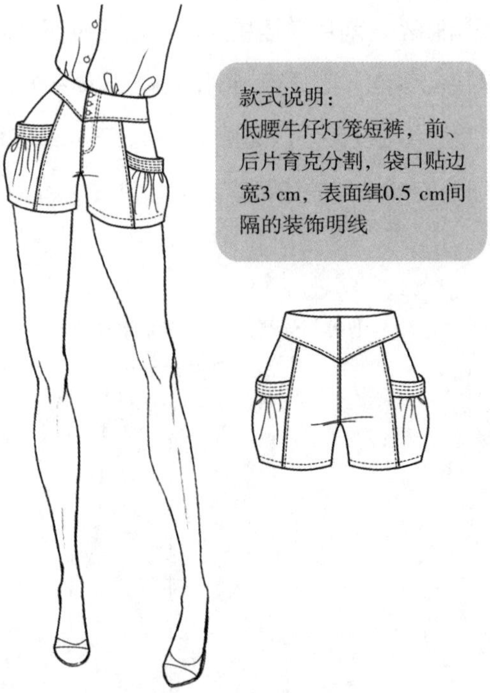

图3-34 灯笼短裤款式图

1. 规格设计

根据款式造型特点及人体比例关系，确定灯笼裤成品规格，见表 3-8。

表 3-8 灯笼裤规格设计

单位：cm

号型	160/68A				
部位	裤长	腰围	臀围	立裆长	脚口宽
规格	33	68（原型）	92	21	26

2. 结构设计

灯笼裤结构设计见图 3-35，袋布结构设计与纸样处理方法见图 3-36，裤片净样见图 3-37。结构设计要点：

① 前、后片落裆差：由于灯笼裤前、后片下裆缝长度差较大，因此灯笼裤前、后片落裆差一般比长裤大，主要视后下裆缝的斜度而定，斜度越大，前、后片落裆差也越大，一般为 1.5～3 cm。

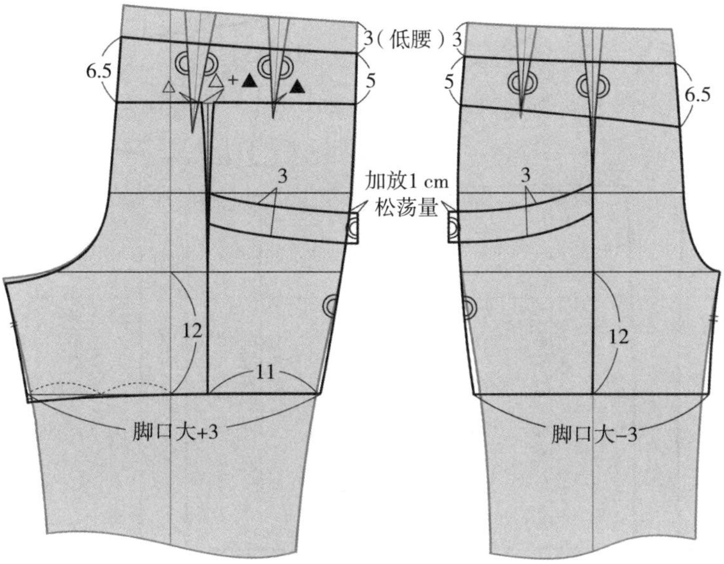

图3−35　灯笼裤结构设计

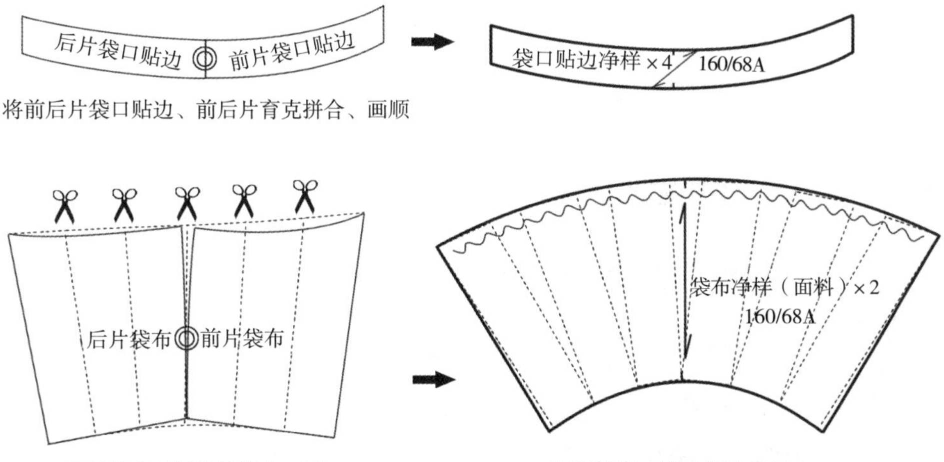

将前后片袋口贴边、前后片育克拼合、画顺

将前后袋布侧缝处拼合，画顺外轮廓，再沿图示方向剪开，拉开袋口所需碎褶量

画顺轮廓，测量脚口处尺寸并修正，使之与裤片脚口相对应部位吻合

图3−36　灯笼裤袋布结构设计与纸样处理

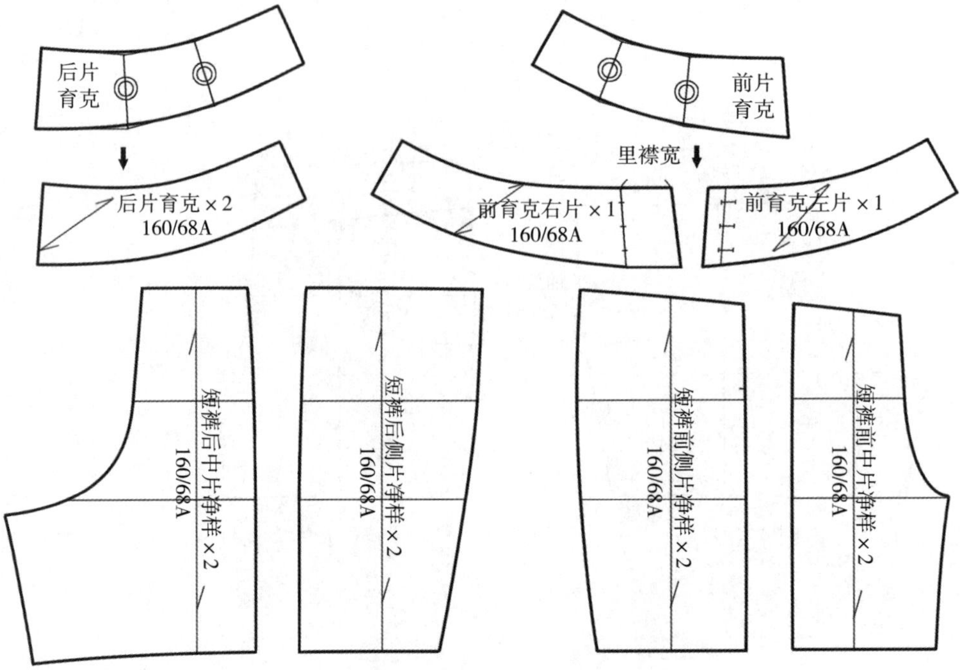

图3-37 灯笼裤裤片净样

② 前、后裤片脚口宽的分配：前、后裤片脚口宽的分配比例与长裤不同的原因是为了减小后片下裆缝的斜度，以使前、后片的落裆差不致相差太大。

拓展训练

七、裙裤结构设计

裙裤是将裙子的外形特征与裤子的结构相结合的一种变化结构，裙裤既能展现女性的柔美、活泼，又活动方便，穿着舒适，因此家居服、休闲服、时装上运用较多，见图 3-38。

图3-38 裙裤款式图

（一）裙裤原型结构设计

裙裤的结构设计可以利用裙装原型演变而来，由于裙裤较宽松，前、后片臀围可采用相同大小。因此，在制图前需要先将裙原型的前、后片臀围进行调整，见图 3-39。在裙裤原型基础上，将腰省合并，可得到无省型裙裤，其外观类似斜裙，见图3-40。还可以利用省转移、分割、褶裥等结构设计手法，进行丰富的款式变化，见图3-41。

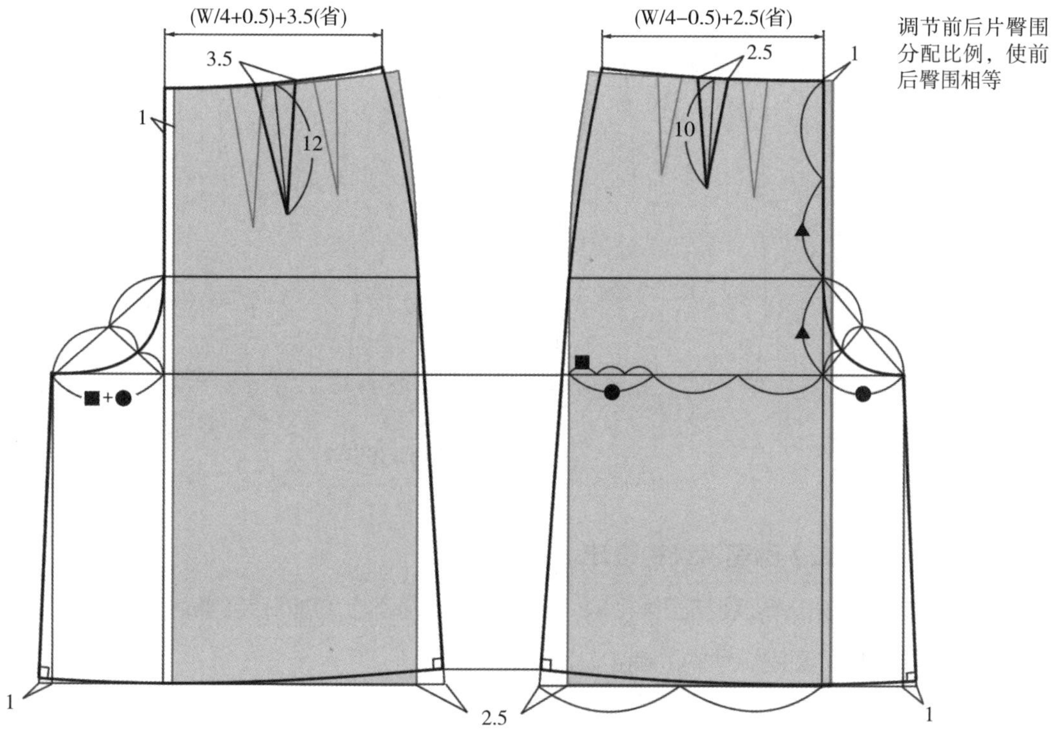

图3-39　裙裤原型结构设计

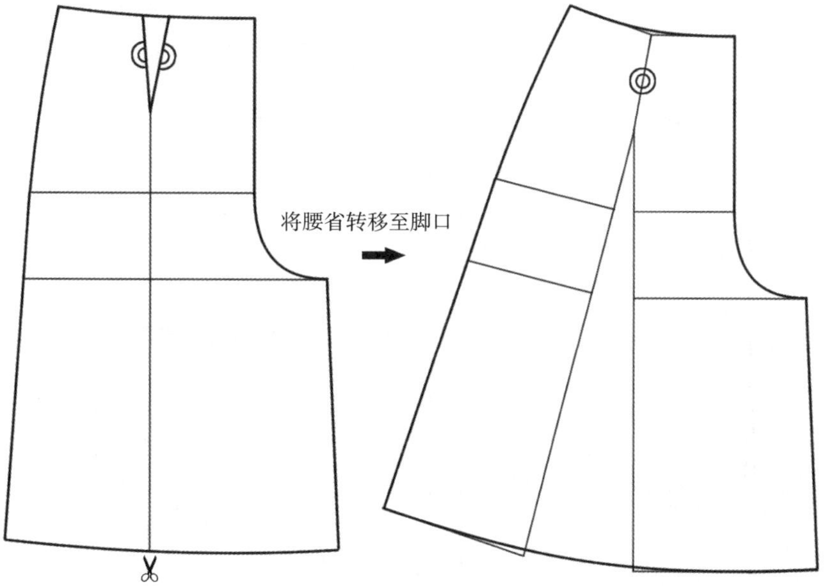

图3-40　无省型裙裤

图3-41　裙裤变化设计

（二）圆裙裤结构设计

圆裙裤外观与圆裙相似，是在圆裙的基础上增加裤装的横裆结构即可，见图3-42。圆裙裤纱向的确定与圆裙相同。

R为腰围圆半径，其通用计算公式如下：

$$R=\frac{W\times 360}{8\pi\times 圆心角}$$

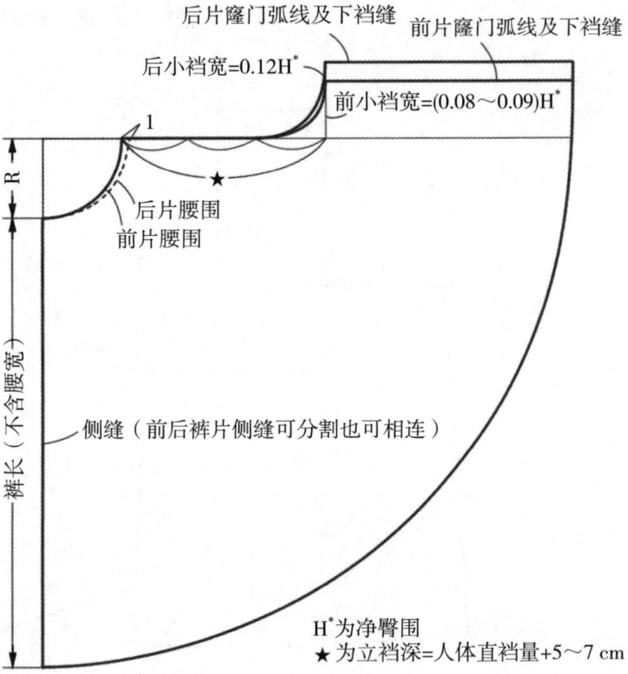

图3-42　圆裙裤款式图与结构设计

思考与练习

一、填空题

1. 裤装最基本的廓型有________、________、________、________等。

2. 服装纸样检查的主要内容有________、________、________等。

3. 喇叭裤、直筒裤、锥形裤三种裤型的中裆位置从高到低排列次序为________________________________。

4. 灯笼裤前、后裤片落裆差一般比长裤大，其原因是________________。

5. 裙裤前小裆宽计算公式为________，后小裆宽的计算公式为________，圆裙裤腰围圆半径的计算公式为________，圆裙裤后腰中点下落 1 cm 的原因为________________________________。

二、简答题

试分析直筒裤、锥形裤、喇叭裤三种裤型的造型特点?

三、实践题

裤装结构设计训练：款式造型见图 3-43～图 3-46。要求：

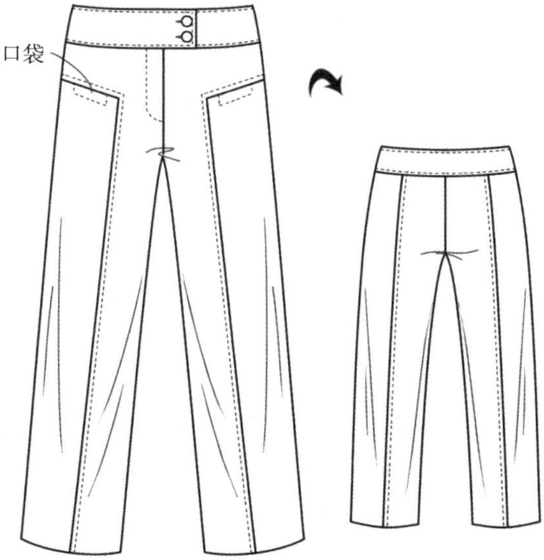

图3-43 低腰直筒裤

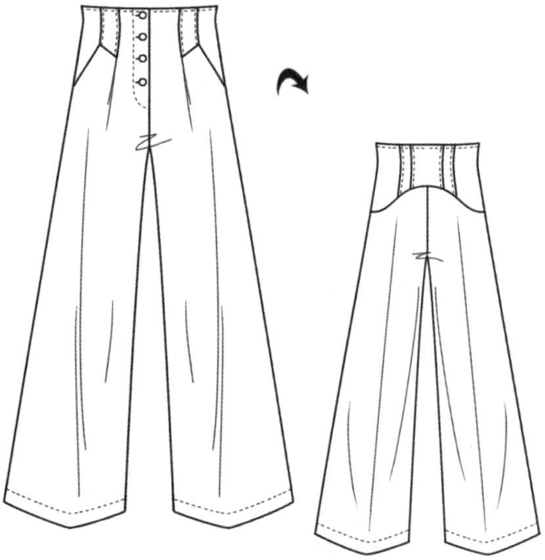

图3-44 高腰大喇叭裤

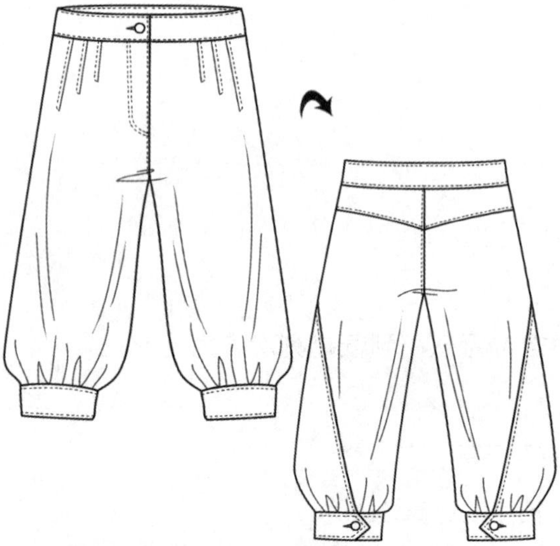

图3-45 七分灯笼裤

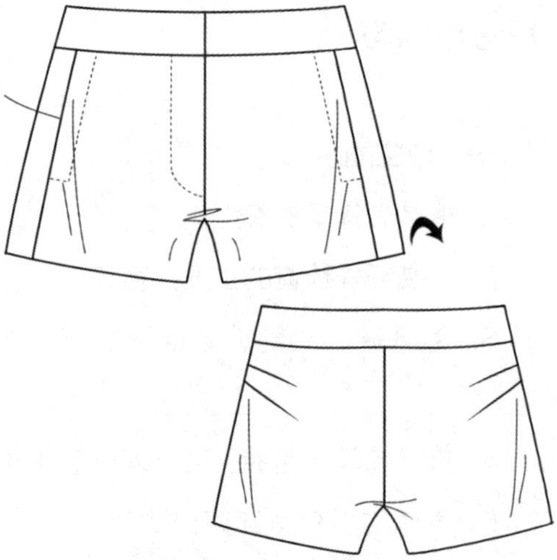

图3-46 短裤

（1）以 160/68A 的人体为依据，制定合理的成品规格。

（2）结构符合款式图，线条清晰、流畅，结构完整，标注规范。

四、拓展训练

裤装创意设计：以波浪边、分割线为设计元素，分别设计三款不同廓型的裤装。要求：

（1）画出裤装前、后片平面款式图和结构图。

（2）结构合理、款式图比例协调，结构表现清楚。

（3）结构完整，标注规范。

（4）规格设置符合款式设计要求。

项目四　衣身结构设计

衣身是覆盖于人体躯干部位的服装部件，其形态既要与人体曲面相符，又要与款式造型相一致，故衣身结构是最重要的服装结构部分。研究衣身结构的原型构图法和直接构图法以及省、分割线的结构变化对于服装结构设计是十分重要的。

项目目标

素质目标

1. 在基础知识的学习中，养成学生勤于思考，循序渐进的良好习惯；

2. 在基本技能的训练中，培养学生精益求精、追求卓越的工匠精神。

知识目标

1. 了解衣身结构平衡的要素。

2. 明确前后浮余量的消除方法。

技能目标

1. 学会分析应用衣身结构平衡的要素。

2. 掌握省转移、分割线的应用。

任务一　衣身原型

任务目标

1. 了解箱型原型与梯形原型的构成原理。
2. 明确实际浮余量的计算方法。
3. 掌握箱型原型的平面制图。

任务导入

女装衣身原型是女装基础纸样的主要形式，按覆盖人体的部位分衣身原型、袖身原型和裙身原型；按衣身的立体构成形态分箱型原型、梯形原型。

任务准备

一、衣身浮余量

将衣身覆合在人体上，衣身纵向前中心线 FCL、后中心线 BCL 及纬向胸围线 BL、腰围线 WL 分别与人体（人台）覆合一致后，前衣身在 BL 以上（肩缝、袖窿处）出现的多余量，称前浮余量，亦称胸凸量；后衣身在背宽线以上（肩缝、袖窿处）出现的多余量，称后浮余量，亦称背凸量。

二、衣身原型的立体构成

将前后衣身原型的布样覆合于人台上，注意布样纵、横丝缕应和人台的纵、横标志线对合一致，BL 以上产生的浮余量，分别在前后片原型衣身的相关部位消除，根据 BL 以上浮余量的消除方法，衣身原型可分为两种类型：箱型原型和梯形原型。

（一）箱型原型

我国使用的箱型原型主要有东华原型、日本新文化原型。在箱型原型的基础上再收腰省，形成衣身整体贴合的状态，欧美等国的原型即采用这种形式，因其前后浮余量都用省道消除，其本质上仍属箱型原型。箱型原型是国际流行的原型。

东华原型是东华大学服装学院在大量女体实测的基础上，得到人体细部与身高、净胸围的回归关系及女体体型各实测部位数据的均值，在此基础上建立标准人台，在标准人台上按箱型原型的制图方法制作出原型布样，最后将人体细部与身高、净胸围的回归关系进行简化，作为平面制图公式制定而成的适合中国女体的箱形原型。

1. 箱型原型的形成

（1）前浮余量→侧缝省（对准 BP 的集中省）

① 坯布上的 FCL、BL 分别与人台上的 FCL、BL 对齐，放平整，前片浮余量收侧缝省，注意胸围处自然放松量约 6 cm。

② 前领口弧、肩缝、袖窿弧、侧缝贴标志带（或画点影线）。

③ 余留 2 cm 缝份，多余量剪掉。

（2）后浮余量→袖窿省（集中省）

① 坯布上的 BCL、BL 与人台中的 BCL、BL 对准，衣身放平整，BL、WL 与前片对齐，后片浮余量收袖窿省，注意胸围处自然放松量约 6 cm。

② 后领口弧、肩缝、袖窿弧、侧缝做标志线。

③ 余留 2 cm 缝份裁剪。

前后片肩缝、侧缝别针，形成箱型原型衣身，取下衣身，形成规范的样板，见图 4-1。

2. 箱型原型的优点

（1）能真实反映人体体型特征：① 后片腰节短于前片约 1.5 cm；② 袖窿处抬高。

（2）构图简单。

（二）梯形原型

1. 梯形原型的形成

（1）前片的操作过程

① 将衣片与人台覆合（领口处打剪口），前浮余量自然下放，使前BL～WL成梯形；

② 用黏合带做领口弧、肩缝、袖窿弧、侧缝；

③ 余留 2 cm 缝份修剪。

（2）后片的操作过程

① 衣片覆于人台（领口处打剪口），后浮余量放肩缝折省道，坯布上的BL、WL与人台中的BL、WL对齐；

② 黏合带做出领口弧、肩缝、袖窿弧、侧缝；

③ 余留 2 cm 缝份修剪。

前后片肩缝、侧缝别针，形成梯形原型衣身，取下衣身，形成规范的样板，见图 4-2。

2. 梯形原型的缺点

不能真实反映人体体型信息，难以解释前浮余量。

箱型与梯形比较：箱型前片比后片长 1.5 cm，梯形后片比前片长，见图 4-1、图 4-2。

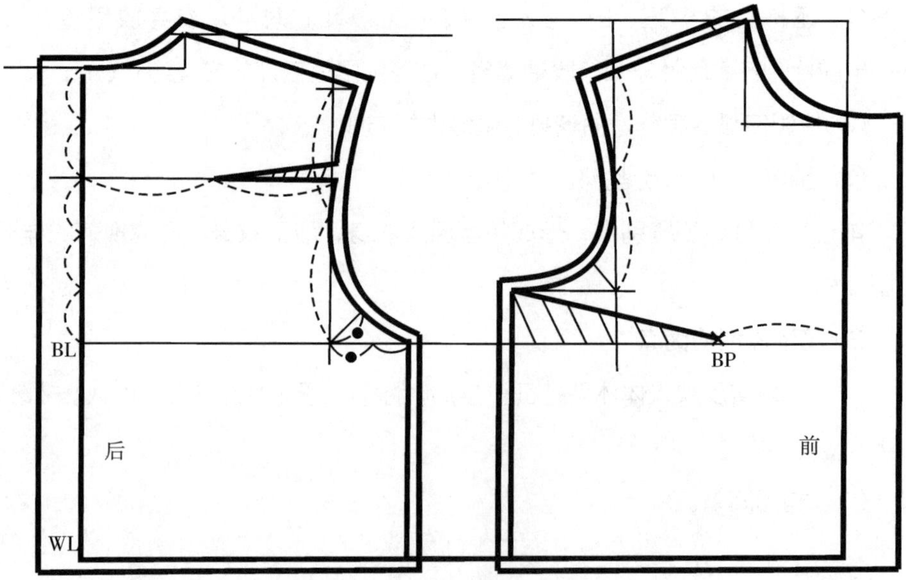

图4-1 箱型原型

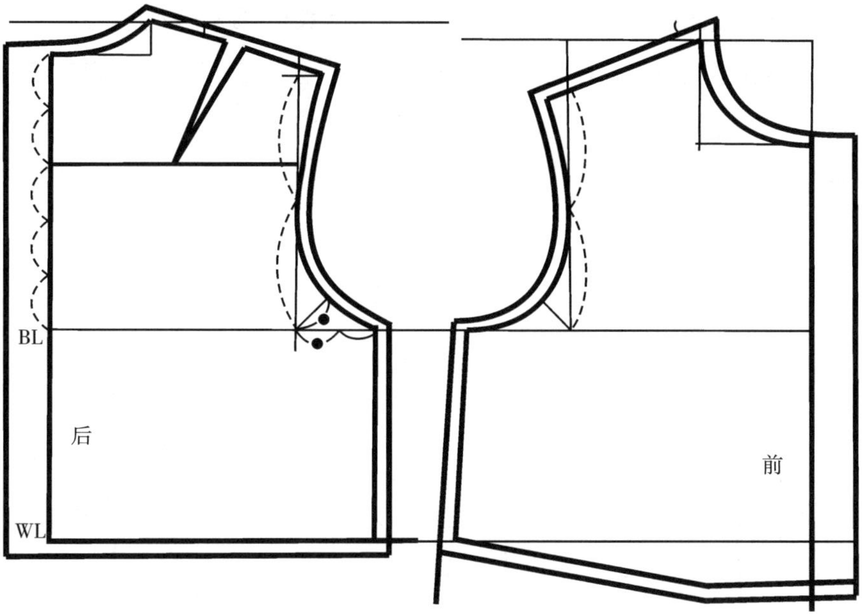

图4-2　梯形原型

任务实施

三、箱型原型制图

（一）1998 年版东华原型平面制图

制图规格见表 4-1。

表 4-1　东华原型平面制图规格　　单位：cm

部位	胸围B*	胸围松量	背长	身高h
规格	84	12	37.4	160

注：B* 表示净胸围。

* 前后衣身平面制图：

1. 画水平线 WL，在 WL 上取 B*/2+6(松量)，量取背长 37.4 cm 画背长线，取 0.05B*+2.5= ●为后领窝宽，自背长线上端向上量取● /3 为后领深，画后上平线。

2. 后上平线向上 B*/60 画水平线，为前上平线，自前上平线向下 0.1h+8 画袖窿深线（BL）。

3. 在 WL 上将胸围宽二等分，在袖窿深线上取 $0.13B^*+7$ 为后背宽。

4. 后背肩斜为 18°，在后背宽外取 1.5 cm，连接 SNP 画成后肩斜线。

5. BNP～BL 的 2/5 处画水平线，在袖窿处取 $B^*/40-0.5$ 为后浮余量，并画顺袖窿线。

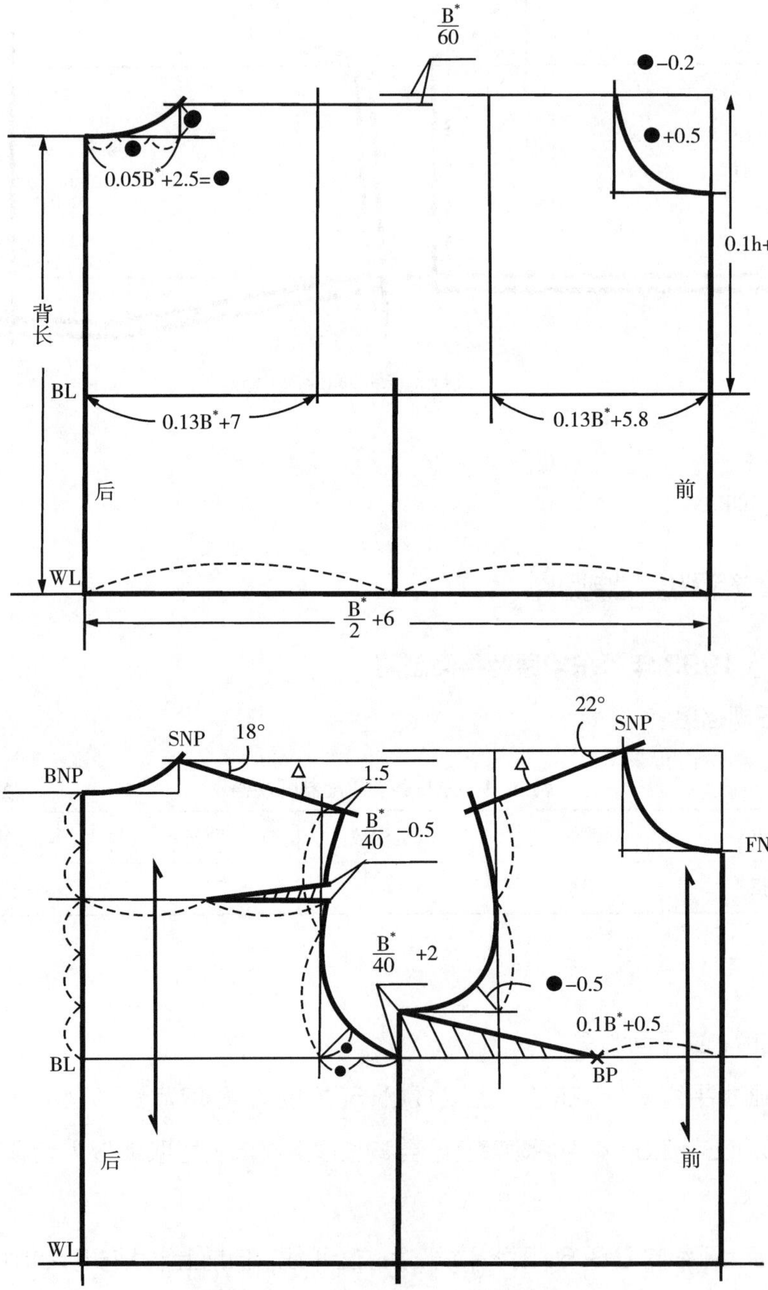

图4-3 1998年版东华原型平面图

6. 取● +0.5 cm 画前领窝深，取● −0.2 为前领窝宽。

7. 在袖窿深线上取 0.13B*+5.8 画前胸宽线，前肩斜为 22°，与后小肩斜线等长。

8. 自前中线在 BL 上取 0.1B*+0.5 为 BP，取前浮余量为 B*/40+2。然后向 BP 点画线，最后画顺前袖窿弧线，见图 4-3。

（二）2008 年版东华原型平面制图

通过人体测量实验、样衣补正实验，结合实验数据的统计分析和回归分析，2008 年，东华原型做了部分修改，见图 4-4。修订前后结构尺寸对比见表 4-2。主要结论如下：

1. 人体群体体型特征产生了一定的变化，表现在颈围略微增大、肩胛骨较突出、前胸宽减小、后背宽减小、臂根围增大、肩线前倾和乳点降低等七个方面；

2. 对应以上人体体型的变化特征对东华原型进行了十二处的结构修订，增加了前、后领窝弧线的两个控制点；

3. 基于东华原型的修订研究进行了标准女体人台的体型修正。

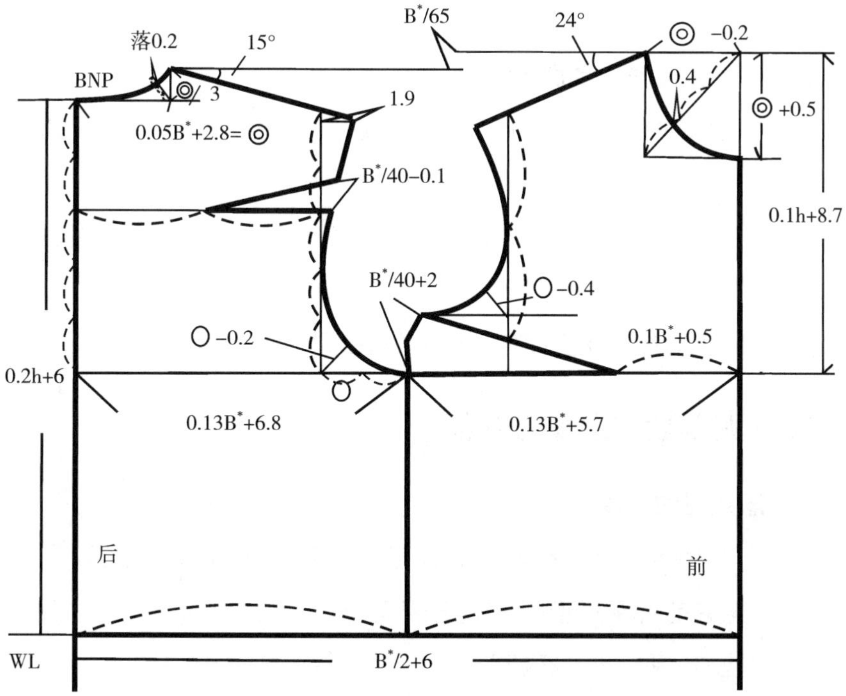

图4-4 2008年版东华原型平面图

表 4-2 东华原型修订前、后的结构尺寸对比表

部位名称	东华原型细部尺寸	修订后东华原型细部尺寸	差别
前肩斜	22°	24°	增大 2°
后肩斜	18°	15°	减小 3°
后领窝宽	$0.05B^*+2.5=$ ⊙	$0.05B^*+2.8=$ ◎	增大 0.3
肩胛省	$B^*/40-0.5$	$B^*/40-0.1$	增大 0.4
后背宽	$0.13B^*+7$	$0.13B^*+6.8$	减小 0.2
前胸宽	$0.13B^*+5.8$	$0.13B^*+5.7$	减小 0.1
BP～SNP	0.1h+8	0.1h+8.7	增大 0.7
后冲肩量	1.5	1.9	增大 0.4
后袖窿切点	袖窿深 /2 处	袖窿深 ×2/5 处	切点降低
后袖窿弯势控制点	（B/4- 后背宽）/2= ●	（B/4- 后背宽）/2-0.2= ○	相对减小 0.2
前袖窿弯势控制点	● -0.5	○ -0.4	相对增大 0.1
后上平线抬高量	$B^*/60$	$B^*/65$	减小 0.1

（三）相关部位的吻合性检验

1. 前后领窝拼合，检查领口弧，特别是肩缝拼合处 A 是否圆顺，见图 4-5。

2. 前后袖窿拼合，检查袖窿弧线，特别是肩线拼合处 B 是否圆顺，见图 4-5。

3. 前后袖窿拼合，检查袖窿弧在侧缝处 C 是否光滑，见图 4-6。

四、影响前后浮余量的因素

（一）浮余量的计算

原型前浮余量 $=B^*/40+2=4.1$；原型后浮余量 $=B^*/40-0.5=1.6$。

1. 成衣服装前后浮余量小于或等于原型量。

2. 没有垫肩、贴体时等于原型量。

3. 有垫肩、宽松时小于原型量。

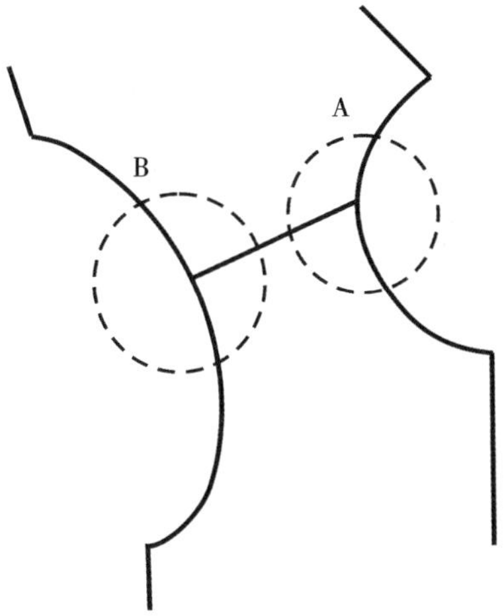

图4-5 领窝与袖窿的拼合检查

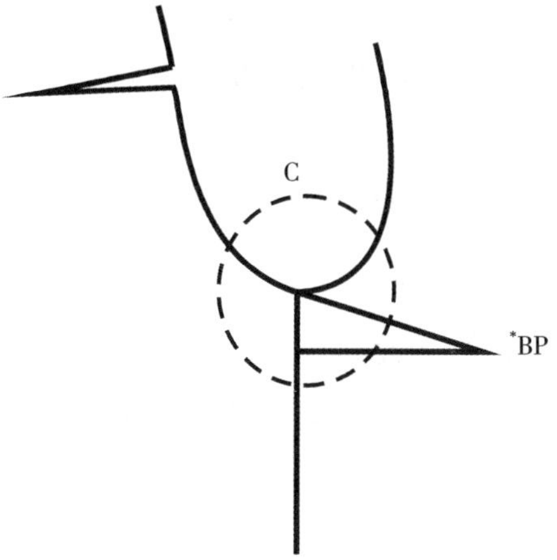

图4-6 袖窿弧的拼合检查

（二）影响前后浮余量的因素

1. 垫肩厚

减少的前浮余量 = 垫肩厚；减少的后浮余量 =0.7 垫肩厚。若加 10 cm 垫肩，则浮余量消除。

2. 衣服松量

减少的前浮余量 =0.05〔B-（B^*+12）〕=0.05（B-96）；减少的后浮余量 =0.02〔B-（B^*+12）〕=0.02（B-96）。

衣服松量的控制数据（不少于此数据）前片≤ 1，后片≤ 0.4。当 B<96 时，则不计松量，因为 B 再小时，空隙也随之减小。

任务训练

五、衣服实际前后浮余量的计算

实际前后浮余量 = 原型前后浮余量 - 垫肩影响值 - 衣身松量影响值

前浮余量 =4.1-1× 垫肩厚 -0.05（B-96）；后浮余量 =1.6-0.7× 垫肩厚 -0.02（B-96）

例 1：B=126 cm，垫肩厚 =1 cm

计算：实际前浮余量 =4.1-1-0.05（126-96）=4.1-1-1.5=1.6 cm

实际后浮余量 =1.6-0.7-0.02（126-96）=1.6-0.7-0.6=0.3 cm

例 2：B=90 cm，垫肩厚 =2 cm

计算：实际前浮余量 =4.1-2-0.05（90-96）=4.1-2-0=2.1 cm

实际后浮余量 =1.6-0.7×2-0.02（90-96）=1.6-1.4-0=0.2 cm

例 3：B=100 cm，垫肩厚 =1.6 cm

计算：实际前浮余量 =4.1-1.6-0.05（100-96）=4.1-1.6-0.2=2.3 cm

实际后浮余量 =1.6-0.7×1.6-0.02（100-96）=1.6-1.1-0.1=0.4 cm

任务评价

衣身原型质量评分见表 4-3。

表 4-3 衣身原型质量评分表

班级：		姓名：		日期：
检测项目	检测要求	配分	评分标准	得分
时间	在规定时间内完成任务	10	每超过 5 分钟，扣 5 分	
质量	制版规范，结构准确，线条流畅，尺寸正确，版型合理	50	制版不规范，结构不准确，线条不流畅，尺寸错误，版型不合理，每处扣 5 分	
	丝缕及文字标注准确、到位	20	丝缕及文字标注不准确、不到位，每处扣 3~5 分	
	线条清晰，版面干净，排版合理	20	线条不清晰，版面污渍，排版不合理，每处扣 3~5 分	
检查结果总计		100		

任务拓展

六、新文化原型平面制图

制图规格见表 4-4。

表 4-4 新文化原型平面制图规格 单位：cm

部位	净胸围B*	胸围松量	净腰围W*	腰围松量	背长
规格	84	12	66	6	38

1. 作基础线

① 以Ⓐ点为颈椎点（BNP）向下取背长 38 cm 作为后中心线（BCL），见图 4-7（1）。

② 画 WL 水平线，并确定身幅宽（前后中心之间的宽度）=B*/2+6，见图 4-7（1）。

③ 从Ⓐ点向下取 B*/12+13.7 确定胸围水平线 BL，并在 BL 上取 B*/2+6，见图 4-7（1）。

④ 垂直 WL 画前中心线 FCL，见图 4-7（1）。

⑤ 在 BL 上，由后中心向前中心方向取背宽线 B*/8+7.4 确定Ⓒ点，见图 4-7（1）。

⑥ 经Ⓒ点向上画背宽垂直线，见图 4-7（1）。

⑦ 经Ⓐ点画水平线与背宽线相交，见图 4-7（1）。

⑧ 由Ⓐ点向下 8 cm 处画一水平线与背宽线相交于Ⓓ点。BCL 至Ⓓ点的中点向袖窿方向取 1 cm 确定为 E 点，作为肩省省尖点，见图 4-7（2）。

⑨ 过Ⓒ、Ⓓ两点的中心向下 0.5 cm 的点作水平线Ⓖ线，见图 4-7（2）。

⑩ 在 FCL 上从 BL 向上取 B*/5+8.3，确定Ⓑ点，见图 4-7（2）。

⑪ 通过Ⓑ点画一条水平线，见图 4-7（2）。

⑫ 在 BL 上由前中心线 FCL 取胸宽为 B*/8+6.2，并由胸宽的中点位置向后中心线 BCL 方向取 0.7 cm 作为 BP 点，见图 4-7（3）。

⑬ 画垂直的胸宽线，形成矩形，见图 4-7（3）。

⑭ 在 BL 上，自胸宽线向后取 B*/32 作为Ⓕ点，由Ⓕ点向上作垂直线与Ⓖ线相交得Ⓖ点，见图 4-7（3）。

⑮ 沿 CF 的中点向下作垂直的侧缝线，见图 4-7（3）。

2. 绘制轮廓线

（1）绘制前领口弧线。由Ⓑ点沿水平线取前领口宽 =B*/24+3.4= ◎，得 SNP。由Ⓑ点向下取前领口深 = ◎ +0.5 cm 画领口矩形，依据对角线的 1/3 下落 0.5 cm 作为参考点，画圆顺前领口弧线，见图 4-7（4）。

（2）绘制前肩线。以 SNP 为基准点取 22° 的前肩倾角度，与胸宽线相交后延长 1.8 cm 形成前肩宽度◆，见图 4-7（4）。

（3）绘制后领口弧线。由Ⓐ点沿水平线取后领口宽 = ◎ +0.2，取其 1/3 作为后领口深的垂直长度，并确定 SNP，画圆顺后领口线，见图 4-7（4）。

（4）绘制后肩线。以 SNP 为基准点取 18° 的后肩倾斜角度，在此斜线上取◆ + 后肩省（B^*/32-0.8）作为后肩宽度，见图 4-7（4）。

（5）绘制后省。通过Ⓔ点，向上作垂直线与肩线相交，由交点位置向肩点 SP 方向取 1.5 cm 作为省道的起始点，并取 B^*/32-0.8 作为后肩省大小，连接省道线，见图 4-7（5）。

（6）绘制后袖窿弧线。由Ⓒ点作 45° 斜线，在线上取▲ +0.8（▲=1/3 袖窿宽）作为袖窿参考点，以背宽线作袖窿弧切线，通过肩点 SP 经过袖窿参考点画顺后袖窿弧线，肩点处要保持直角状态，见图 4-7（5）。

（7）绘制胸省。由Ⓕ点作 45° 倾斜线，在线上取▲+0.5 作为袖窿参考点，经过袖窿深点、袖窿参考点和Ⓖ点画圆顺前袖窿弧线的下半部分，见图 4-7（5）。

以Ⓖ点和 BP 连线为基准线，向上取（B^*/4-2.5）° =18.5° 夹角作为胸省量，见图 4-7（5）。

（8）取两条省线相等，通过胸省长的位置点与肩点画顺袖窿线上半部，注意胸省合并时袖窿线要圆顺，见图 4-7（5）。

（9）绘制腰省，见图 4-7（6）。

a 省：由 BP 向下 2～3 cm 作省尖，向下作 WL 垂线作为省道中心线。

b 省：由Ⓕ点向前取 1.5 cm 作垂直线与 WL 相交，作为省道中心线。

c 省：将侧缝线作为省道中心线。

d 省：参考Ⓖ线的高度，由背宽线向后中心方向取 1 cm，由该点向下作垂直线交于 WL，作为省道中心线。

e 省：由Ⓔ点向后中心线方向取 0.5 cm，通过该点作 WL 垂直线，作为省道中心线。

f 省：将后中心线作为省道中心线。

各省量以总省量为依据参照比率计算，以省道中心线为基准，在其两侧取等分省量。

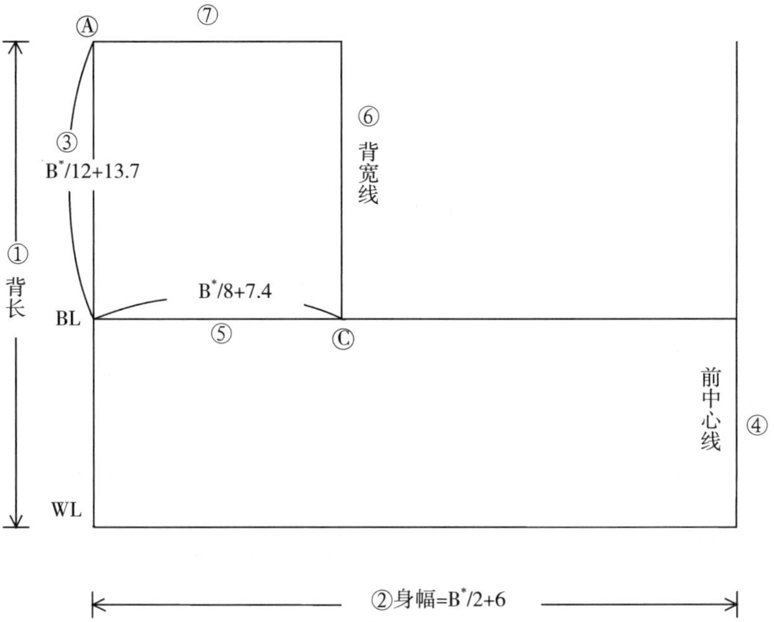

Ⓐ
⑦
⑥
背宽线
③
B*/12+13.7
①
背长
BL
B*/8+7.4
⑤
Ⓒ
前中心线
④
WL
②身幅=B*/2+6

（1）

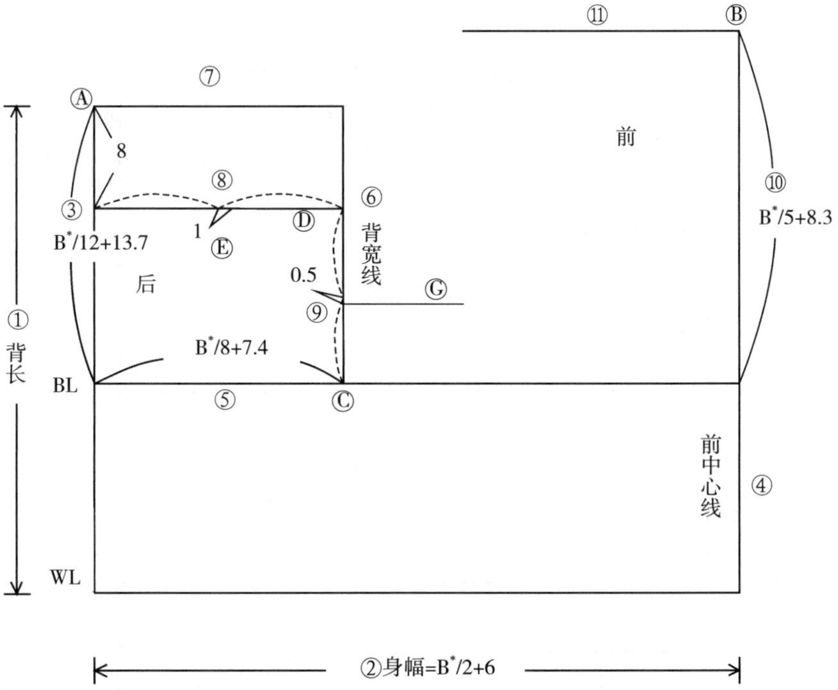

⑪
Ⓑ
Ⓐ
⑦
8
⑧
前
⑩
B*/5+8.3
③
⑥
1
Ⓓ
B*/12+13.7
Ⓔ
背宽线
0.5
后
Ⓖ
⑨
①
背长
B*/8+7.4
BL
⑤
Ⓒ
前中心线
④
WL
②身幅=B*/2+6

（2）

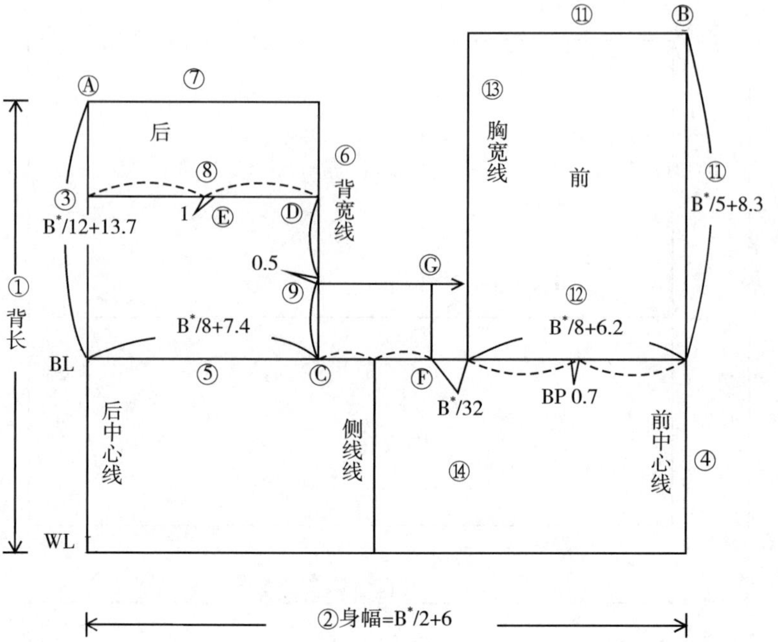
Ⓐ ⑦
后
⑧
③
B*/12+13.7
1 Ⓔ Ⓓ
⑥
背宽线
0.5
⑨
B*/8+7.4
①
背长
BL
⑤ Ⓒ
后中心线
侧线线
WL
Ⓖ
Ⓕ
B*/32
⑪ Ⓑ
⑬
胸宽线
前
⑪
B*/5+8.3
⑫
B*/8+6.2
BP 0.7
⑭
前中心线
④
②身幅=B*/2+6

(3)

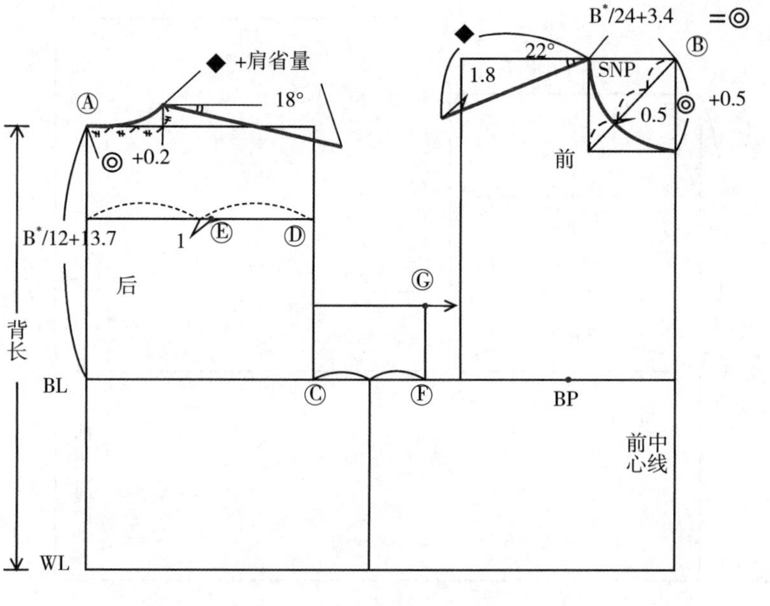
◆ +肩省量
18°
Ⓐ
◎ +0.2
B*/12+13.7
1 Ⓔ Ⓓ
后
背长
BL
WL
Ⓒ Ⓖ Ⓕ
B*/24+3.4 =◎
◆
22°
1.8
SNP
Ⓑ
◎ +0.5
0.5
前
BP
前中心线
身幅=B*/2+6

(4)

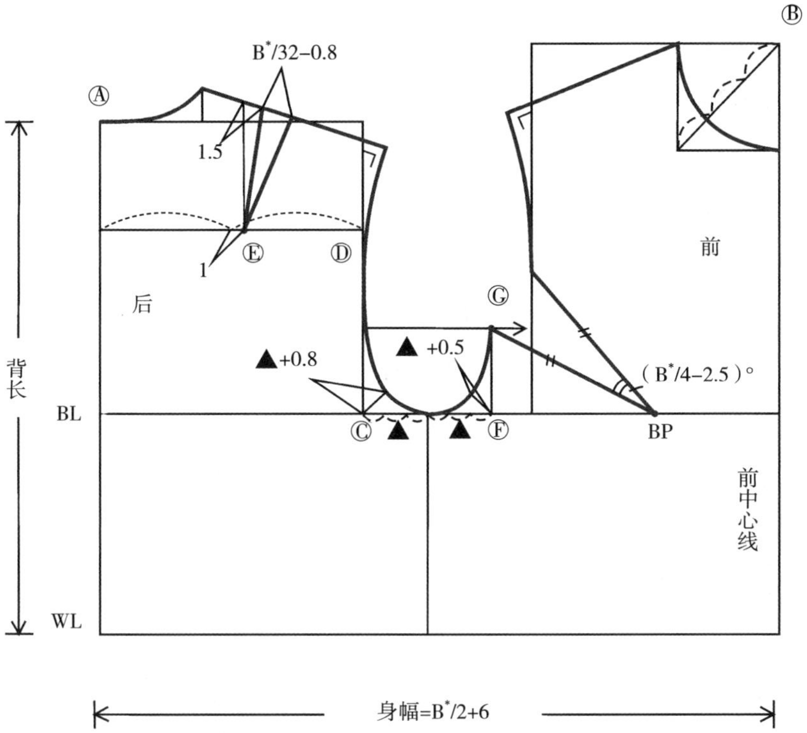

（5）

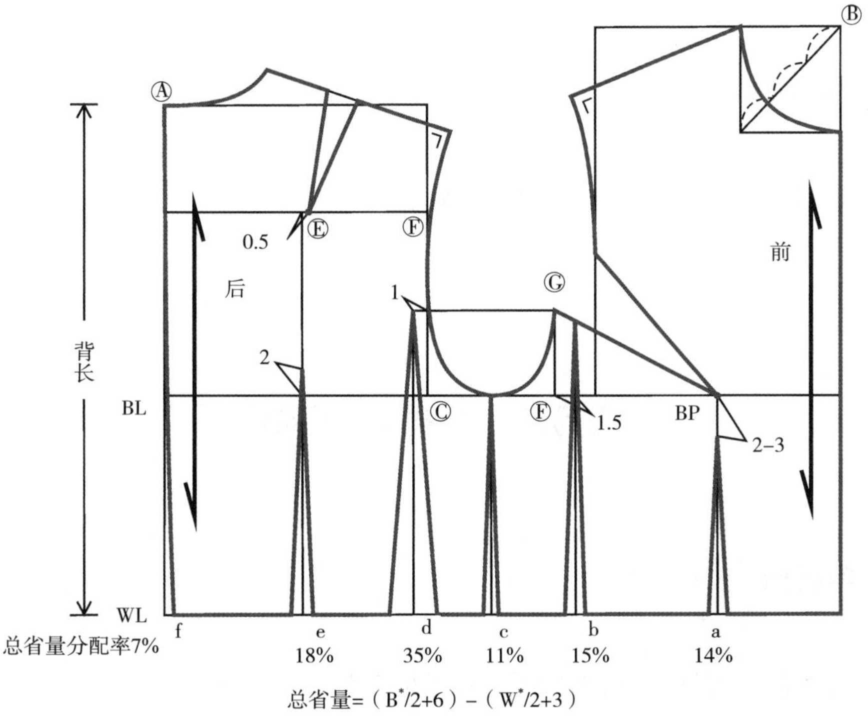

（6）

图4−7　新文化原型平面图

思考与练习

一、填空题

1. 衣身覆合在人台上，将衣身纵向________、________及纬向________、________分别与人台覆合一致后，前衣身在BL以上出现的多余量，称________，亦称________，后衣身在背宽线以上出现的多余量称________，亦称________。

2. 箱型原型与梯形原型比较：箱型原型前片比后片________，梯形原型后片比前片________。

3. 原型中 $B^*/40+2$ 得到的是________。

二、计算题

1. B=116 cm，垫肩 =1.5 cm，计算其实际前后浮余量是多少。

2. B=94 cm，垫肩 =1 cm，计算其实际前后浮余量是多少。

三、作图题

1. 按 1:5 的比例绘制东华原型结构图。

2. 按 1:5 的比例绘制新文化原型结构图。

任务二　衣身结构平衡

任务目标

1. 了解衣身结构平衡的要素，学会分析应用。

2. 掌握前后衣身浮余量的消除方法。

任务导入

衣身结构平衡是指衣服在穿着状态时，前后衣身在腰节线以上部位能保持平整无起吊、无余量的状态，及表面无造型因素所产生的皱褶。衣身结构平衡的关键是前后衣身浮余量的消除。

任务准备

一、衣身结构平衡的形式

（一）前浮余量消除的技术途径

1. 前浮余量用结构形式消除

（1）前浮余量转化为省道量，省道的形式有对准 BP 和不对准 BP 两种。对准 BP 的省是省尖对准 BP，省位可围绕 BP 成 360° 的方位。不对准 BP 的省包括撇胸及其他省尖不对准 BP 的胸省。

（2）前浮余量用下放形式处理，即前衣身下放、腰节线和底边产生起翘量。

（3）前浮余量浮于袖窿，即产生袖窿的纵向宽松量。

2. 前浮余量用工艺形式消除

即用归拢、缝缩的形式将袖窿、门襟处的浮余量消除。从一定意义上说用工艺形式消除的前浮余量也是省量，只不过是分散的省形式。

（二）前浮余量消除的具体方法

1. 实际前浮余量转化为对 BP 省

剪开法将前浮余量转省，适用于严格对条对格的衣身设计，见图 4-8。

当服装使用垫肩后，对于样板的影响有两种：（1）对于肩线的影响；（2）对于浮余量的影响。

2. 实际前浮余量下放

将实际前浮余量下放等于前衣身下放。前后片条格不对格，应用于大衣、风衣，无条格、宽松风大衣的衣身设计，见图 4-9。

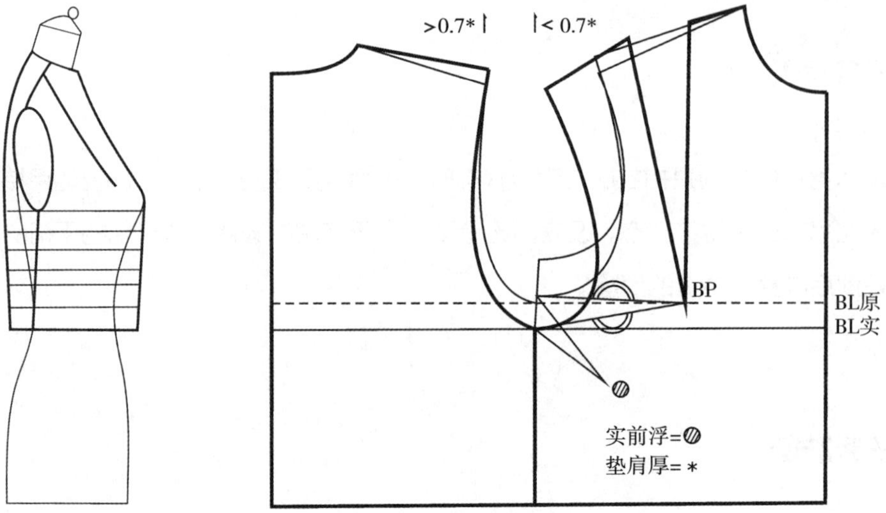

图4-8 对BP省消除前浮余量

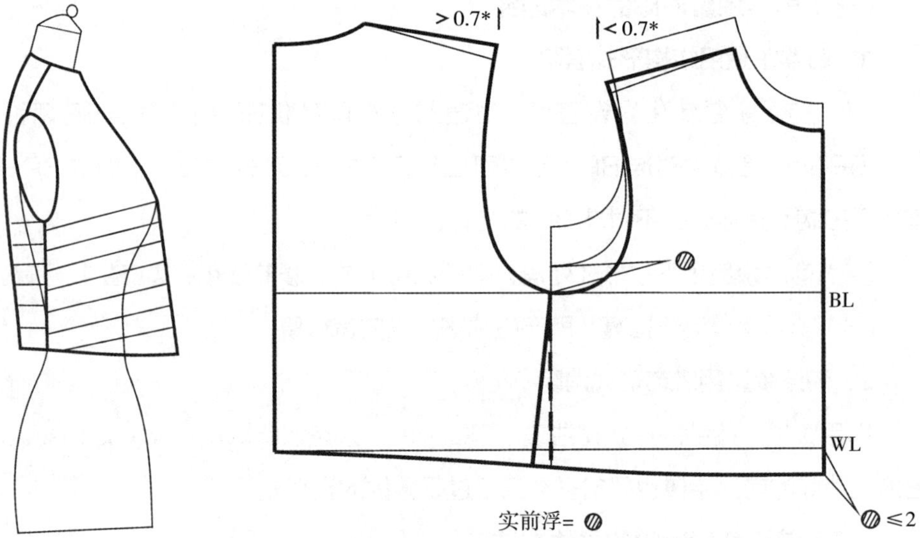

图4-9 下放消除前浮余量

3. 实际前浮余量→（1）省（不对准 BP）⊘1；（2）下放 ⊘2

因为有下放量 ⊘2，故前后条格不对应，常用于较宽松、较贴体风格，不要求对条对格的衣身款式设计，见图 4-10。

4. 前浮余量转化为撇胸量（不对准 BP 的省）

在衣身原型上，过 BP 作前中线垂线，将≤ 1.5 cm 的前浮余量转移至前中线，BL 保持水平，则领窝处产生撇胸量，即将部分前浮余量转化为撇胸量（≤ 1 cm），见图 4-11。条格面料不适用撇胸。

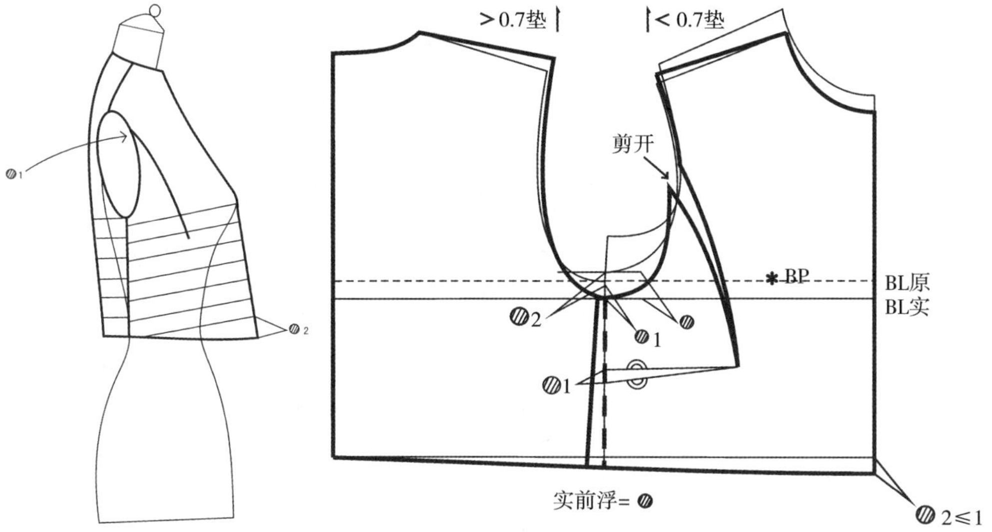

图4-10　收省、下放消除前浮余量

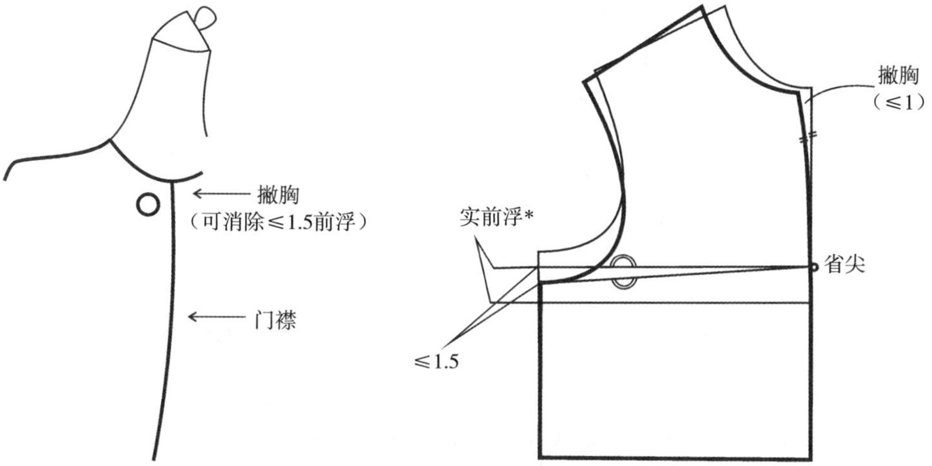

图4-11　撇胸

5. 前浮余量转化为驳头隐藏的领口省（不对准 BP 的省）

领口省的位置在驳头翻折线以内，要掩盖住，通常与驳口线平行。浮余量对准省尖，见图 4-12。消除 2.5 cm 左右浮余量，一般控制在此数据内，不能过大，否则容易出现起泡、不平服现象，此省比撇胸量控制数大。

注意:（1）此方法不适用于翻驳领中的青果领造型以及立领造型，见图 4-13。（2）领口省省尖可根据服装款式决定，如驳立领款式，见图 4-14，此款既可撇胸，又可收领口省。

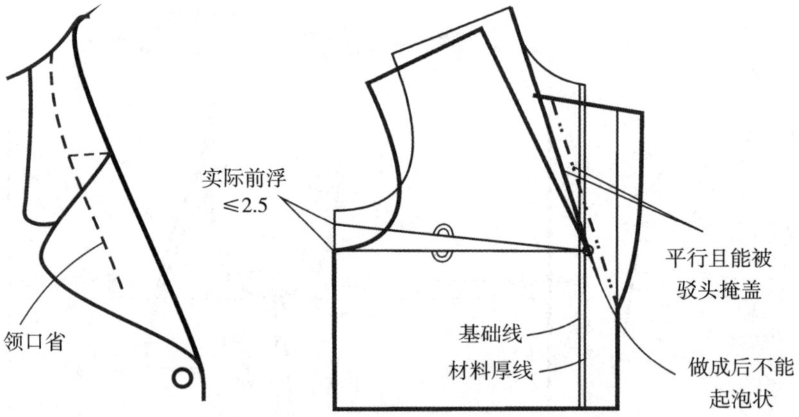

图4-12 领口省

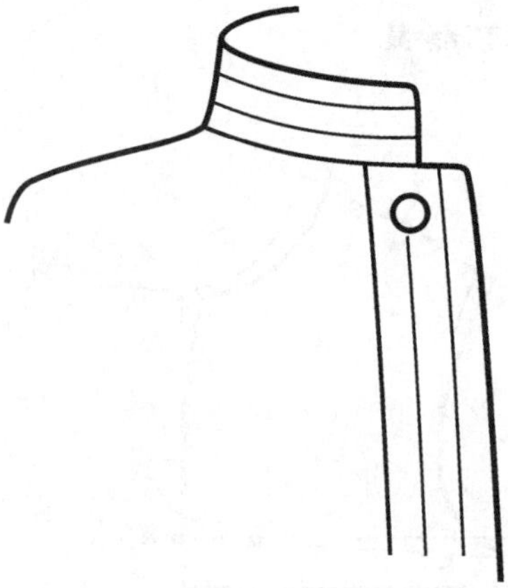

图4-13 立领

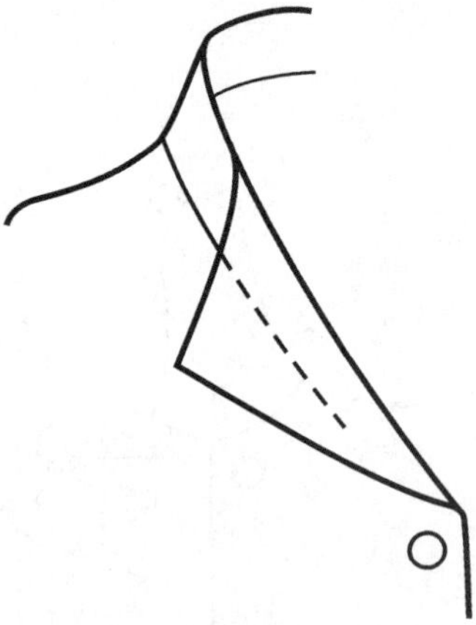

图4-14 驳立领

6. 前浮余量转化为显露的省（不对准 BP 的省）

因款式而变化。此形式对服装设计师要求较高，此类省可考虑其功能性和装饰性，见图 4-15。将衣身造型按平面化处理，即胸部不隆起，是女装中性化的体现——不对准 BP 的省，将是女装的发展趋势。

7. 前浮余量转化为袖窿松量

将前后衣身原型在同一水平线上放量，前后衣身在侧缝袖窿处多余的量（前后浮余量）转化为袖窿松量，袖窿松量较小，控制量≤ 0.7 cm。

8. 前浮余量转化为腰省量或起翘量

前衣身的腰节线低于后衣身时，将前后侧缝的差数转入前衣身腰省或起翘量。

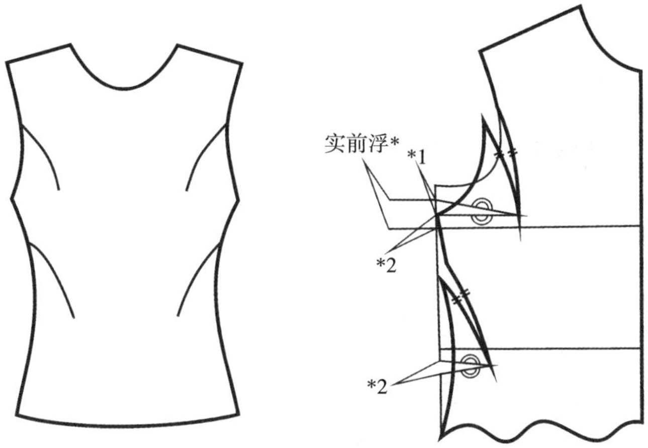

图4-15　显露的省

（三）后浮余量消除的具体方法

后浮余量的消除与衣身整体结构平衡无关，它只关系到衣身后部的局部平衡。

1. 后浮余量转化为省道

省尖位置是以肩胛骨中心为圆心的 360° 旋转，见图 4-16。

2. 后浮余量转化为肩缝缩

后浮余量转入肩缝成分散省的形式，然后用缝缩的方法解决，见图 4-17。绝大多数衣服都采用缝缩归拢的方法，是最为常见的处理形式。

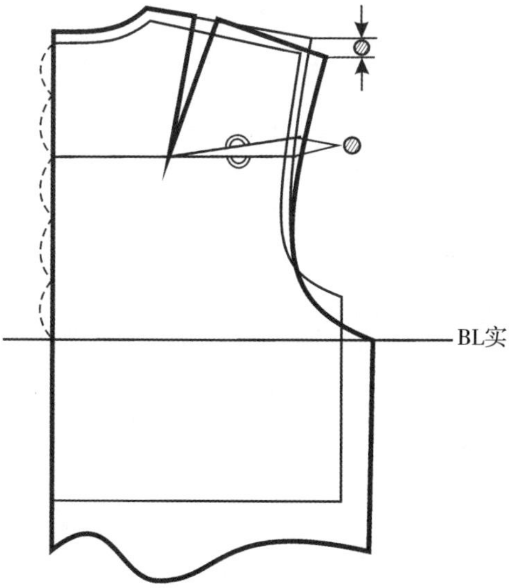

图4-16　集中省

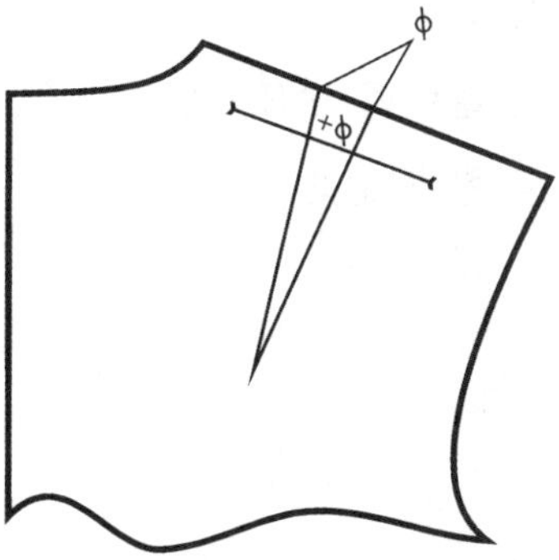

图4-17　分散省

任务实施

二、衣身结构平衡要素

1. 前后浮余量。

2. 垫肩厚（人体胸、背部凸度）。

3. 运动量：向前运动所需的量（衣服松量）。

4. 内衣厚：内衣厚的前后差。

5. 材料厚：面料厚薄对胸围的影响。

（一）内衣厚的影响

由于人体在外衣内部穿有各种层次、厚度的内衣，其纵向厚度会对外衣在胸围线以上的长度产生影响，在后衣身的 SNP、SP、BNP 处要加少许松量。

不同季节里，由于穿着内衣厚度不同，直接影响外衣前后片的腰节差，具体数值参考：

（1）衬衣：+ 0.2 cm。

（2）薄毛衣：+ 0.3 cm。

（3）厚毛衣：+ 0.5 cm。

内衣厚的松量在 SNP 处加● =a，则在 SP 处加 3/4 ●，在 BNP 处加● -0.1～0.3。一般来说，冬季取值● =0.7～1 cm，春秋季取值● =0.4～0.6 cm，夏季取值● =0 cm，见图 4-18。

（二）材料厚的影响

材料厚的量：在前中心处加一定量。

1. 夏季：0 cm。

2. 春秋季：0.3～0.6 cm（0.5 cm 左右）。

3. 冬季：0.8～1 cm。

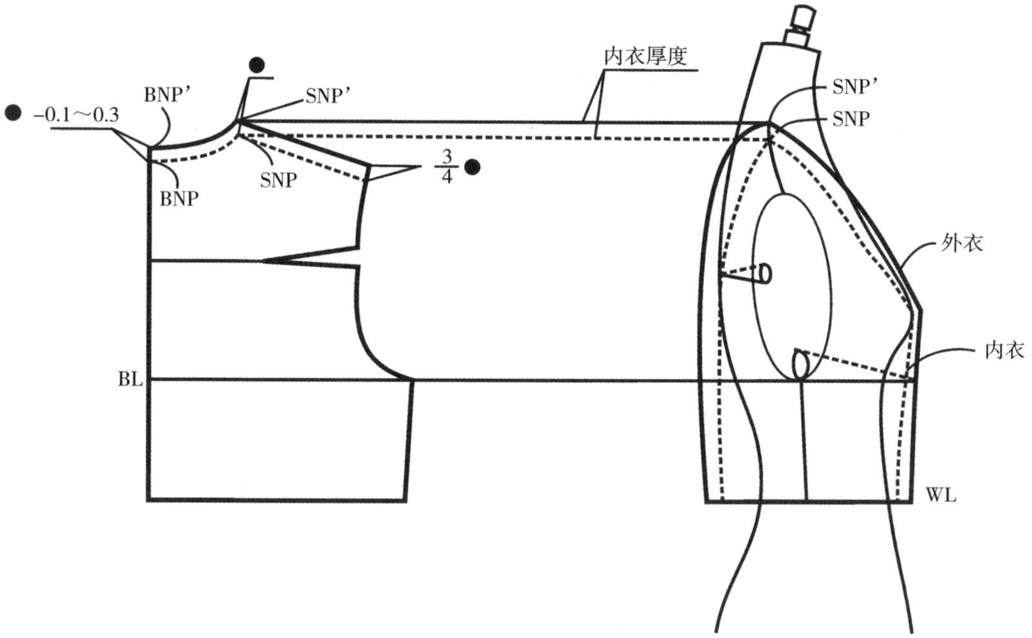

图4-18 内衣厚的影响

任务训练

三、衣身结构实例分析

（一）例 1

规格设计

B=100 cm，垫肩厚 =1.5 cm，内衣 = 衬衫 + 薄毛衣，袖窿深 27 cm，材料厚 = 春秋料，款式：实际前浮余量→对 BP 领口省，见图 4-19。

结构设计

1. 计算出实际前后浮余量：

实际前浮余量 =4.1-1.5-0.05×（100-96）=2.4 cm。

实际后浮余量 =1.6-1.5×0.7-0.02×（100-96）=0.5 cm。

2. 肩端上抬垫肩量：

前：<0.7（系 数 ）×1.5=<1.05 cm； 后：> 0.7（系 数 ）×1.5=> 1.05 cm。

3. 修正袖窿弧：袖窿深 27 cm。

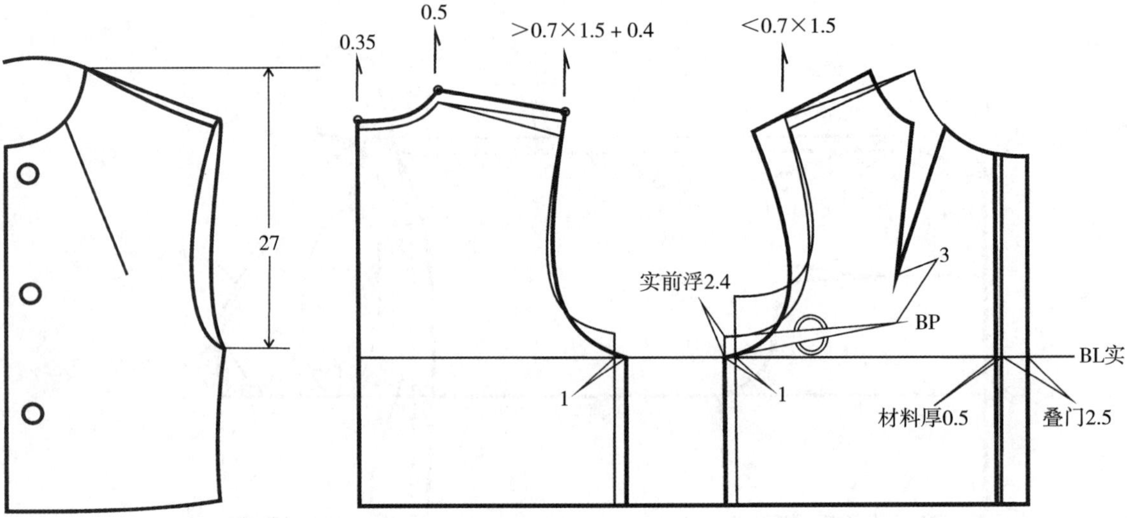

图4-19 例1

4. 消除前后浮余量:

(1)前片: 2.4 cm 领口省;(2)后片: 0.9 cm 肩缝缩解决，可暂不考虑。

5. 内衣差: 衬衫 + 薄毛衣 = 0.2 + 0.3 = 0.5 cm。具体分布: BNP 为 0.35 cm，SNP 为 0.5 cm，SP 为 0.4 cm。

6. 叠门: 材料厚——春秋面料 0.5 cm。

(二)例 2

规格设计

B=102 cm，垫肩 =1 cm，袖窿深 26 cm，内衣 = 衬衣，叠门宽 2.5 cm，见图 4-20。

结构设计

1. 后片按原型。

2. 前片下放 1 cm，消除部分浮余量。

3. 袖窿深 26 cm，自前片上平线向下量取。

4. 实际前浮余量 =4.1-1-0.05×(102-96)=2.8 cm(① 下放 1 cm; ② 分割缝 1.8 cm，控制值≤ 2 cm)。

实际后浮余量 =1.6-0.7-0.02×(102-96)=0.8 cm(转肩省)。

5. 胸围加放量(102-96)/4=1.5 cm。

6. 上抬垫肩量(前片 =0.4 垫肩厚，后片 = 垫肩厚)，取前 SP 抬高 0.4 cm；后 SP 抬高 1 cm。

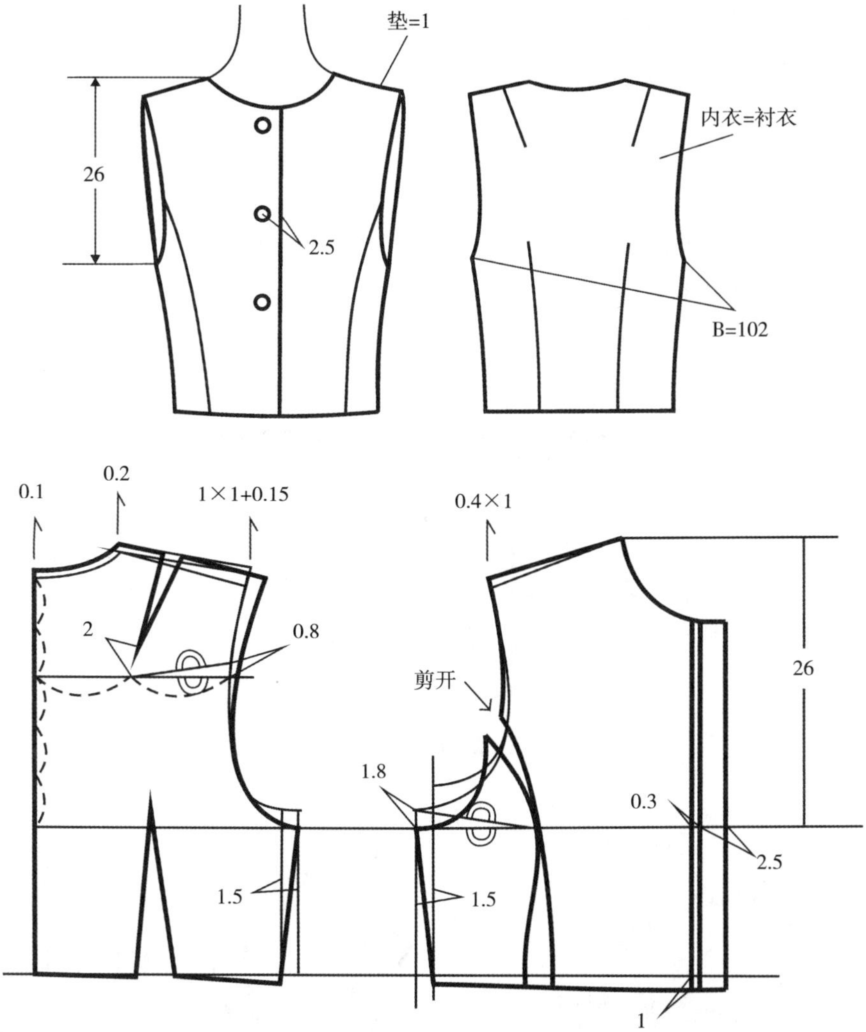

图4-20　例2

7. 内衣影响值：衬衣 =0.2 cm。

8. 转移后的内衣差体现在后片 BNP 抬高 0.1 cm；SNP 抬高 0.2 cm；SP 抬高 0.15 cm。

9. 修正袖窿。

10. 后浮余量 0.8 cm 转移为后肩省。

11. 后省：腰节省。

12. 前袖窿调整。

13. 前后 WL 画顺，保持前后片侧缝线等长。

14. 1.8 cm 前浮余量转移为分割缝。

15. 材料厚 0.3 cm。

16. 叠门 2.5 cm。

（三）例 3

规格设计

B=94 cm，垫肩厚 =0.8 cm，袖窿深 25 cm，内衣 =0，材料厚 =0，叠门宽 2.5 cm，见图 4-21。

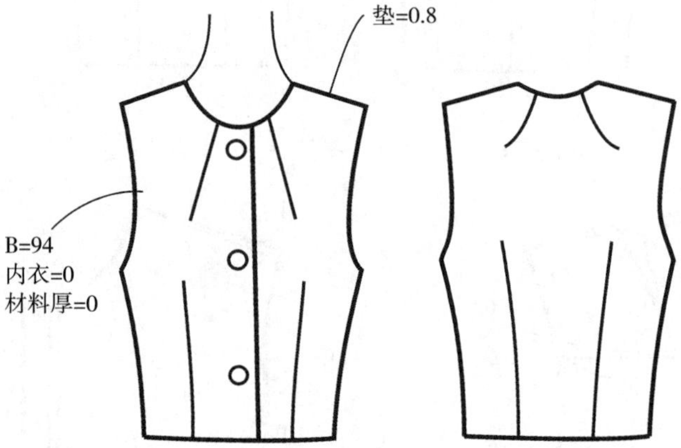

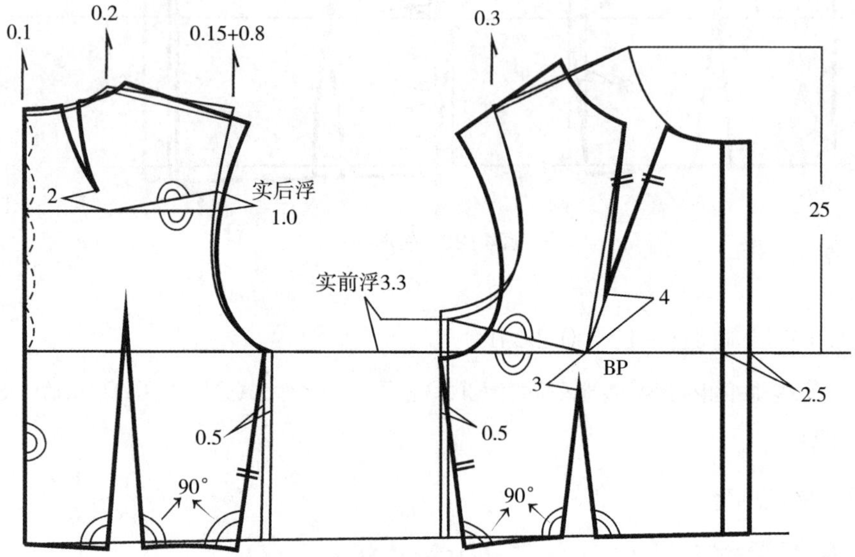

图4-21 例3

结构设计

1. 实际前浮余量 =4.1-0.8-0=3.3 cm（转领口省）；实际后浮余量 =1.6-0.7×0.8-0=1.0 cm（转肩省）。

2. 胸围缩进（96-94）/4=0.5 cm。

3. 垫肩影响——后片 SP 抬高：1×0.8=0.8 cm；前片 SP 抬高：0.4×0.8=0.3 cm。

4. 后领中 BNP 抬高 0.1 cm；颈肩点 SNP 抬高 0.2 cm；肩端点 SP 抬高 0.15 cm（内衣 =0，此款也可以不抬高）。

任务实施

四、腰部收腰省及其分配

1. 收腰量

在原型制作中，客观产生一定的收腰量，在箱型原型腰围线水平，前后中心线垂直基础上形成 12 cm 左右。

2. 衣服卡腰分配比例

实验证明：前片省量较后片少，见图 4-22。后衣身：5/10*，卡腰量最多；

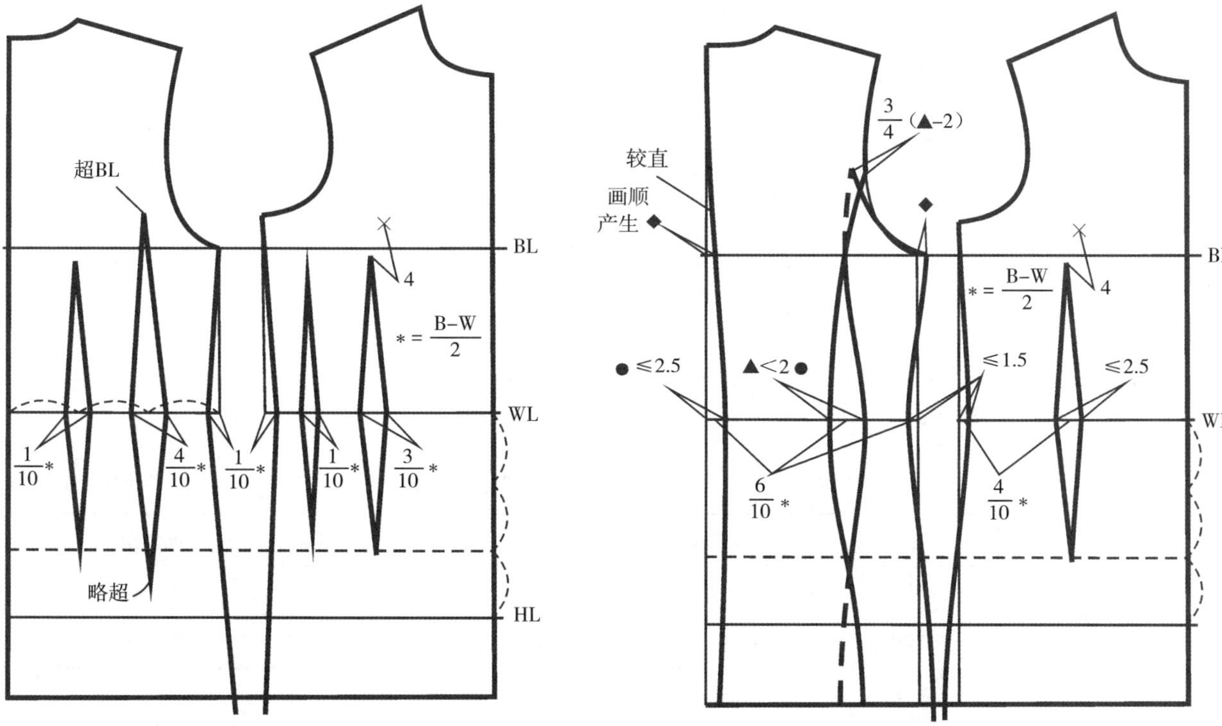

图4-22 衣服卡腰分配比例

侧缝：1/10*，≤ 3 cm（前后片），收太大则上部会堆积；前衣身：4/10*，卡腰量其次（* 指总的收腰量）。腰节以下的省长约到 WL～HL 的 2/3 处：从人台上看，2/3 以下的人体呈平坦状，以上呈弧状。

3. 收腰要求

自然、平整、丝缕顺直，不能出现丝缕错位现象。

五、肩宽、冲肩量

1. 横肩宽（肩宽）：通过左 SP～BNP～右 SP 的弧长，见图 4-23。

2. 单肩宽：SP～SNP 的弧长。

3. 前后冲肩量：表达袖山、袖窿风格的类型。

（1）H 型肩（一般造型）的冲肩量见表 4-5。

（2）A 型肩冲肩值< H 型肩冲肩值< T 型肩冲肩值。

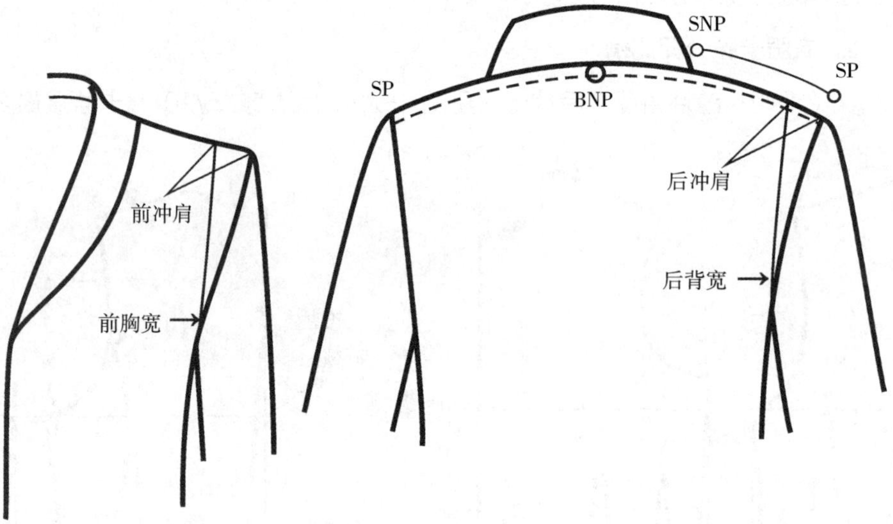

图4-23 肩宽、冲肩量

表 4-5 H 型肩冲肩量 单位：cm

	宽松型	较宽松型	较贴体型	贴体型
前片	1～1.5	1.5～2	2～2.5	2.5～3
后片	1～1.5	1.5～1.8	1.8～2	2～2.5

任务评价

衣身样板质量评分，见表 4-6。

表 4-6　衣身样板质量评分表

班级：		姓名：	日期：	
检测项目	检测要求	配分	评分标准	得分
时间	在规定时间内完成任务	10	每超过 5 分钟，扣 3~5 分	
质量	样板规范，结构准确，线条流畅，尺寸正确，版型合理	50	样板不规范，结构不准确，线条不流畅，尺寸错误，版型不合理，每处扣 5 分	
	丝缕及文字标注准确、到位	20	丝缕及文字标注不准确、不到位，每处扣 3~5 分	
	线条清晰，版面干净，排版合理	20	线条不清晰，版面污渍，排版不合理，每处扣 3~5 分	
检查结果总计		100		

思考与练习

一、单项选择题

1. 下列消除浮余量的方法不适用于翻驳领中的青果领造型以及立领造型的是________。

　A. 领口省　　　　B. 撇胸

　C. 公主线分割　　D. 下放

2. B=100 cm，垫肩厚 =1.5 cm，内衣 = 衬衫 + 薄毛衣，则实际前浮余量是________。

　A. 2 cm　　　　B. 2.4 cm

　C. 3.3 cm　　　D. 4.1 cm

3. 女装制图时，在 WL 处，背缝省量一般控制在________。

　A. ≤ 3.5 cm　　B. ≥ 2.5 cm

　C. ≤ 2.5 cm　　D. ≥ 3.5 cm

4. 影响实际浮余量的衣服松量，其控制数据为________。

A. 前片≤ 2.5 cm，后片≤ 0.7 cm

B. 前片≤ 1 cm，后片≤ 0.4 cm

C. 前片≥ 2.5 cm，后片≥ 0.7 cm

D. 前片≥ 1.5 cm，后片≥ 0.9 cm

5. 下列说法正确的是________。

A. A 型肩冲肩值< H 型肩冲肩值< T 型肩冲肩值

B. A 型肩冲肩值> H 型肩冲肩值> T 型肩冲肩值

C. T 型肩冲肩值 = H 型肩冲肩值 = A 型肩冲肩值

D. H 型肩冲肩值< A 型肩冲肩值< T 型肩冲肩值

二、计算题

1. B=106 cm，垫肩厚 =1.5 cm，内衣 = 衬衫 + 厚毛衣，计算出实际前后浮余量以及 BNP、SNP、SP 抬高的量。

2. B=98 cm，垫肩厚 =1 cm，内衣 = 衬衫，计算出实际前后浮余量以及 BNP、SNP、SP 抬高的量。

三、作图题

1. 规格设计

B=94 cm，垫肩 = 1.5 cm，袖窿深 25 cm，内衣 = 衬衣 + 薄毛衣，材料厚 =0.5 cm，叠门宽 2.5 cm，见图 4-24。

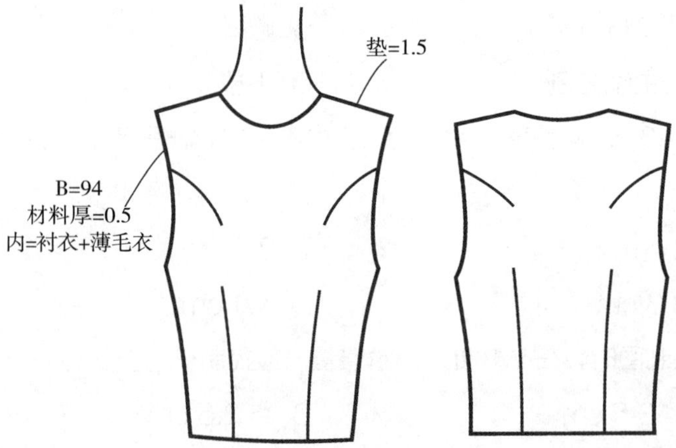

图4-24 作业1

2. 规格设计

B=105 cm，垫肩厚 =1 cm，袖窿深 26 cm，内衣 = 衬衣 + 厚毛衣，材料厚 =0.8 cm，叠门宽 2.5 cm，见图 4-25。

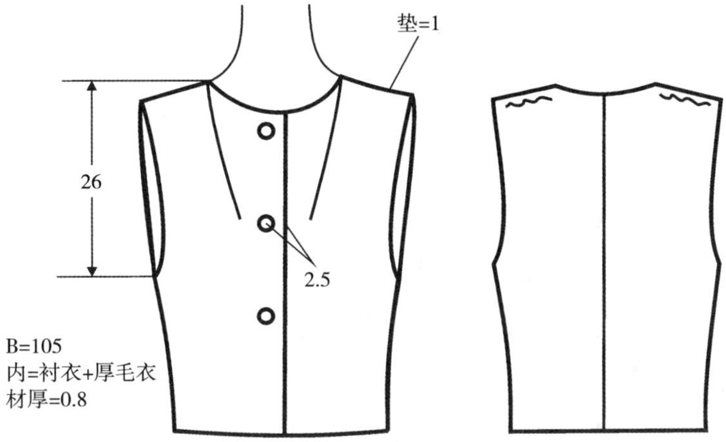

图4-25　作业2

任务三　省道结构设计及变化

任务目标

1. 明确省道的种类。
2. 学会省道的转移应用。

任务导入

从几何角度来看，省道闭合后往往可以使平面的布料形成圆锥形，如腰省所形成的曲面就是圆锥，裤腰前、后的省缝所形成的就是圆台形，从而满足了胸部的隆起和腰围与臀围之差的关系。服装的很多部位结构都可以用省道的形式进行表现，其中应用最多、变化最丰富的是前衣身的省道，它是以人体 BP 为中心制作的，是为满足人体胸部高挺、腰部纤细的体型需要而设置的，能够体现人体胸腰部位的曲面。

任务准备

一、省道种类

省道可以按照服装省道的外观形态和所在位置的不同进行分类。

1. 按省道的外观形态分类（图 4-26）

（1）钉子省：省形类似钉子的形状，上部较平，下部呈尖状。常用于肩部和胸部等复杂形态的曲面，如肩省等。

（2）锥形省：省形类似锥子的形状。常用于制作圆锥形曲面，如腰省、袖肘省等。

（3）橄榄省：省的形状两端尖，中间宽，常用于上装的腰省。

（4）弧形省：省形为弧形状，省道有从上部至下部均匀变小或上部较平行、下部呈尖状形态，是一种兼备装饰性与功能性的省道。

（5）开花省：省道一端为尖状，另一端为非固定形状，或两端都是非固定的平头开花省。该省是一种具有装饰性与功能性的省道。

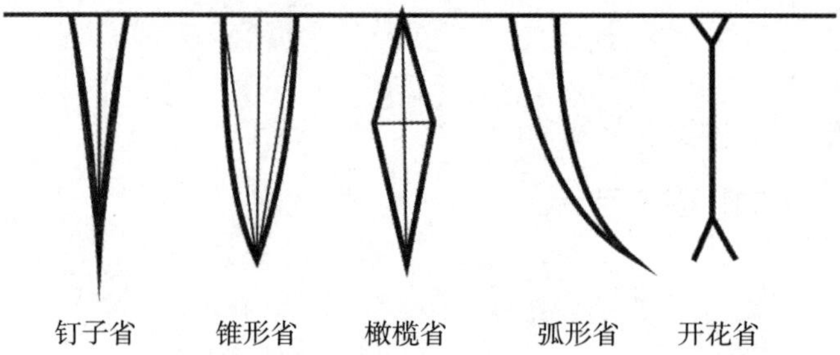

图4-26 省道外观形态分类

2. 按省道所在部位分类（图 4-27）

（1）领省：省底在领口部位的省道，常制作成上大下小均匀变化的锥形。作用是制作出胸部和背部的隆起形态以及符合颈部形态的衣领设计。有隐蔽的优点，常代替肩省。

（2）肩省：省底在肩缝部位的省道，常制作成钉子形。前衣身的肩省，是为制作出胸部形态，后衣身的肩省，是为制作出肩胛骨处隆起的形态。

（3）袖窿省：省底在袖窿部位的省道，常制作成锥形。前衣身的袖窿省制作出胸部形态，后衣身的袖窿省制作出背部形态，常以连省成缝形式出现。

（4）侧缝省：省底在衣身侧缝线上，常用于制作胸部隆起的横胸省。

（5）腰省：省底在腰节部位的省道，常制作成橄榄形，使服装卡腰，呈现人体曲线美。

（6）门襟省：省底在前中心线上，由于省道较短，常以抽褶形式取代。

（7）肋下省：省底画在肋下部位的省，使服装均匀卡腰，呈现人体曲线美。

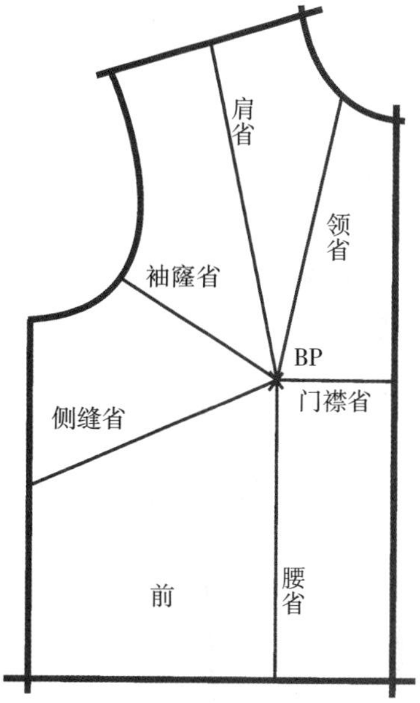

图4-27　省道所在部位分类

（8）肚省：画在前衣身腹部的省。使衣片制作出适合人体腹部的饱满状态，常用于凸肚体型的服装制作。一般与大袋口巧妙配合使省道处于隐蔽状态。

二、省道设计的形式

根据款式造型需要，前后衣身的省道可以有两种形式。

1. 胸省道对准 BP，后省道对准背部肩胛骨中心。这样前后浮余量都可以全部或大部分转移到省道中。这样的省道最合体，常用于贴体合身类服装。

2. 胸省道不对准 BP，后省道不对准肩胛骨中心。由于省道与人体不相对合，故只能将少量前后浮余量转移至省道中（一般前浮余量≤ 1.5 cm，后浮余量≤ 0.7 cm），否则会产生第二个中心点。

任务实施

三、省道变化应用

1. 单个集中省道的转移

（1）侧缝省转移。复制前衣片原型，根据款式要求，在侧缝距腰节 6 cm 处设计新省位线，剪开新省位线，折叠前浮余量和腰省，将原型前浮余量和腰省全部转移至新省处，省尖距离 BP 3～4 cm，见图 4-28。

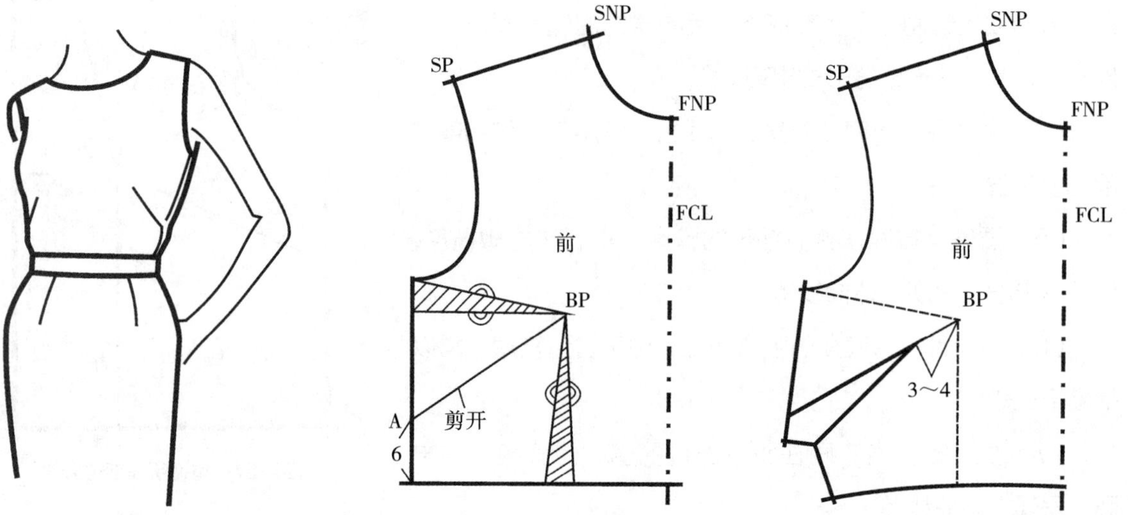

图4-28 侧缝省转移

（2）袖窿省转移。复制前衣片原型，根据款式要求，在前衣身原型上画新省道位置线，运用省道转移的剪开法，将原型的前浮余量和腰省全部转移至袖窿省处，省尖距离 BP 约 3 cm，见图 4-29。

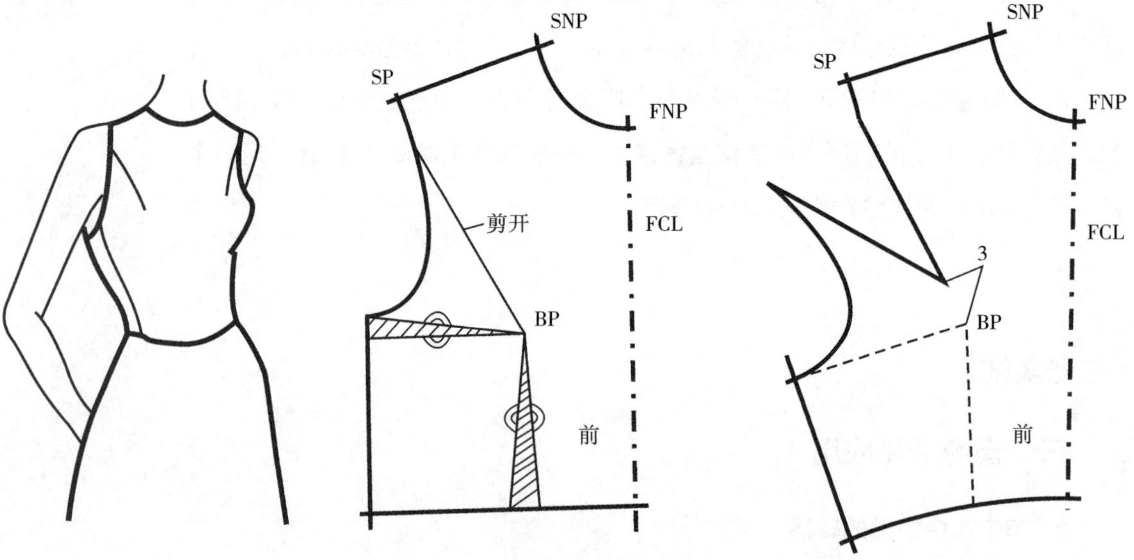

图4-29 袖窿省转移

2. 多个分散省道的转移

（1）前领中与腰中省转移。复制前衣身原型，按效果图画出领口省和前腰中部省位置。运用省道转移的剪开法，将前浮余量转移至前领省处，腰省转移至前腰中部省处，省尖距离 BP 3～4 cm，见图 4-30。

（2）领部等量多省（褶裥）转移。图 4-31 的效果图为腰部合体、领窝处等量多省设计，画辅助线，将省端点与胸高点 BP 连接。运用省道转移法，将前浮余量和腰省量转移至 3 个新省位（褶裥）中，总省量不变。

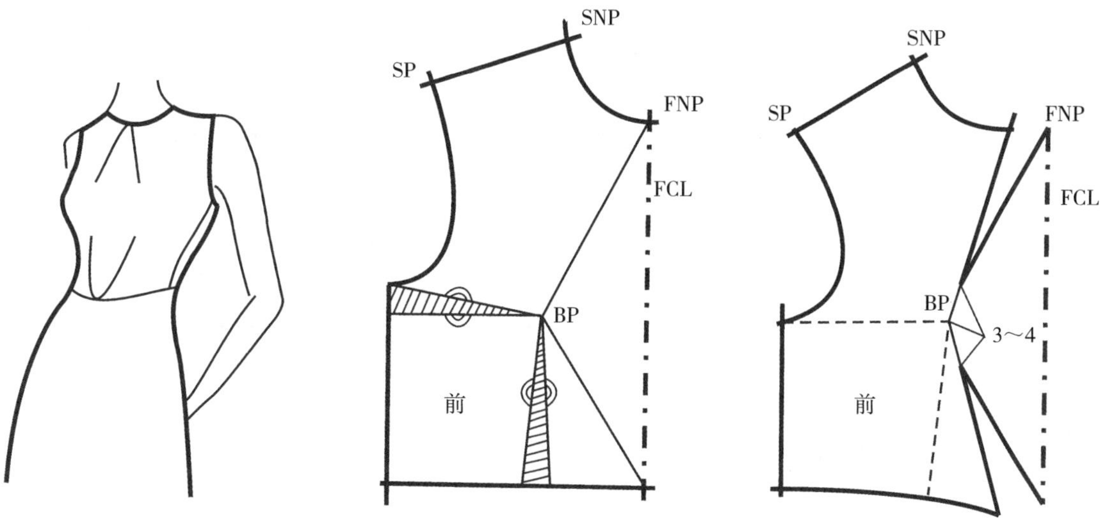

图4-30　前领中与腰中省转移

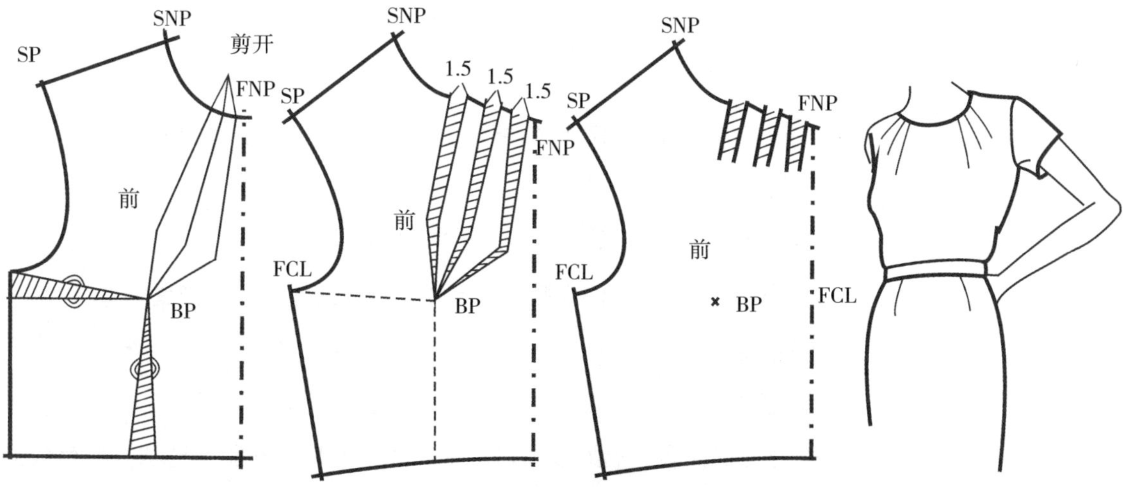

图4-31　领部等量多省（褶裥）转移

任务评价

衣身样板质量评分，见表 4-7。

表 4-7 衣身样板质量评分表

班级：		姓名：	日期：	
检测项目	检测要求	配分	评分标准	得分
时间	在规定时间内完成任务	10	每超过 5 分钟，扣 3～5 分	
质量	样板规范，结构准确，线条流畅，尺寸正确，版型合理	50	样板不规范，结构不准确，线条不流畅，尺寸错误，版型不合理，每处扣 5 分	
	丝缕及文字标注准确、到位	20	丝缕及文字标注不准确、不到位，每处扣 3～5 分	
	线条清晰，版面干净，排版合理	20	线条不清晰，版面污渍，排版不合理，每处扣 3～5 分	
检查结果总计		100		

思考与练习

一、单项选择题

1. 省的形状两端尖，中间宽，常用于上装的腰省是________。

A. 锥形省　　B. 开花省

C. 弧形省　　D. 橄榄省

2. 省底在前中心线上，由于省道较短，常以抽褶形式取代的是________。

A. 门襟省　　B. 领省

C. 袖窿省　　D. 肋下省

3. 省底画在肋下部位，使服装均匀卡腰，呈现人体曲线美的是________。

A. 门襟省　　B. 肋下省

C. 袖窿省　　D. 领省

4. 一端为尖状，另一端为非固定形状，或两端都是非固定形状，具有装饰性与功能性的省道是________。

A. 钉子省　　B. 弧形省
C. 开花省　　D. 橄榄省

二、作图题

省道结构设计训练，见图 4-32，要求：规格设计合理，结构符合款式图，线条清晰、流畅，结构完整，标注规范。

图4-32　作业

任务四　分割线结构设计及变化

任务目标

1. 明确分割线的种类。
2. 学会分割线的变化应用。

任务导入

服装设计是通过线条的结合而形成的，服装样式的演变是凭着线条的操纵变化而产生的。线条特有的方向性和运动性，赋予了服装丰富的内容和表现力。

任务准备

一、分割线分类

服装分割线形态各异，有纵向分割线、横向分割线、斜向分割线和自由分割线等，此外还采用具有节奏旋律的线条，如螺旋线、放射线等。它们既能构成多种形态，又能起装饰和分割的作用。常将分割线分为装饰性分割线和功能性分割线。

（一）装饰性分割线

装饰性分割线的功能是指：为了造型的需要，附加在服装上起装饰作用的分割线，分割线所处部位、形态、数量的改变会引起服装造型艺术效果的改变。

分割线数量的改变，会因人们的视错效果而改变服装风格，如后衣身的纵向分割线，两条比一条更能体现服装的修长、贴体，但数量的增加必须保持分割线的整体平衡，特别对于水平分割线，尽可能符合黄金分割比，使其具有节奏感和韵律感。

在不考虑其他造型因素的情况下，服装韵律的阴柔美是通过线条的横、弧、曲、斜与力度的起、伏、转、折及节奏的活、轻、巧、柔来表现的，女装大多采用曲线形的分割线，外形轮廓线以卡腰式为多，显示出活泼、秀丽、苗条的韵味。

（二）功能性分割线

功能性分割线的功能是指：分割线具有适合人体体型及加工方便的工艺特征。

服装分割线的设计不仅要设计出款式新颖的服装造型，而且要具有多种实用的功能性，如突出胸部、收紧腰部、扩大臀部等，使服装显示出人体曲线之美，并且要求能做到在保持款式新颖的前提下，最大限度地减少成衣加工的复杂程度。

功能性分割线的特征之一是为了适合人体体型，以简单的分割线形式，最大限度地显示出人体轮廓的曲面形态。如为了显示人体的侧面体型，设立背缝线和公主线；为了显示人体的正面体型，设立肩缝线和侧缝线等。

功能分割线的特征之二是以简单的分割线形式，取代复杂的湿热塑性工艺，兼有或取代收省道的作用。如公主线的设置，其分割线位于胸部曲率变化最大的部位，上与肩省相连把复杂的胸、腰、臀部形态描绘出来。分割线不仅装饰美化了服装造型，而且代替了复杂的湿热塑性工艺。这种分割线实际上起到了收省缝的作用，通常是连省成缝形成的。

任务实施

二、分割线的变化应用

（一）后衣身分割线

常见的分割形式，见图 4-33。

1. 省位于后浮余量上部

后浮余量转移到领口省，领口省位于后浮余量上部，所以要全部转移后浮余量。在后领口省和腰节省连省成缝时要注意用近似处理，要求线条光滑、圆顺，见图 4-34。

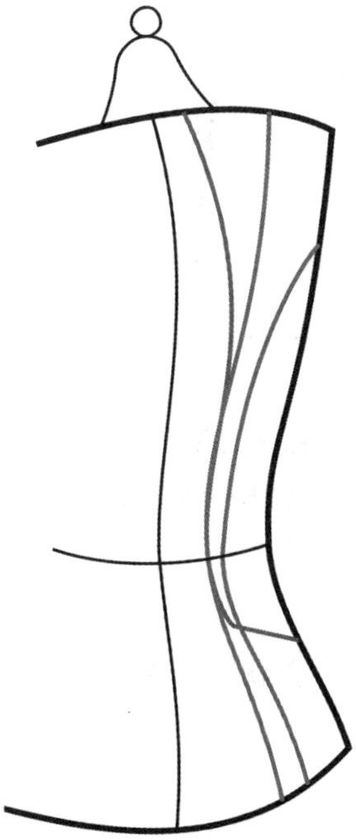

图4-33　后衣身分割线款式图

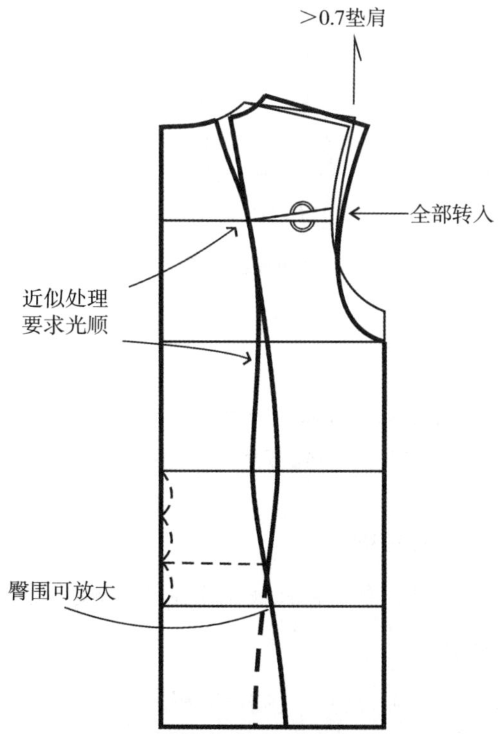

图4-34　省位于后浮余量上部

2. 省位于后浮余量下部

（1）此省在后浮余量下面，不能转入后浮余量；

（2）省位下移，腰节处设开花省，分割线到侧缝处作平面化处理；

（3）腰省量＊超过 2 cm 时，则袖窿处要打开，袖窿处重叠量控制在 3/4（＊−2）内，见图 4-35。

3. 省位于后浮余量附近

可以将部分后浮余量（≤ 0.6）转移给分割缝，其余浮余量可以通过其他方法转移，圆顺画好分割缝，胸围处打掉的部分可以在侧缝处放出相等量，见图 4-36。

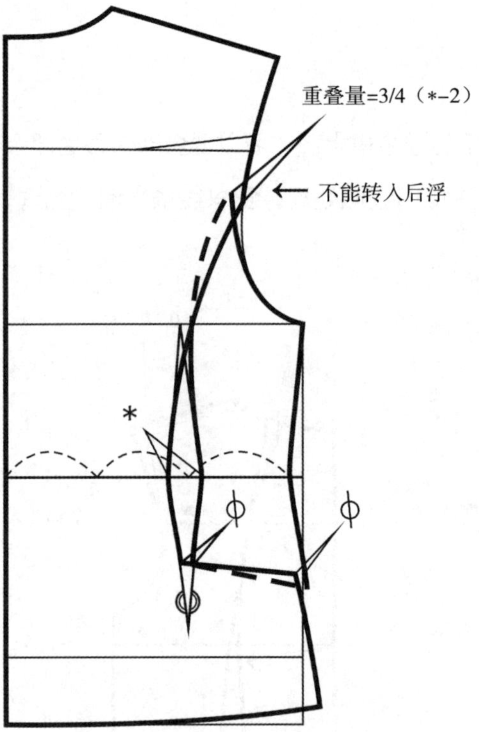

图4-35 省位于后浮余量下部

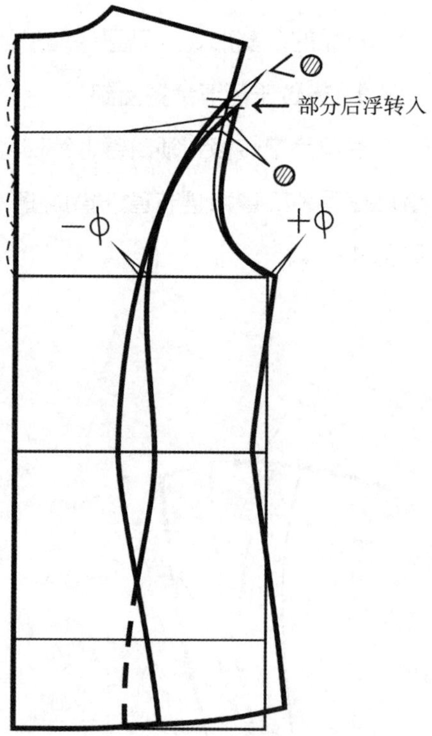

图4-36 省位于后浮余量附近

4. 背缝

（1）女装制图时，在腰节线处，背缝实际就是一个腰省，省量＊控制在≤ 2.5 cm。

（2）分割缝处的省道量小于 2＊。否则容易出现后背中鼓出不平服现象。

（3）画背缝弧线时，女装用大刀尺的较直一段；男装用大刀尺的较弯一段。

背缝下摆可以根据造型或体型需要设计成常规状或放出状态。

（4）侧缝弧线圆顺流畅，适当放出胸围缺失量，见图 4-37。

（二）前衣身分割线

功能性：消除前浮余量 + 腰部卡腰。分割线形式见图 4-38。

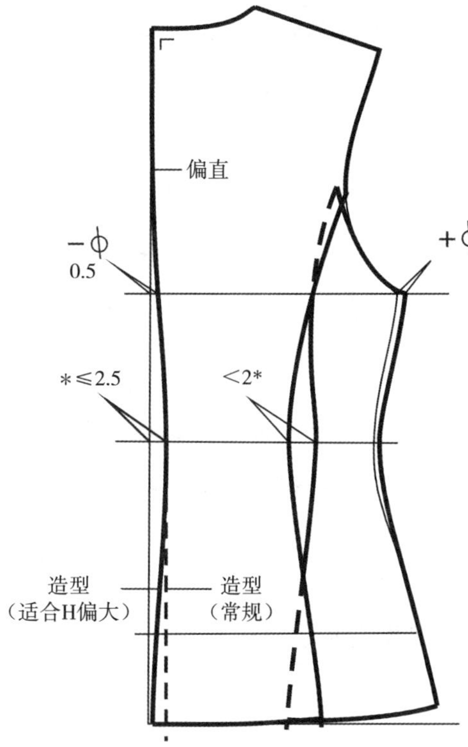

图4-37 背缝

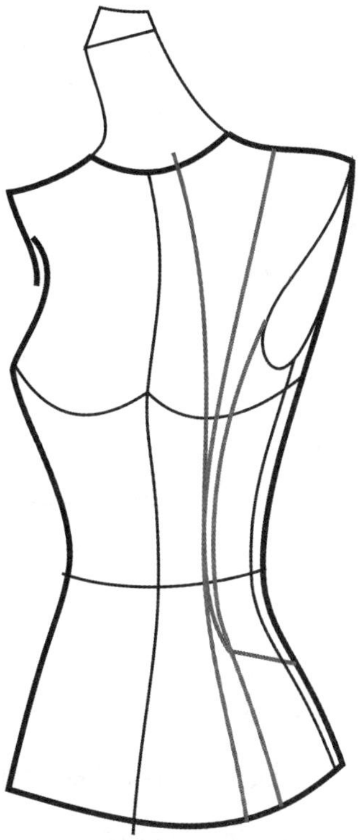

图4-38 前衣身分割线款式图

1. 对 BP（或接近 BP）分割

（1）设置对 BP 领口省、腰节省；

（2）前浮余量转移至对 BP 领口省，圆顺画好分割线；

（3）下摆作平面化处理或立体化处理，见图 4-39。

2. 不对 BP 分割

（1）确定撇胸，撇胸量要小于或等于 1 cm，不能超过此范围，见图 4-40；

（2）确定不对 BP 省的省位，不对 BP 省量分配前浮余量一般≤ 1.5 cm；

（3）转移撇胸，分配前浮余量≤ 1.5 cm；

（4）消除不对 BP 省。先把≤ 1.5 cm 的前浮余量向下平移，然后折叠转移至分割缝处；

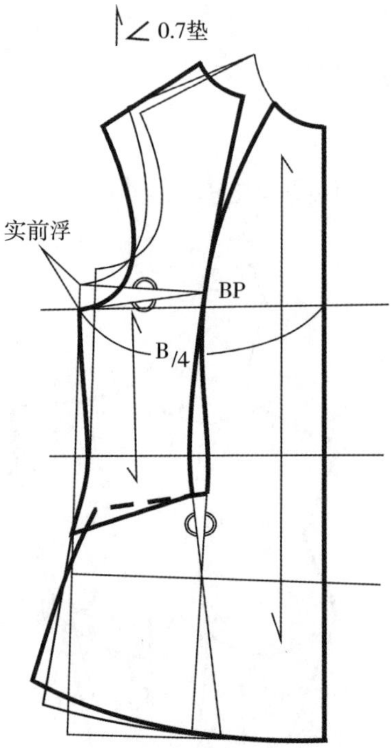

图4-39 对BP分割

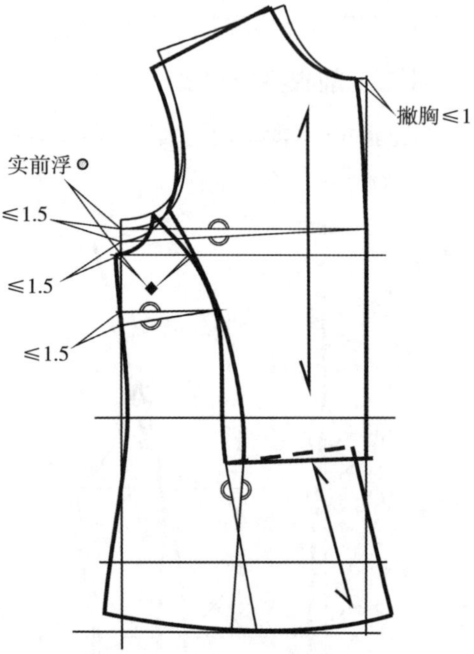

图4-40 不对BP分割

（5）与腰节省连省成缝处理；

（6）衣身臀围处立体化处理，根据款式造型需要。

（三）前后衣身变化型分割线

1. 交错分割线

图 4-41 为对准 BP 的领省和侧缝分割线相连形成的分割线。将前浮余量转移到对准 BP 的领省，腰省下部分折叠，领省和侧缝分割线连省成缝。

2. 左右非对称的分割线

图 4-42 为对准 BP 的两个胸省组合形成的分割线。展开左右衣片，作对准 BP 的分割线，将前浮余量和腰省分别转移至分割线处。

3. U 型分割线

图 4-43 为 U 型分割线。分别将袖窿省和腰省合并，转移到对准 BP 的肩省，连接肩省和 BP 外侧至前中心线，圆顺成 U 型分割线。

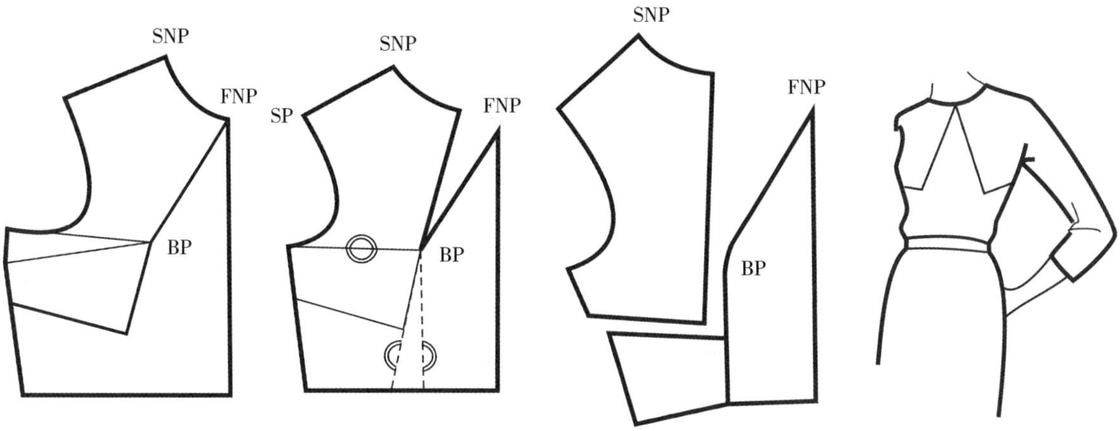

图4-41 交错分割线

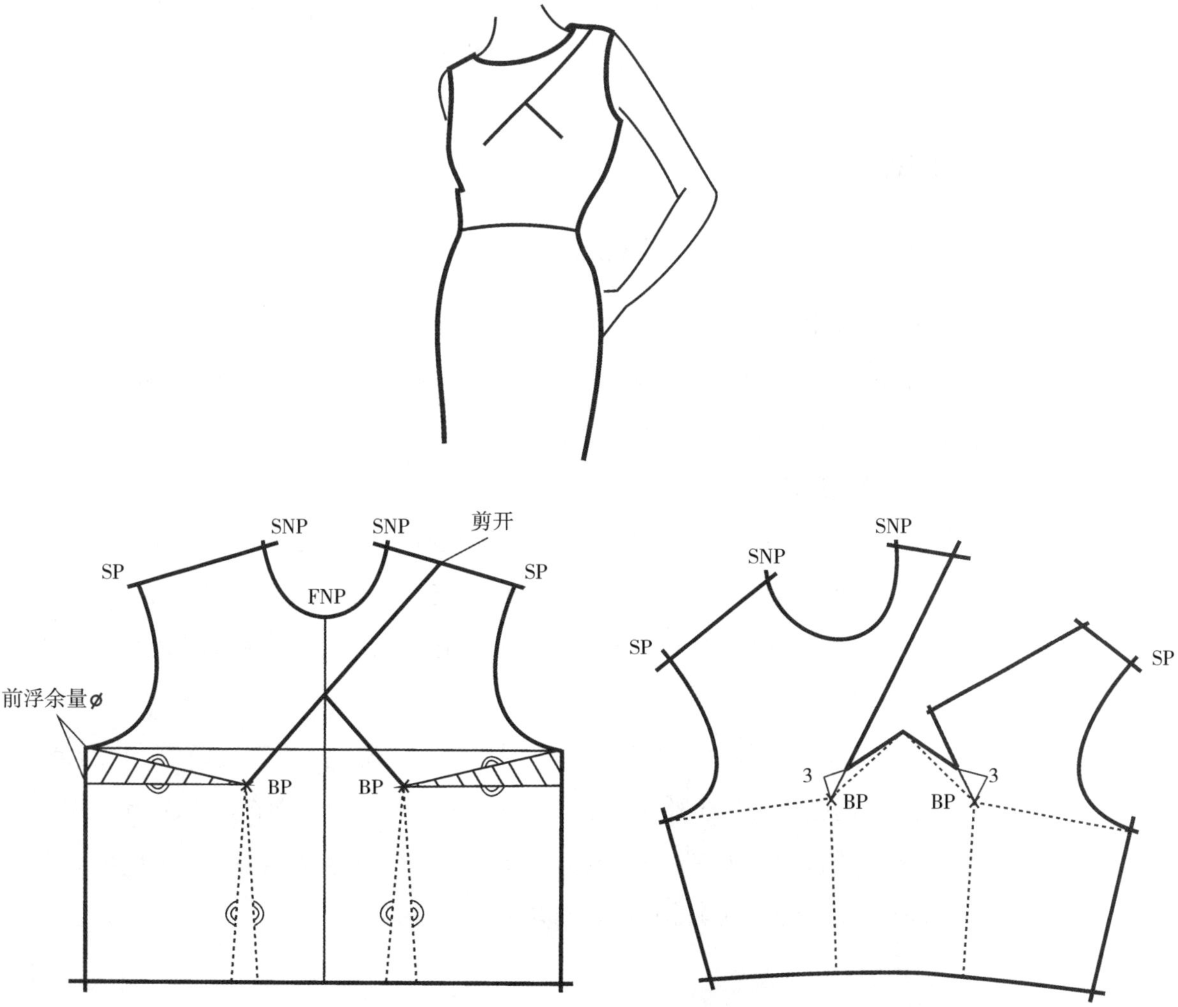

图4-42 左右非对称的分割线

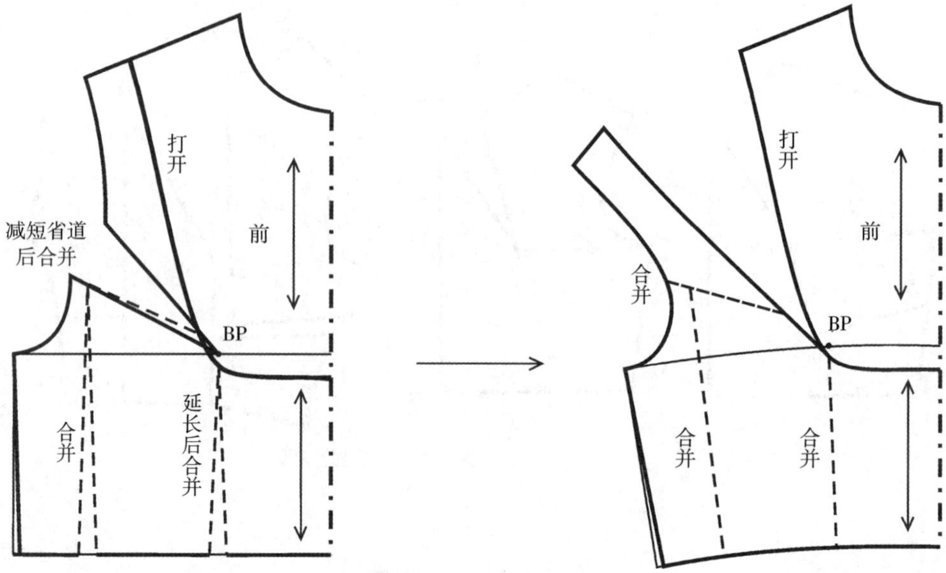

图4-43 U型分割线

任务拓展

三、纵向分割衣身结构设计

（一）规格设计

后衣长 =60 cm，袖窿深 =25.5 cm，B=98 cm，S=40 cm，较贴体风格，垫肩厚 =1 cm，内衣 =0 cm，见图 4-44（1）。

（二）结构设计

1. 实际前浮余量 =4.1-1-0.05×（98-96）=3 cm。

实际后浮余量 =1.6-0.7-0.02×（98-96）=0.9 cm。

2. 卡腰 B-W/2=7 cm，前 2 cm，侧 2 cm，后 3 cm；或者前 2.5 cm，侧 1.5 cm，后 3 cm。

3. 解决浮余量第一方案——前片：对 BP 省（大小不受限制）；后片：1.3 cm，肩缝缩 + 浮于袖窿。第二方案——前片：（1）撇胸≤ 1.5 cm（不对 BP 省），或者分割（不对 BP 的分割≤ 1.5 cm，避免起泡）；（2）其余→省（对 BP 省）；后片：0.9 cm——肩缝缩 + 浮于袖窿。

（三）制图步骤

1. 衣身原型：前后片原型 BL 对齐放置。

2. BL：根据给定的袖窿深自前片 SNP 点向下画新 BL。

3. HL：自 WL 向下 17 cm。

4. 衣长线：自 BNP 向下量衣长 60 cm。

5. 量前后肩宽：S/2=20 cm，水平量取后肩宽，取前后小肩宽等长，确定前片肩宽点 SP。

6. 抬高垫肩量：根据垫肩厚度，后片 SP 抬高 1 cm，前片抬高 0.4 cm。

7. 冲肩值：根据较贴体风格确定后片冲肩值 1.8 cm，前片 2 cm，根据冲肩值分别确定后背宽和前胸宽。

8. 新胸围宽：（98-96）/4=0.5 cm，每片胸围应放出 0.5 cm，取前后差 0.3 cm，即后片 +0.3 cm，前片 -0.3 cm。

9. 消除后浮余量。

方法一：SP 点垂直下落 0.8 cm，沿新肩线延长 0.8 cm。方法二：浮余量 0.8 cm 折叠，肩缝处剪刀打开，得到新的肩缝线，则后肩缝消掉≤ 0.8 cm，重新画好后袖窿弧线，其余浮余量可以浮于袖窿，待工艺中消除。

10. 前袖窿弧线：根据新的 SP、新前胸宽线以及 3 cm 前浮余量重新画前袖窿弧线。

11. 撇胸：消除 1 cm 前浮余量。

12. 腋下省：余下的 2 cm 前浮余量下移至侧缝，与 BP 相连，省尖距 BP 3 cm，消除前浮余量 2 cm。

13. 分割线：后片收腰 3 cm，臀围放出 1 cm，上端袖窿处放出 3/4（3-2），画顺后片袖窿弧线和分割线；前片收腰 2 cm，臀围放出 1 cm，画顺前片袖窿弧线及分割线。

14. 侧缝线：腰节收腰 1 cm，臀围放出 1 cm，画顺前后侧缝线。

15. 底边线：分割线处的底边自然成直角状态。

16. 叠门线：叠门宽 2.5 cm，平行画顺，见图 4-44（2）、（3）。

垫=1
内=0
较贴体风格
S=40
B=98

（1）款式图

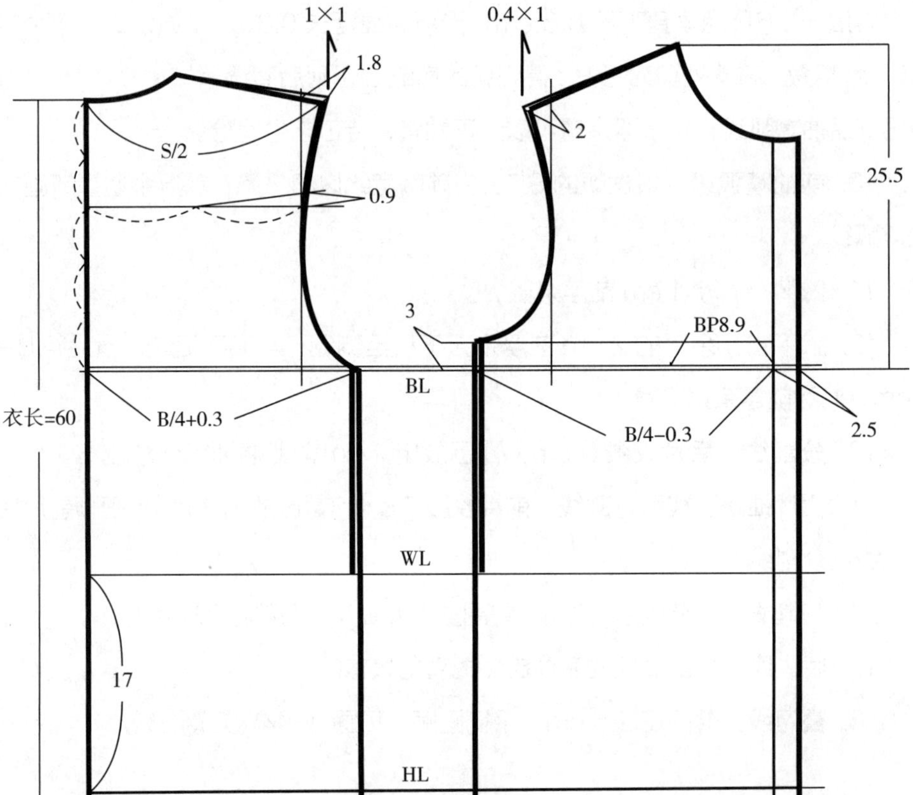
1×1
0.4×1
1.8
2
S/2
0.9
25.5
3
BP8.9
BL
B/4+0.3
B/4−0.3
2.5
衣长=60
WL
17
HL
0.7

（2）框架图

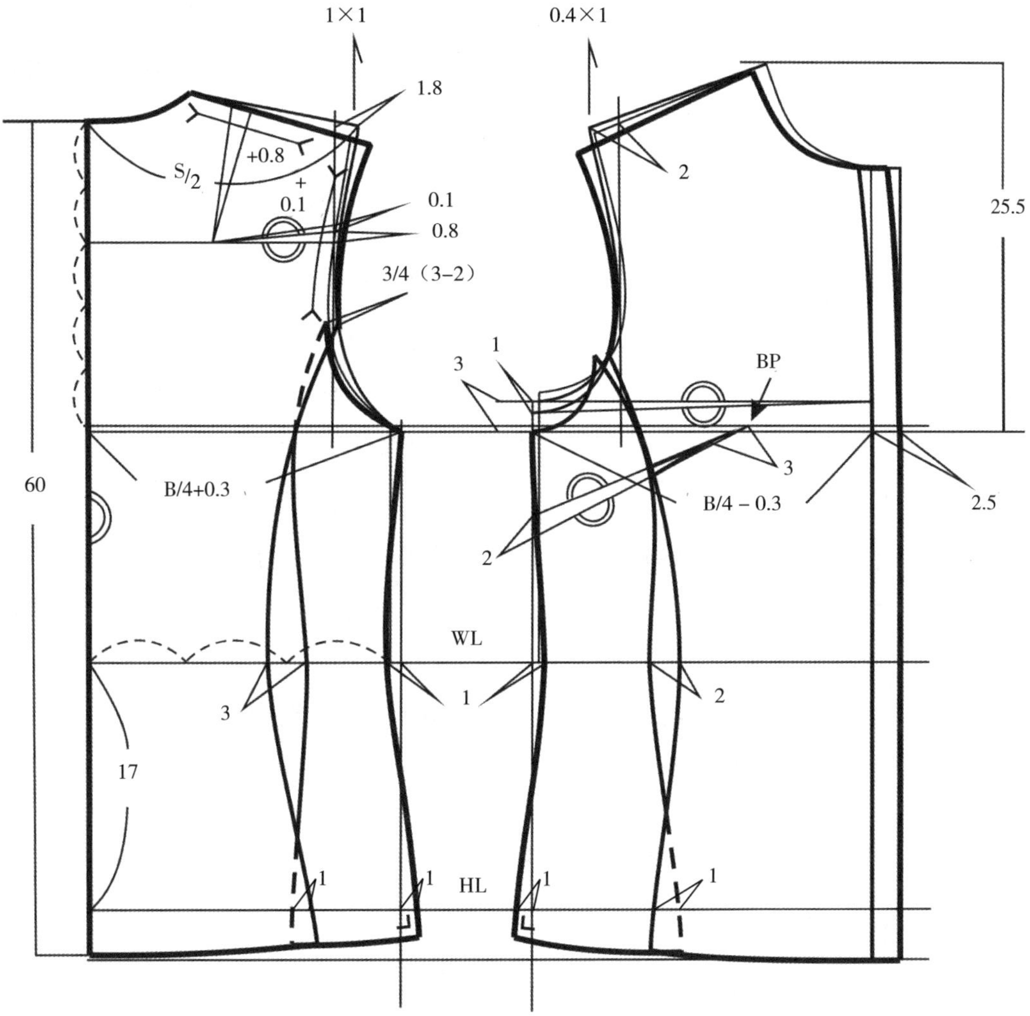

（3）结构图

图4-44 实例分析

任务训练

四、腰节收省衣身结构设计

（一）规格设计

衣长 =60 cm，B=102 cm，S=40.5 cm，较宽松风格，垫肩厚 =1.5 cm，袖窿深 =27 cm，卡腰量 =10 cm，内衣 = 衬衣 + 薄毛衣，见图 4-45。

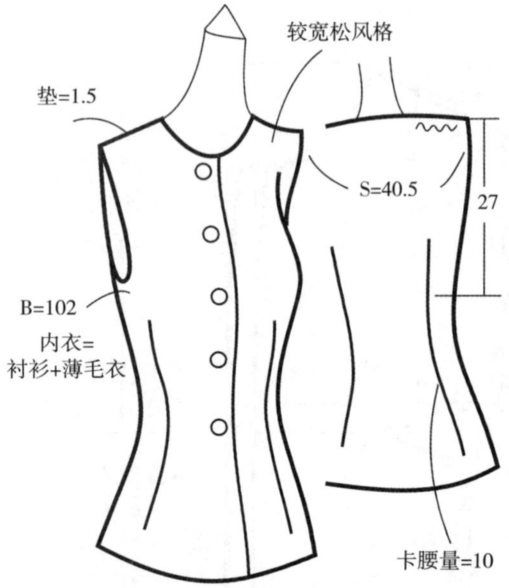

图4-45 实训1

（二）结构设计

1. 实际前浮余量 =4.1-1.5-0.05（102-96）=2.3 cm。

实际后浮余量 =1.6-0.7×1.5-0.02（102-96）=0.4 cm。

2. 垫肩厚——（1）后 SP 抬高 1.5 cm；（2）前 SP 抬高 0.4×1.5=0.6 cm。

3. 内衣厚——0.2+0.3=0.5 cm——（1）后颈中 BNP 抬高 0.35 cm；（2）肩颈点 SNP 抬高 0.5 cm；（3）肩端点 BP 抬高 0.4 cm。

4. 材料厚——0.5 cm。

5. 较宽松风格冲肩量——后片 1.5 cm，前片 1.8 cm。

6. B-W/2=10/2=5——后 2.5 cm；侧缝 1 cm；前片 1.5 cm。

7. 解决浮余量方案：撇胸；下放；肩缝缩。

五、L 型分割衣身结构设计

（一）规格设计

L=60 cm，B=100 cm，S=40 cm，垫肩 =0.8 cm，卡腰量 =15 cm，内衣 = 衬衣 + 厚毛衣，较贴体风格，见图 4-46。

（二）结构设计

图4-46 实训2

1. B-W/2=15/2=7.5 cm——后片 3.5～4 cm；侧缝 1.5～2 cm；前片 2～2.5 cm。

2. 实际前浮余量 =4.1-0.8-0.05×（100-96）=3.1 cm；

实际后浮余量 =1.6-0.7×0.8-0.02×（100-96）=1.0 cm。

3. 内衣厚 =0.2+0.5=0.7 cm——（1）后颈中 BNP 抬高 0.4 cm；（2）肩颈点 SNP 抬高 0.7 cm；（3）肩端点 SP 抬高 0.5 cm。

4. 垫肩——（1）后片 SP 抬高 0.8 cm；（2）前片 SP 抬高 0.3 cm。
5. 材料厚 =0.8 cm。
6. 较贴体冲肩量——后片 1.8 cm，前片 2 cm。
7. 解决浮余量方案：公主线分割。

任务评价

衣身样板质量评分，见表 4-8。

表 4-8 衣身样板质量评分表

班级：		姓名：		日期：
检测项目	**检测要求**	**配分**	**评分标准**	**得分**
时间	在规定时间内完成任务	10	每超过 5 分钟，扣 5 分	
质量	样板规范，结构准确，线条流畅，尺寸正确，版型合理	50	样板不规范，结构不准确，线条不流畅，尺寸错误，版型不合理，每处扣 5～10 分	
	丝缕及文字标注准确、到位	20	丝缕及文字标注不准确、不到位，每处扣 3～5 分	
	线条清晰，版面干净，排版合理	20	线条不清晰，版面污渍，排版不合理，每处扣 3～5 分	
检查结果总计		100		

思考与练习

一、单项选择题

1. 省位于后浮余量下部时，下列说法正确的是________。

A. 此省不能转入后浮余量

B. 此省可以转入后浮余量

C. 此省可以部分转入后浮余量

D. 无具体要求

2. 采用不对 BP 的省消除前浮余量，其控制数值一般是________。

A. ≥ 1.5 cm　　B. ≤ 0.5 cm

C. ≤ 1.5 cm　　D. ≤ 2.5 cm

3. 当后片腰省量 * 超过 2 cm 时，则袖窿处要打开，袖窿处重叠量控制在________。

A. 2/3（*−2）　　B. 3/4（*−0.5）

C. 1/2（*−1）　　D. 3/4（*−2）

4. 省位于后浮余量附近时，可以将部分后浮余量转移给分割缝，其控制数值在________。

A. ≤ 0.6　　B. ≥ 0.6

C. ≥ 1.6　　D. ≤ 1.6

二、作图题

1. 分割线结构设计训练，见图 4-47，要求：规格设计合理，结构符合款式图，线条清晰、流畅，结构完整，标注规范。

图4-47　分割线结构设计训练

2. 衣长 =62 cm，B=102 cm，S=39.5 cm，贴体风格，垫肩厚 =0.8 cm，袖窿深 =26 cm，卡腰量 =15 cm，内衣 = 衬衣，见图 4-48。应用东华原型或新文化原型完成前后片结构图。要求：结构符合款式图，线条清晰、流畅，结构完整，规格准确，标注规范。

3. 衣长 =59 cm，B=90 cm，S=38.5 cm，贴体风格，垫肩厚 =1 cm，袖窿深 =21 cm，卡腰量 =12 cm，见图 4-49。应用东华原型或新文化原型完成前后片结构图。要求：结构符合款式图，线条清晰、流畅，结构完整，规格准确，标注规范。

图4-48　作业2

图4-49　作业3

三、创意设计

以省、分割线、褶裥、碎褶为设计元素，设计四款女上衣。画出前、后片平面款式图和结构图，要求：

（1）款式图比例协调，结构表现清楚。

（2）结构图完整，标注规范，规格设计合理。

项目五　衣领结构设计

衣领是服装部件中最引人注目且造型多变的部件。分析各种衣领内部结构，掌握其构造设计方法是服装结构设计的重要内容。

项目目标

素质目标

1. 在基础知识的学习中，养成学生勤于思考，循序渐进的良好习惯；

2. 在基本技能的训练中，培养学生精益求精、追求卓越的工匠精神。

知识目标

1. 了解衣领的结构分类；

2. 理解无领、立领、连身立领、翻折领的结构原理及结构制图。

技能目标

1. 掌握无领、立领、连身立领、翻折领的结构设计；

2. 能熟练绘制无领、立领、连身立领、翻折领结构图。

任务一　衣领结构种类

任务目标

明确衣领的结构种类。

任务导入

衣领结构由领窝和领身两部分组成，其中大多数衣领的结构包括领窝、领身两部分，少数衣领只以领窝部位为全部结构。

任务准备

一、按衣领基本结构分类

1. 无领

亦称领口领，无领身部分，只有领窝部位，并且以领窝部位的形状为衣领造型线。根据构造有前开口型和贯头型两种，见图 5-1（1）。

2. 立领

领身包括领座和翻领两部分，这两部分是分离的，是依靠缝合而相连的衣领。立领可以分为单立领和翻立领两种，其中单立领的衣领只有领座部分，翻立领的衣领包括领座和翻领两部分，见图 5-1（2）。

3. 翻折领

领身包括领座和翻领两部分，但两部分用同料相连成一体。根据翻折线在前衣身的形状，可分为直线状、圆弧状、部分圆弧部分直线状等三种翻折领，见图 5-1（3）。

当前领座宽 =0 时，衣领亦称驳折领；当后领座高≤ 2 cm 时，衣领亦称平贴领。

（1）无领 （2）立领 （3）翻折领

图5-1 衣领基本结构分类

二、按衣领变化结构分类

在衣领基本结构的基础上，将其与抽褶、波浪、垂褶、衣身等组合起来，可构成各种变化结构衣领。

1. 波浪领

翻立领、翻折领与波浪造型组合起来，可形成波浪领，见图 5-2（1）。

2. 垂褶领

无领、翻折领与垂褶造型结合起来，可形成垂褶领，见图 5-2（2）。

3. 抽褶领

无领、翻立领和翻折领与抽褶造型组合起来，可形成抽褶领，见图 5-2（3）。

4. 连身领

单立领、翻折领与衣身组成整体或部分相连形成的衣领，见图 5-2（4）。

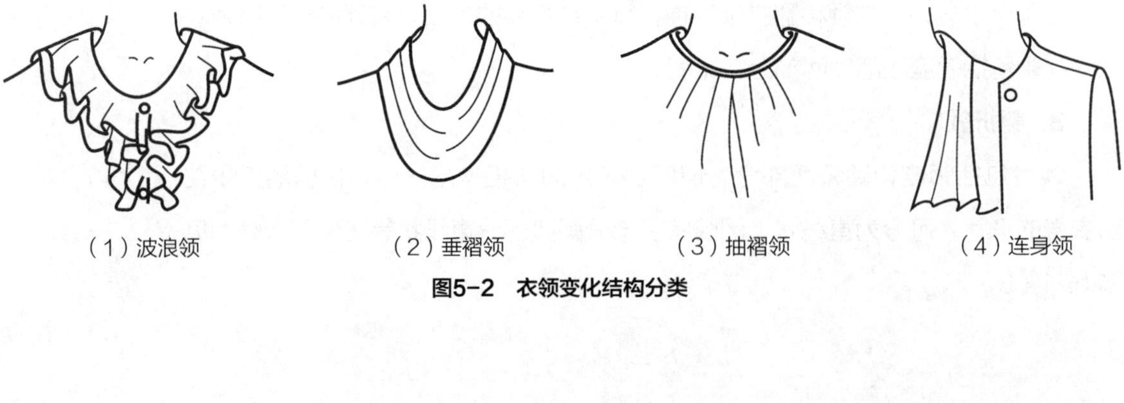

（1）波浪领 （2）垂褶领 （3）抽褶领 （4）连身领

图5-2 衣领变化结构分类

三、按领座侧部造型分类

立领和翻折领都存在领座侧部造型的问题。所谓领座侧部造型，是指领座侧部与水平线之间的倾斜角（简称侧倾角）。每一种衣领都存在侧倾角小于、等于、大于 90° 的类型。

1. 领座侧倾角 &b 小于 90° 时，衣领与人体颈部疏离，不贴颈，见图 5-3（1）。

2. 领座侧倾角 &b 等于 90° 时，衣领与人体颈部比较贴近，见图 5-3（2）。

3. 领座侧倾角 &b 大于 90° 时，衣领与人体颈部贴近，见图 5-3（3）。

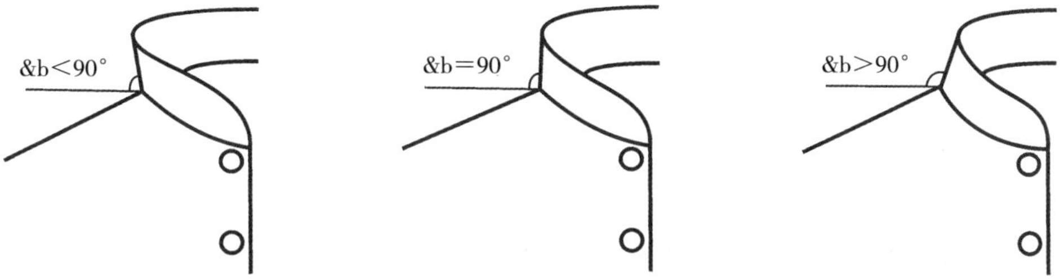

（1）&b<90°　（2）&b=90°　（3）&b>90°

图5-3　衣领领座侧部造型分类

思考与练习

填空题

1. 立领的领身包括________和________两部分。立领可以分为________和________两种，其中________的衣领只有领座部分，________的衣领包括领座和翻领两部分。

2. 单立领、翻折领与衣身组成整体或部分相连形成________。

3. 在衣领基本结构的基础上，将其与________、________、________、________等组合起来，可构成各种变化结构衣领。

4. 翻折领根据其翻折线在前衣身的形状，可分为________、________、________等三种翻折领，当前领座宽=0 时，衣领亦称________；当后领座高≤ 2 cm 时，衣领亦称________。

任务二　无领结构设计

任务目标

1. 了解无领的种类。
2. 掌握无领结构设计原理和方法。

任务导入

无领是指只有领窝而无领身，用领窝线的造型表示领型的衣领结构，也称领口领。虽然其构造是所有衣领中最简单的，造型变化只体现在领窝线的形状变化上，但在视觉体验上却比较敏感，应以形式美法则作为指导，追求和谐与多样性的统一。

任务实施

无领结构可分为基本结构和变化结构两大类。

基本结构中按前中线处衣身浮余量的消除方法，可分为前中线处开口型和前中线处相连即贯头型两大类。变化结构是将基本结构和垂褶、抽褶等造型手法结合起来形成的无领结构。

要掌握衣领的结构设计方法，首先要从本质上了解它们之间的从属关系，剖析基本衣领的构造，了解在基本衣领上附加各种造型手法后的变化结构。

一、基础领窝

基础领窝也称原型领窝，是经过人体后颈椎点（BNP）、颈侧点（SNP）、前颈窝点（FNP）形成的弧形线迹，对应于人体的颈根围，是衣领结构设计的基础。进行各类衣领结构设计时都必须先画出基础领窝，在此基础上进行结构变化。基础领窝线的重要结构特征为：当领窝宽、领窝深分别增加 1 cm 时，领窝弧线增加 2.4 cm，即领窝开宽、开深量为 a，领窝弧长增加量为 2.4a。

按人体净胸围（B^*）计算，领围 $N=0.2(B^*+$ 内衣厚$)+18$，按衣服 N 制图，后领口宽 = N/5−0.5，见图 5-4。

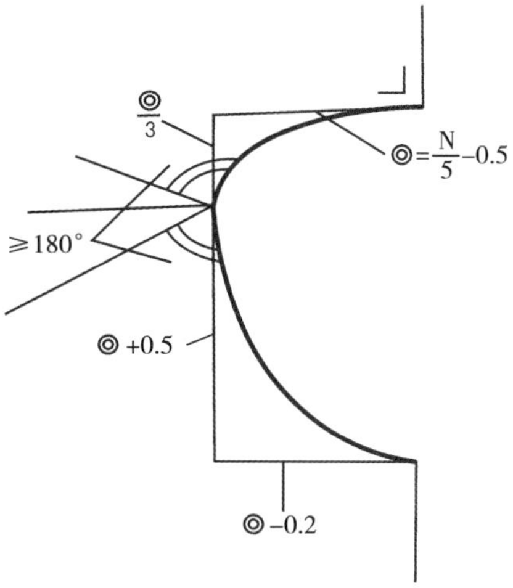

图5-4 基础领窝

二、前开口型无领

前开口型无领一般在前中线开口，见图 5-5（1）。领口造型灵活多样，见图 5-5（2）。由于是在前中线设计开口，当前浮余量不能被其他形式充分消除时，便可通过撇胸这一不对 BP 的省来消除前衣身的浮余量。其结构设计方法见图 5-5（3）。前开口型无领结构设计：

（1）确定领基础型（根据造型）；

（2）收前片浮余量≤ 1.5 cm，转为撇胸量；

（3）收后片浮余量≤ 0.8 cm；

（4）领口开宽、开深量视设计图而定。

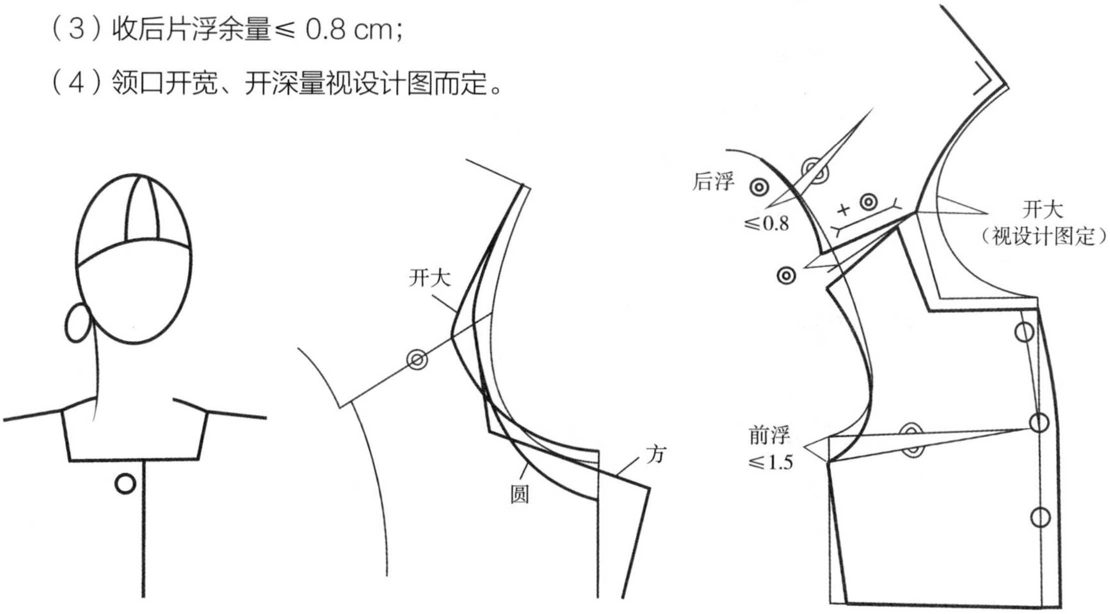

（1）款式图 （2）结构造型 （3）结构图

图5-5 前开口型无领

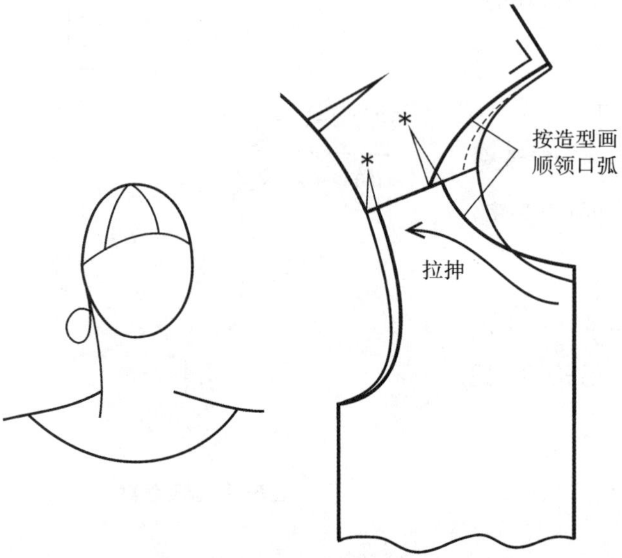

（1）款式图　　（2）结构图

图5-6　贯头型无领

三、贯头型无领

贯头型无领一般指前中线处于相连状态的无领结构，见图 5-6（1）。由于前中线为连折状态，衣身前浮余量的消除，应放在后领窝宽处，其结构设计方法见图 5-6（2）。

（一）结构设计

（1）这种领型容易出现浮余量消不了而引起的领中兜起现象，如有袖子可以浮在前袖窿处。调整方法：后肩 SNP 处 -＊（≤ 1.5）；在前肩 SP 处 -＊（≤ 1.5）做适当调整，根据造型画顺领口。

（2）前后领窝弧长≥ 28 cm（为便于套头）；

（3）后领宽 +＊（≤ 1.5），按实际后小肩宽由前颈点 SNP 向外肩方向量出前小肩宽。

（二）制图步骤

（1）根据造型画出领口；

（2）后片领口宽加宽＊（≤ 1.5）；

（3）参照后肩宽画出前肩宽；

（4）适当调整领口弧长。

任务评价

无领样板质量评价，见表 5-1。

表 5-1 无领样板质量评分表

班级：	姓名：		日期：	
检测项目	检测要求	配分	评分标准	得分
时间	在规定时间内完成任务	10	每超过 5 分钟，扣 5 分	
质量	样板规范，结构准确，线条流畅，尺寸正确，版型合理	50	样板不规范，结构不准确，线条不流畅，尺寸错误，版型不合理，每处扣 5 分	
	丝缕及文字标注准确、到位	20	丝缕及文字标注不准确、不到位，每处扣 3~5 分	
	线条清晰，版面干净，排版合理	20	线条不清晰，版面污渍，排版不合理，每处扣 3~5 分	
检查结果总计		100		

思考与练习

一、单项选择题

1. 当领窝宽、领窝深分别增加 a 时，领窝弧线增加量为________。

A. 0.4a　　B. a

C. 2.4a　　D. 4.2a

2. 无领前后领窝弧长应控制在________。

A. ≥ 28 cm　　B. ≥ 18 cm

C. ≤ 28 cm　　D. ≤ 18 cm

3. 前开口型无领通过撇胸消除的前浮余量是________。

A. ≤ 2.5 cm　　B. ≤ 1.5 cm

C. ≤ 0.5 cm　　D. ≥ 0.5 cm

二、作图题

前开口型无领和贯头型无领结构设计训练，见图 5-5（1）、图 5-6（1），要求：结构符合款式图，线条清晰、流畅，结构完整，标注规范。

任务三　立领结构设计

任务目标

1. 了解立领的种类。
2. 明确立领、连身立领的结构原理，学会立领、连身立领结构制图。
3. 应用所学基础知识，能独立完成变化立领的结构设计。

任务导入

立领是衣领的重要种类之一，其防护、保暖及装饰功能是服装设计中要考虑的。立领，特别是单立领，由于其结构简单，隐蔽部位少，其结构设计有一定的难度。

任务准备

一、立领的种类

立领结构种类有两种，即基本结构和变化结构。

（一）基本结构

1. 单立领

只有领座部分，没有翻领部分，依据领侧与水平线之间的倾斜角 &b 可分为：

&b < 90°，外倾型单立领；&b=90°，垂直型单立领；&b > 90°，内倾型单立领；见图 5-7（1）、（2）、（3）。

2. 翻立领

领座部分和翻领部分通过缝制连接成一体。由于翻领部分掩盖领座部分，领座部分一般做成 &b ≥ 90° 的形状，领上口线有直线形状、圆弧形状和半圆弧半直线形状，见图 5-7（4）。

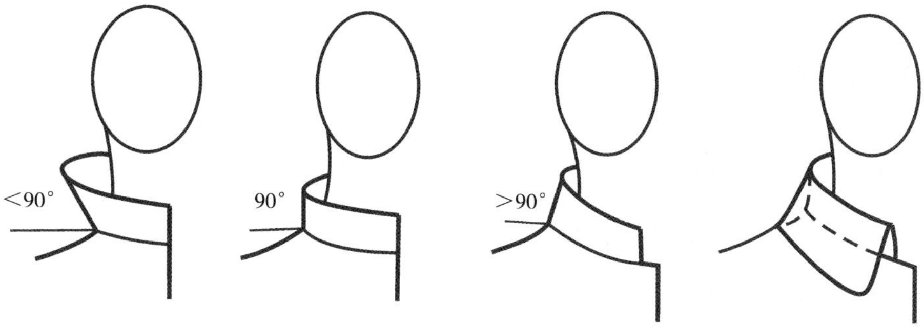

（1）&b < 90°　（2）&b=90°　（3）&b > 90°　（4）翻立领

图5-7　立领基本结构

（二）变化结构

1. 连身立领

领座部分与衣身整体或部分相连，可分为：

（1）前领座与衣身整体相连，后领座与衣身整体相连，见图 5-8（1）。

（2）前领座与衣身部分相连，后领座与衣身整体相连，见图 5-8（2）。

（3）前领座与衣身部分相连，后领座与衣身部分相连，见图 5-8（3）。

2. 波浪立领

翻领部分与波浪造型相结合形成波浪立领，见图 5-8（4）。

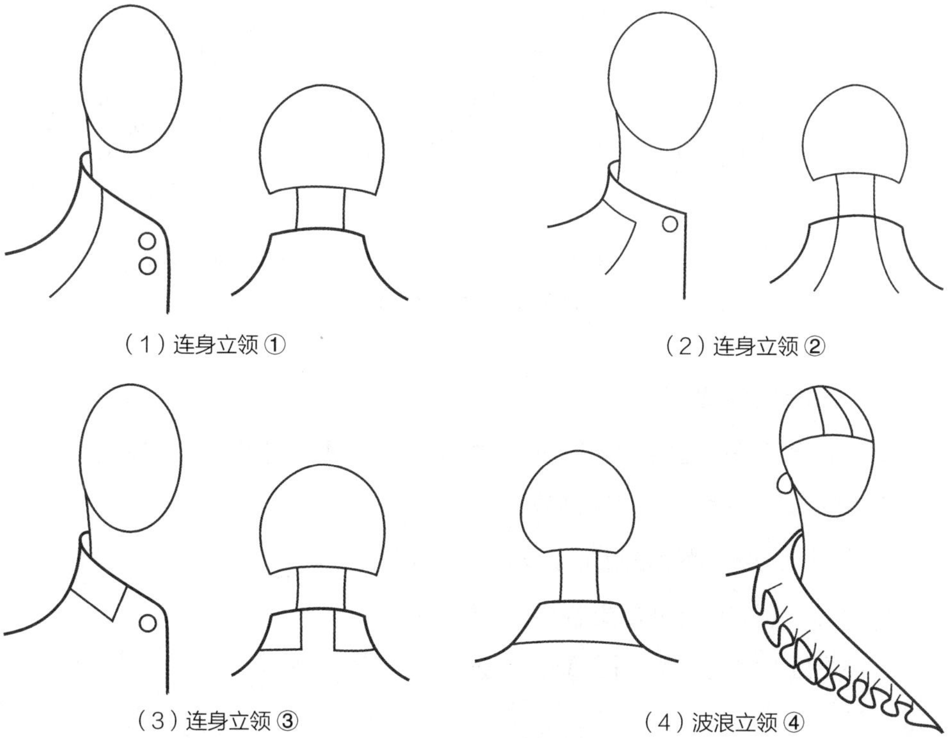

（1）连身立领 ①　（2）连身立领 ②

（3）连身立领 ③　（4）波浪立领 ④

图5-8　立领变化结构

任务实施

二、立领结构设计

(一)影响立领结构的因素

1. 领座侧倾角

领座是立领的基本部件，其侧部倾斜角 &b 决定立领轮廓造型和领座的后部立体形态。领座侧倾角分三种状态:

(1)&b < 95°，领座侧后部向外倾斜，与人体颈部分离，见图 5-9(1)。

(2)&b=95° ~100°，领座侧后部与水平线近似垂直，与人体颈部稍分离，见图 5-9(2)。

(3)&b > 100°，领座侧后部倾向人体颈部，见图 5-9(3)。

三种形态中第二、三种使用频率较高，冬季服装及正规服装常采用第三种角度，第一类多用于夏季服装或非常规造型服装中。

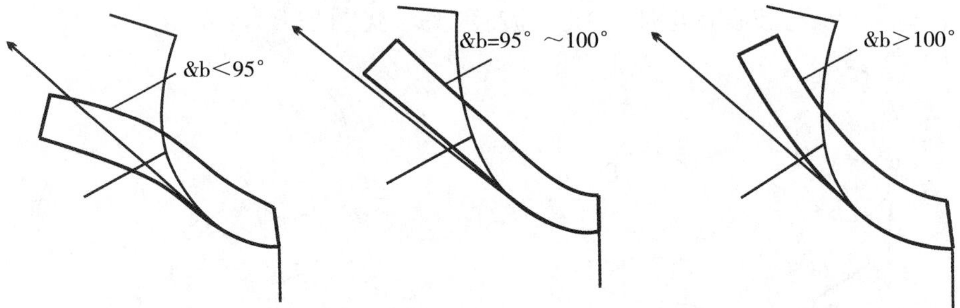

(1)&b<95°　　(2)&b=95°~100°　　(3)&b>100°

图5-9　领座侧倾角

2. 领座前部造型

领座前部的造型包括领座前部的轮廓线造型、领座前倾斜角、前领领窝线形状。前领轮廓线造型可分为三种形式。

(1)领上口线形状为圆弧形，见图 5-10(1)。

(2)领上口线形状为直线形，见图 5-10(2)。

(3)领上口线形状为半圆弧半直线形，见图 5-10(3)。

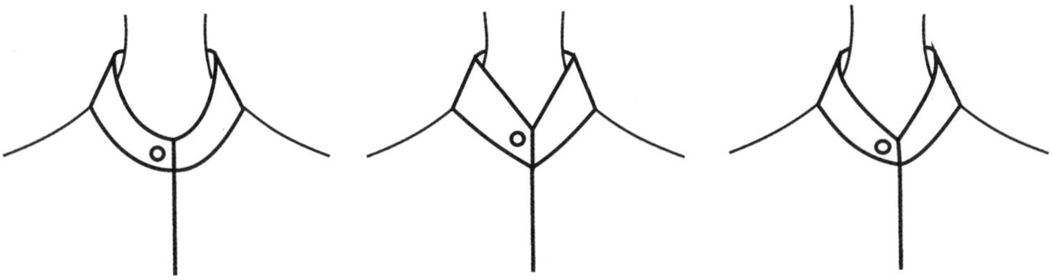

（1）圆弧造型　　（2）直线造型　　（3）半圆弧半直线造型

图5-10　领座前部造型

3. 领窝开低量

前领实际领窝线的位置与领座侧倾角存在着紧密关联，一般以领座实际领窝线与基础领窝线之间的差值表示，实际领窝线开低量 a 不同，领子倾斜度也会变化，nf 表示前领座高，见图 5-11。

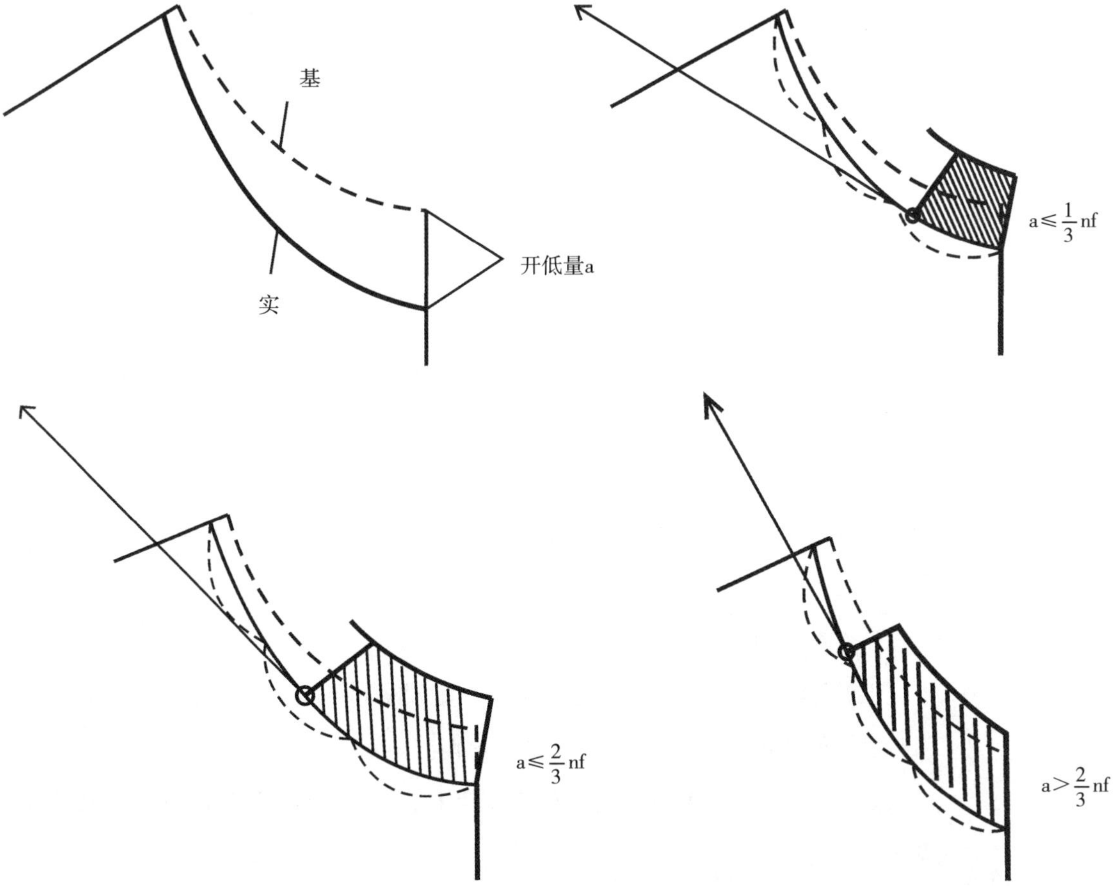

图5-11　开低量a对领身性质的影响

（二）单立领结构设计分析

（1）根据领身开低量 a 确定切点位置，过切点做切线；

（2）根据侧倾角 &b 决定领子的倾斜状态，若 &b＞95°，则领圈需要开宽 0.2×（&b－95°）/5；

（3）满足领上口弧长＝基础领圈弧长 +0.5×nb/3，领下口弧长＝实际领圈弧长 +0.3；

（4）后领中线与领上下口弧线保持垂直状态，画顺即完成领身造型，见图 5-12。

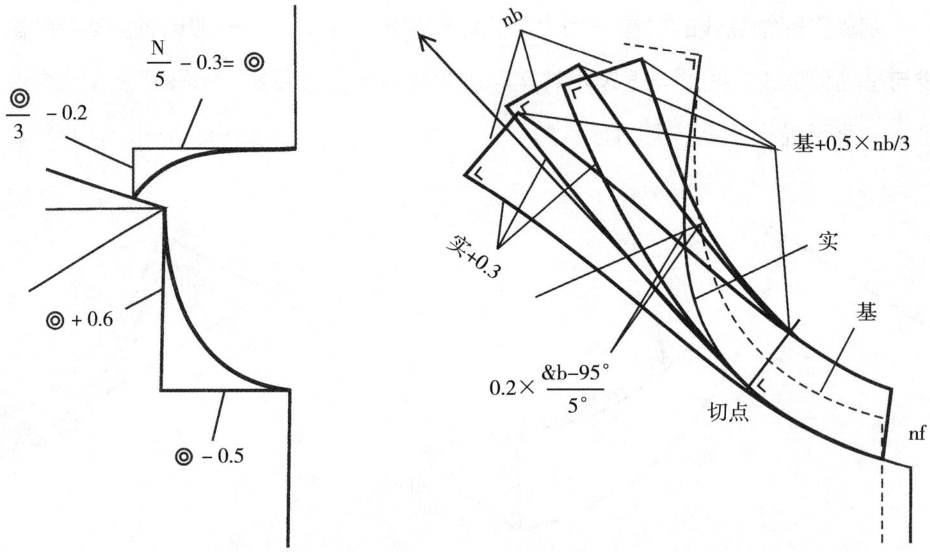

图5-12 单立领结构

（三）开深量 =1 cm 单立领

1. 规格设计

N=40 cm，nb=4 cm，nf=3 cm，&b=100°，领口开深量 a=1 cm，见图 5-13。

2. 结构设计

（1）开领深 a=1 cm，确定 A 点，开宽领圈 B=0.2×（100-95）/5=0.2；

（2）参考款式造型确定 nf=3 cm，确定 C 点；

（3）根据侧倾角和开深量，确定切点 D，过 D 点做领口弧线的垂直线，约等于 nf 确定 E 点；

（4）过切点 D 做切线，取 DF= 实际领窝弧长 +0.3；

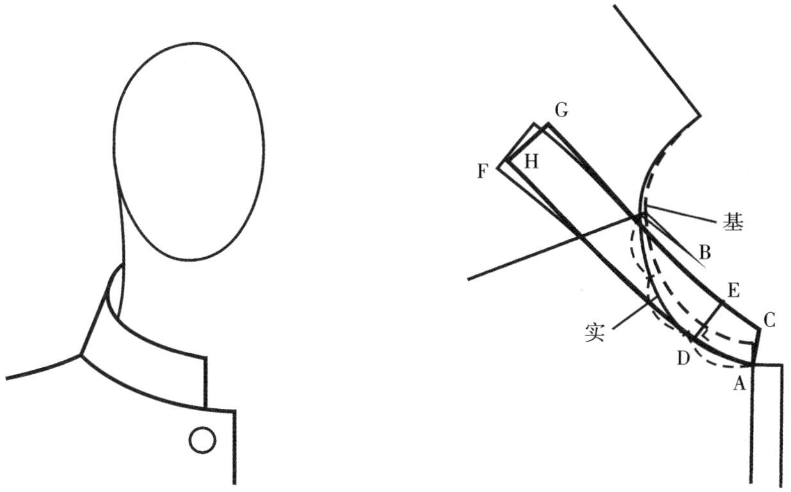

图5-13 单立领例一

（5）根据基础领窝弧长 +0.5×nb/3= 基 +0.5×4/3，确定领上口 EG 弧；

（6）根据 EG 弧的关系调整领身，做直角得出 GH=4 cm，⊥ DH 弧 = 实际领窝弧长 +0.3。

（四）开深量 =2 cm 单立领

1. 规格设计

N=40 cm，nb=4 cm，nf=3 cm，&b=95°，领口开深量 a=2 cm，见图 5-14。

2. 结构设计

（1）开领深 a=2 cm，确定 A 点；

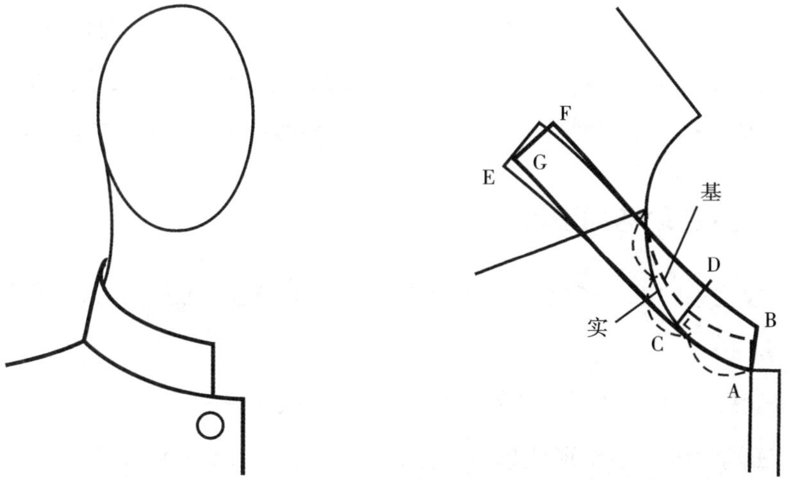

图5-14 单立领例二

（2）参考造型确定 nf=3 cm，确定 B 点；

（3）确定切点 C，过 C 点做领口弧线的垂直线，约等于 nf 确定 D 点；

（4）过切点做切线，取 CE= 实际领窝弧长 +0.3；

（5）根据基础领窝弧长 +0.5×nb/3= 基 +0.5×4/3，确定领上口 DF 弧；

（6）根据 DF 弧的关系调整领身，做直角得出 FG=4 cm，⊥ CG 弧 = 实际领窝弧长 +0.3。

任务延伸

（五）立领配领要点

1. 领前形与开低量的关系：耸立状——&b=90°，开低量≤ 1，见图 5-15（1）；较耸立状——&b=100°，开低量为 nf/2，见图 5-15（2）；平贴状——&b ＞ 100°，开低量≥ nf，见图 5-15（3）。

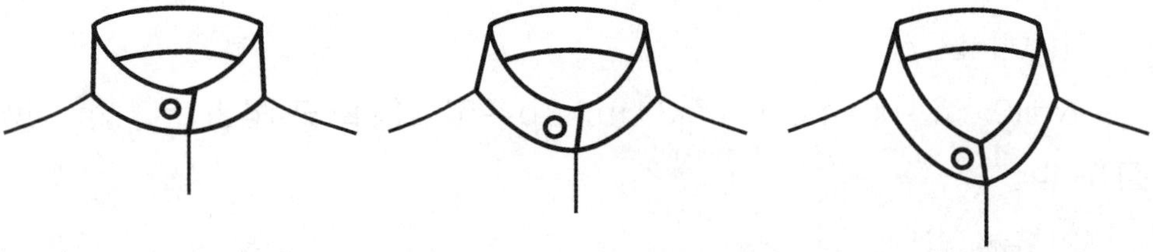

（1）耸立状　（2）较耸立状　（3）平贴状

图5-15　领前型与开低量的关系

2. 根据 &b 计算出加宽横开领量：0.2×（&b−95°）/5；再根据 &b 关系，确定后领身角度关系，较切线上抬或下落，领身上口弧长＜下口弧长时，后领身较切线上抬；领身上口弧长＞下口弧长时，后领身较切线下落，见图 5-9。

三、翻立领结构设计

1. 根据领座上口长度 *，确定翻领长度（*+0.3～0.8），（0.3～0.8）为绱领吃势量；

2. 翻领宽 mb=nb+ ≥ 0.7，确定翻领宽，做四等分；

3. 在翻领外口拉出形成翘势，拉开量 =0.5×（mb−nb），共拉开约 1.5×（mb−nb）；

4. 领座和翻领在前领口处需要直＋直或圆＋圆相对应一致，见图 5-16。

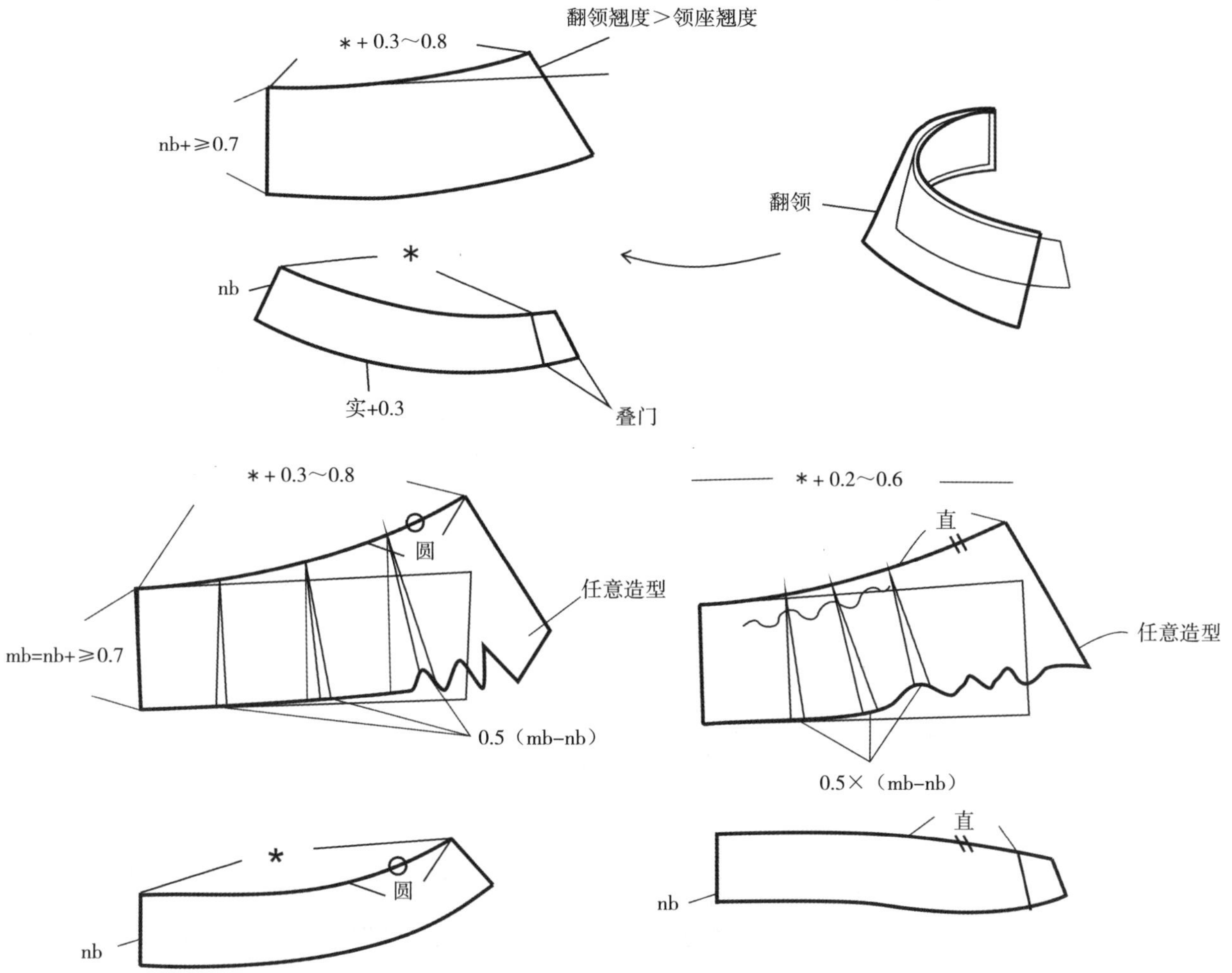

图5-16　翻立领结构

任务拓展

四、单立领＋衣身→连身立领结构设计

（一）前领座与衣身整体相连，后领座与衣身整体相连

1. 利用收领口省来消除前浮余量，上口省量共收小约 1 cm；

2. 利用收后片领口省消除后浮余量，省大 1.5 cm 左右，上口省量收小约 0.5 cm，工艺中加 0.5 cm 拔开量；

3. 前片可直接延长肩斜线，不必向外弹出。但控制角度在 92° 左右最佳；

4. 前后领在颈侧上口处均控制在92°，前片+后片约等于185°，见图5-17。

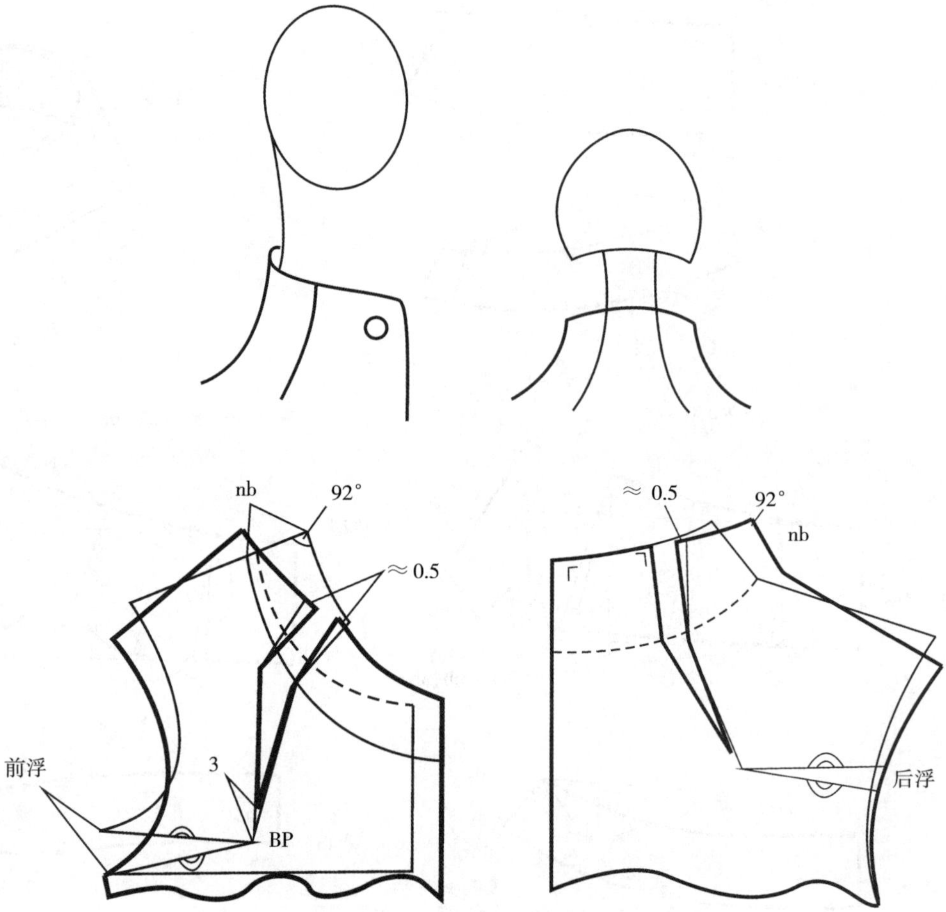

图5-17　前颈座与衣身整体相连，后颈座与衣身整体相连

（二）前领座与衣身部分相连，后领座与衣身整体相连

见图5-18。

（三）前领座与衣身部分相连，后领座与衣身部分相连

见图5-19。

任务评价

立领样板质量评价，见表5-2。

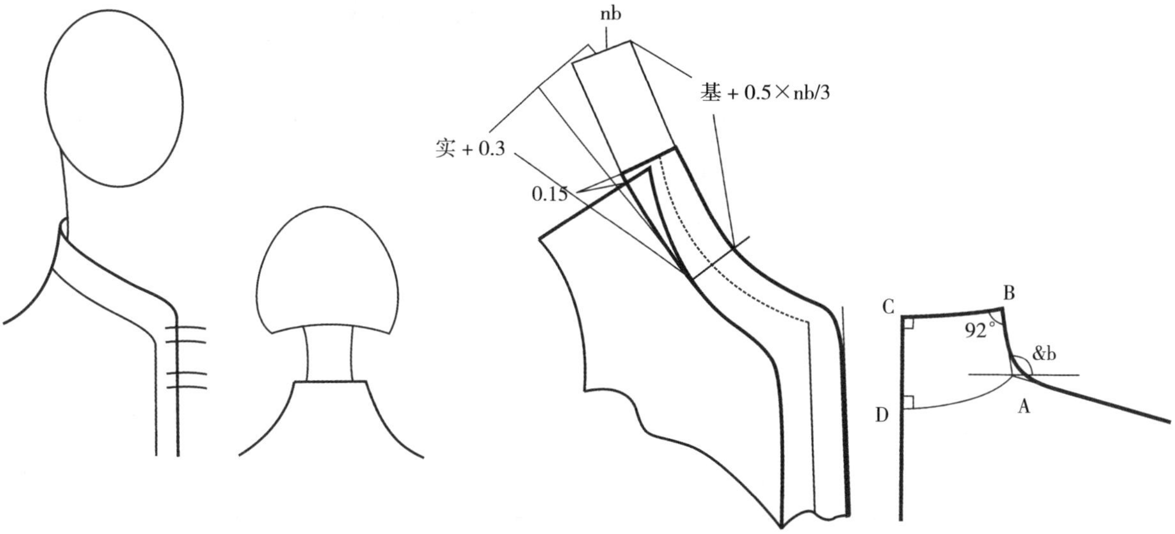

图5-18 前领座与衣身部分相连，后领座与衣身整体相连

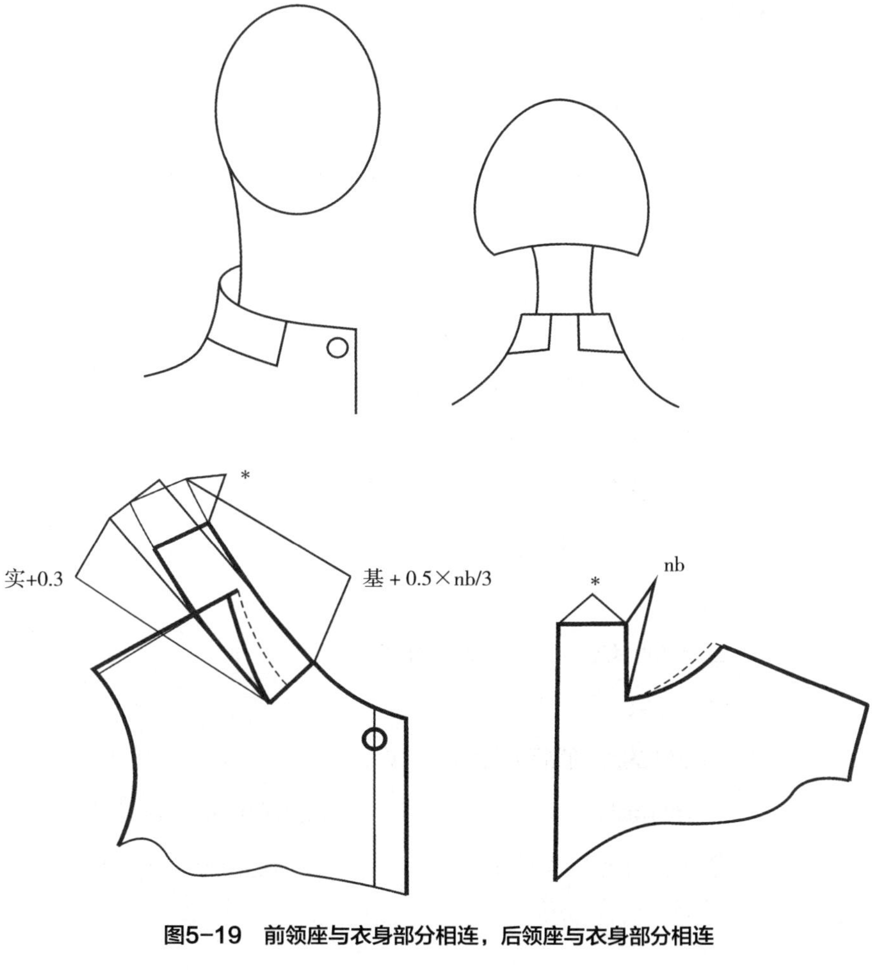

图5-19 前领座与衣身部分相连，后领座与衣身部分相连

表 5-2 立领样板质量评分表

班级：		姓名：		日期：
检测项目	**检测要求**	**配分**	**评分标准**	**得分**
时间	在规定时间内完成任务	10	每超过 5 分钟，扣 5 分	
质量	样板规范，结构准确，线条流畅，尺寸正确，版型合理	50	样板不规范，结构不准确，线条不流畅，尺寸错误，版型不合理，每处扣 5 分	
	丝缕及文字标注准确、到位	20	丝缕及文字标注不准确、不到位，每处扣 3~5 分	
	线条清晰，版面干净，排版合理	20	线条不清晰，版面污渍，排版不合理，每处扣 3~5 分	
检查结果总计		100		

思考与练习

一、单项选择题

1. 单立领根据侧倾角 &b 决定领子的倾斜状态，若 &b > 95°，则领圈需要开宽________。

A. 0.2×（&b－95°）/5

B. 0.5×（&b－95°）/5

C. 0.2×（&b－100°）/5

D. 0.8×（&b－95°）/5

2. 单立领呈耸立状时，下列说法最贴近的是________。

A. &b ≤ 100°，开低量≥ nf

B. &b > 100°，开低量≥ nf

C. &b=100°，开低量为 nf /2

D. &b=90°，开低量≤ 1

3. 翻立领的翻领宽和领座宽的关系是________。

A. mb=nb+ ≥ 1.5　　B. mb=nb+ ≥ 0.7

C. mb=nb+ ≤ 0.5　　D. mb=nb+ ≤ 1.5

4. 单立领的领上口弧长等于________。

A. 基础领圈弧长 +nb/3

B. 基础领圈弧长 +0.2×nb/3

C. 基础领圈弧长 +0.5×nb/3

D. 基础领圈弧长 +0.5×nb/2

5. 单立领的领座侧后部与水平线近似垂直，与人体颈部稍分离，则 &b 的取值为________。

A. 110°　　B. < 90°

C. > 100°　　D. 95° ~ 100°

二、作图题

立领结构设计训练，要求：结构符合款式图，线条清晰、流畅，结构完整，标注规范。

1. 翻立领造型，nb=3.5 cm，mb=5.5 cm，nf=3 cm，mf=6.5 cm，&b=100°，a=2 cm，N=40 cm，见图 5-20。

2. 立领造型，nb=4 cm，nf=4 cm，&b=95°，a=3 cm，N=40 cm，见图 5-21。

3. 连立领造型，nb=4 cm，nf=3.5 cm，&b=100°，a=2 cm，N= 39 cm，见图 5-22。

4. 连立领造型，nb=4 cm，nf=3.5 cm，&b=100°，a=2 cm，N= 39 cm，见图 5-23。

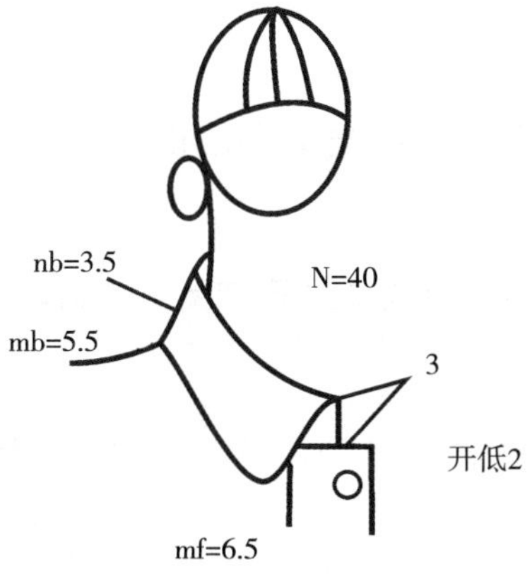

图5-20　作业一

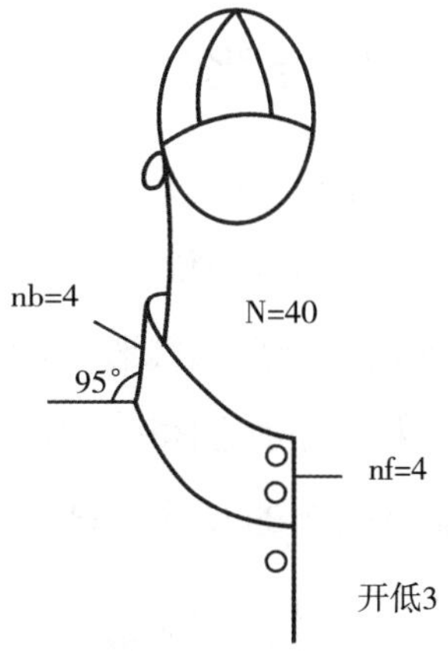

图5-21　作业二

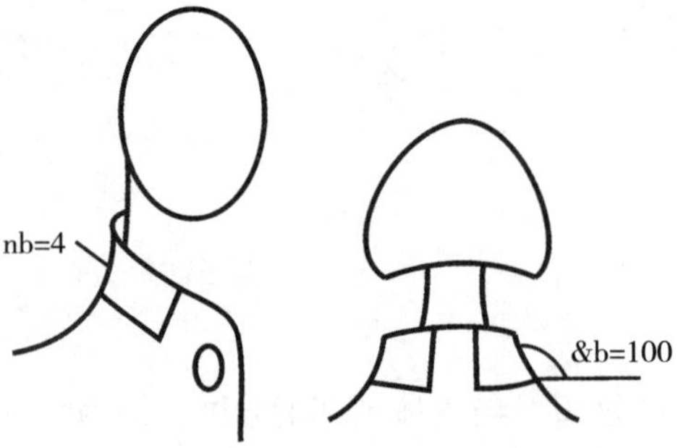

图5-22 作业三

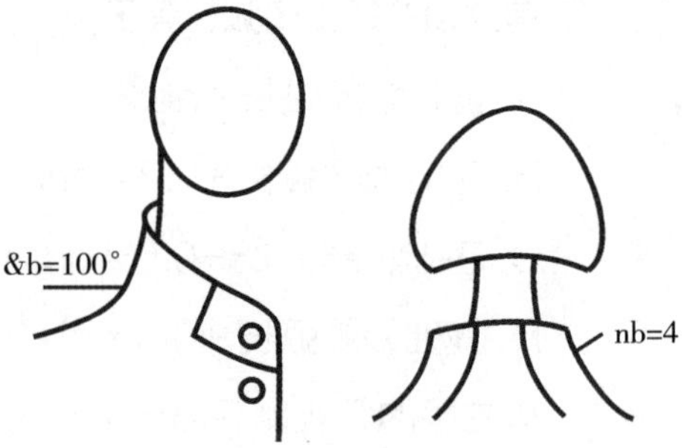

图5-23 作业四

任务四 翻折领结构设计

任务目标

1. 了解翻折领的种类。
2. 明确翻折领的结构原理，掌握翻折领结构制图。
3. 应用所学基础知识，能完成变化翻折领的结构设计。

任务准备

一、翻折领分类

翻折领是领座与翻领相连成一体的衣领。其基本结构分类如下：

1. 按翻折线形状分

翻折线前端为直线形，圆弧形，部分圆弧、部分直线三种类型，见图 5-24。

2. 按领座的立体形态分

按照领座的立体形态可以将翻折领分成＜90°、=90°、＞90°三种，见图 5-25。

图5-24 按翻折线形状分类

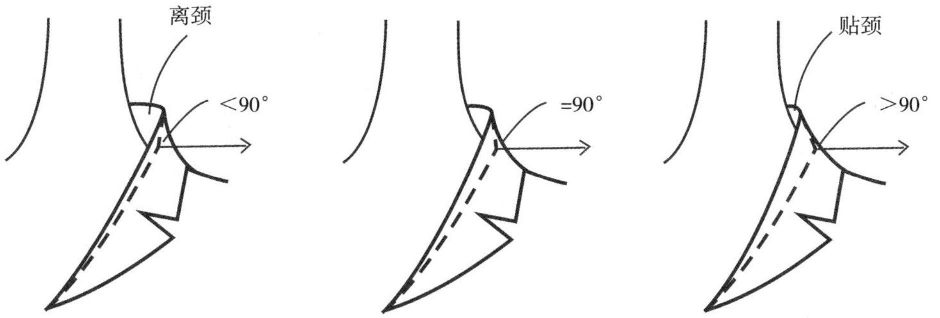

图5-25 按领座的立体形态分类

图中< 90°的领型女装中较多用；=90°的领型休闲装多用；> 90°的领型（女装≤ 110°；男装≤ 120°）男装中多用，如男西服等。

任务实施

二、翻折线为圆弧形翻折领

翻折线前端为圆弧形的翻折领结构是翻折领的主体结构之一，绘制结构图按原身作图法，见图 5-26。

制图步骤：

1. 根据领围完成前后领口制图，领口开深量设为 a，与止口线相交为驳头翻折点 C。

2. 根据贴合颈部的形态确定 &b，可以是 &b=90°，&b > 90°，&b < 90°。

3. 由 O 点（SNP）取 OA=nb，AB=mb，由 BO 顺 延 得 到 BA′=BA=

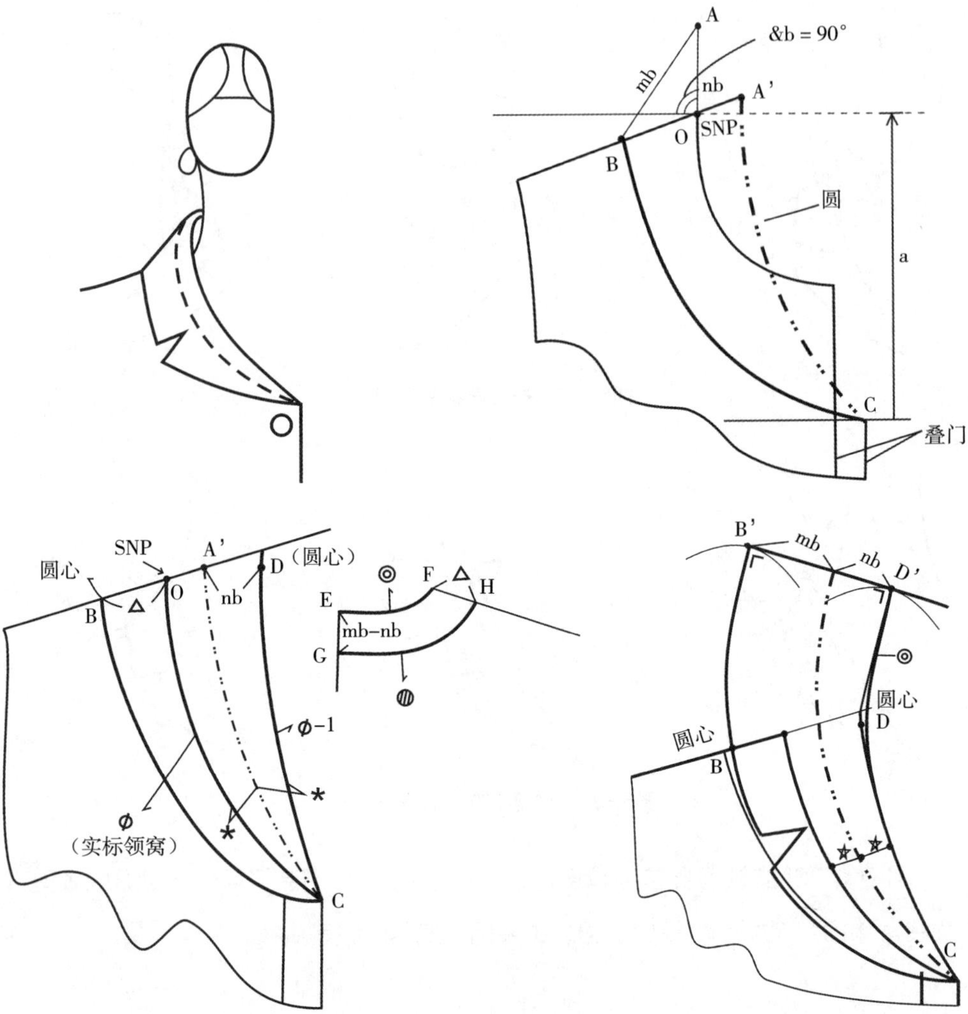

图5-26 翻折线为圆弧形翻折领

mb。A′为驳口基点。

4. 根据款式造型画出圆弧形翻驳线 A′C 弧，以及领外口轮廓线 BC 弧。

5. 根据 BC 和 A′C 的造型，定出衣身领口弧线 OC；以 A′C 为对称轴，OC 为对称图形画出 CD 弧，取 DC=OC−1 cm，A′D=nb。

6. 在后中线上取 EG=mb−nb，肩缝线上取 FH=OB 的量，过 GH 两点画弧线。

7. 以 D 为圆心，EF 弧为半径画扇形，以 B 为圆心，GH 弧 +（0~0.3）×（mb−nb）（翻折松量）为半径画扇形，做两扇形切线，画直角，取切点 B′D′= mb+nb，并量取领座高 nb 定点，CDD′为领下口弧，CBB′为领外口造型线。

8. 画顺领下口弧，调整领外口轮廓线，使之与领型相符，延长翻折线 CA′ 弧至领座高点。

注意：圆弧形翻折线不宜太弯，否则工艺制作时难度较大。

任务训练

规格设计：N=38 cm，nb=3.5 cm，mb=5 cm，&b=95°，见图 5-27。

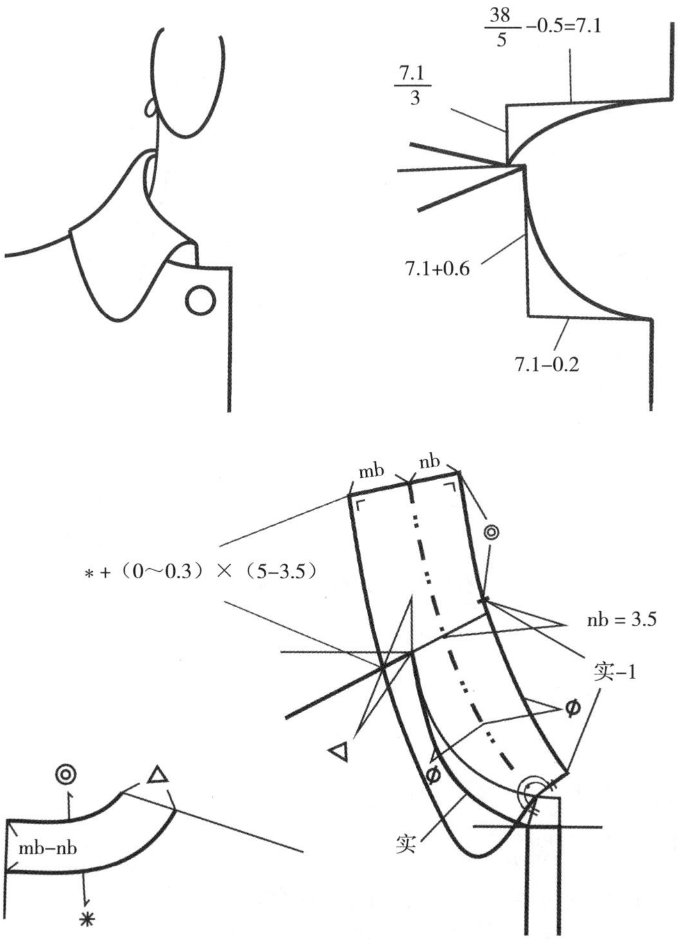

图5-27 翻折线为圆弧形翻折领

任务实施

三、翻折线为直线形翻折领

翻折线前端为直线的翻折领是翻折领的主体结构之一。

1. 无串口造型结构

这种领型的制图方法参考翻折线为圆弧形，不同点是：（1）翻折线为直线形，（2）领下口弧长 = 实际领口弧长 -0.5，（3）领下口线呈凸状，见图 5-28。

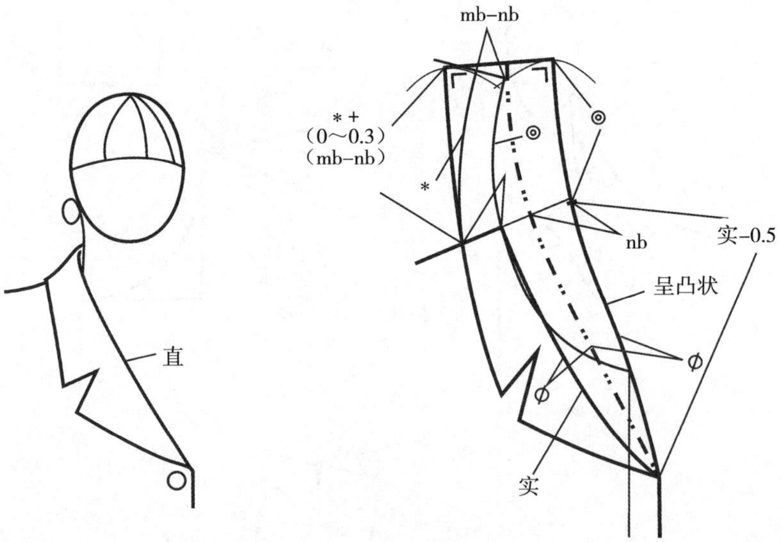

图5-28 无串口造型翻折领

2. 有串口造型结构

（1）由 O 点（SNP）根据 &b 得到 A，取 OA=nb，AB=BC=mb，连接 C 点和翻驳点做直线，作为翻折线；

（2）将领外口造型画好；

（3）以翻折线对称轴翻转驳头，画出领窝线；

（4）CD=nb，同时满足前片领下口长 = 实 -0.5，B 点以翻折线为对称轴得到 B′，以 B′、D 点为圆心，分别以外领圈长加松量，即 *+（0~0.3）(mb-nb）和后领口弧长◎做半径画圆弧，做切线相交于切点 EF，取 EF=mb+nb。画顺领内外口弧线及翻折线，见图 5-29。

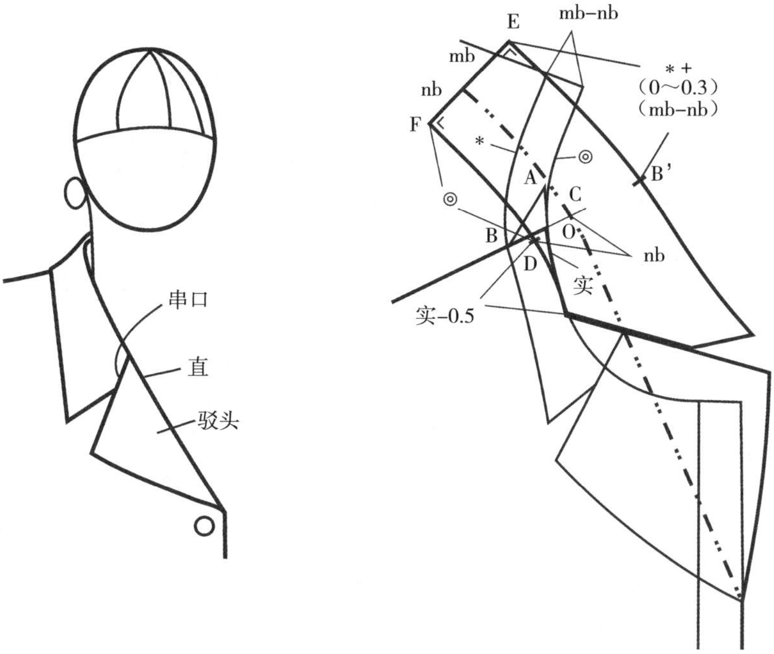

图5-29　有串口造型翻折领

任务训练

规格设计：nb=3.5 cm，mb=4.5 cm，&b=90°，领口开深约 20 cm，翻折线为直线形翻折领，见图 5-30。

任务拓展

四、翻折领下口的处理

1. 领下口差

（1）翻折线为直线形：前领圈领下口弧长＝实际领窝弧长 −0.5~1，&b=90°~110°；

（2）翻折线为圆弧形：前领圈领下口弧长＝实际领窝弧长 −1~2，&b=90°~110°，见图 5-31（1）。

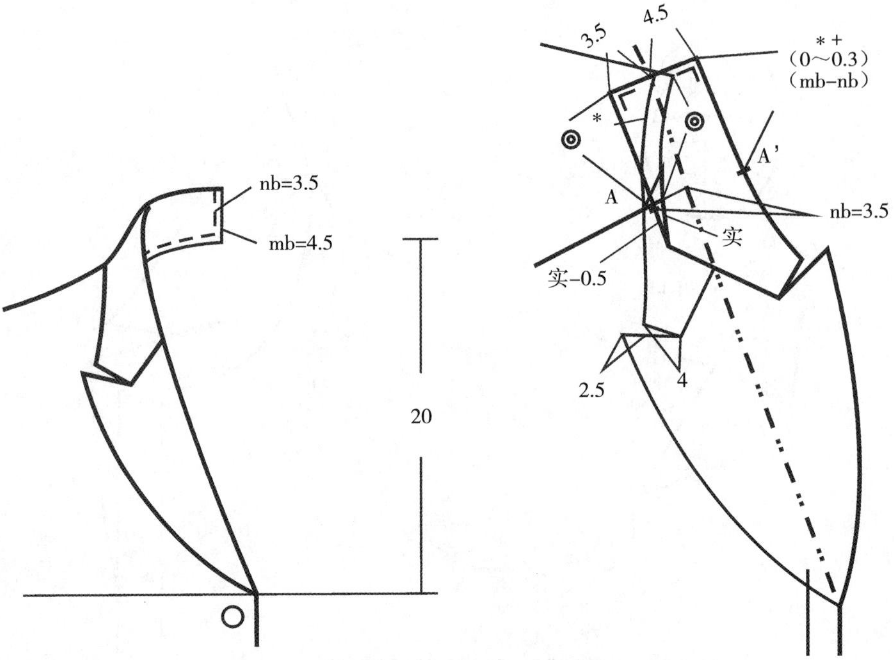

图5-30 有串口造型翻折领

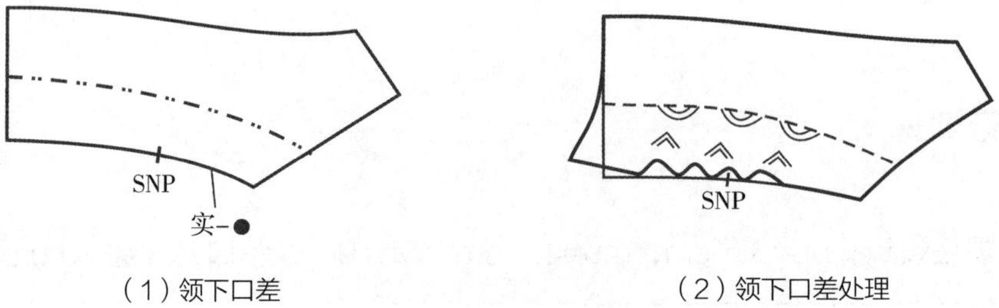

（1）领下口差　　（2）领下口差处理

图5-31 领下口工艺处理

2. 领下口差处理

（1）工艺处理。用熨斗将领下口拉伸、拔开，满足领里下口 = 实际领圈长 +0.3，领面下口 = 实际领圈长，见图 5-31（2）。

适用于斜料，&b ≤ 110°；其他料，&b ≤ 95°。此种方法即使能拔开也存在着差异，因人而异，不适合流水作业。

（2）结构处理。领座部分离开翻折线 0.7 cm 和≥ 2.5 cm 剪开，下口在 SNP 前后剪开拉伸，翻折线为直的部分不剪开（防止造型变化），下口拉展：满足领里下口 = 实际领圈长 +0.3，领面下口 = 实际领圈长，见图 5-32。

适用：除斜料外的任何面料，适合于工业化流水生产，现多数企业采纳。

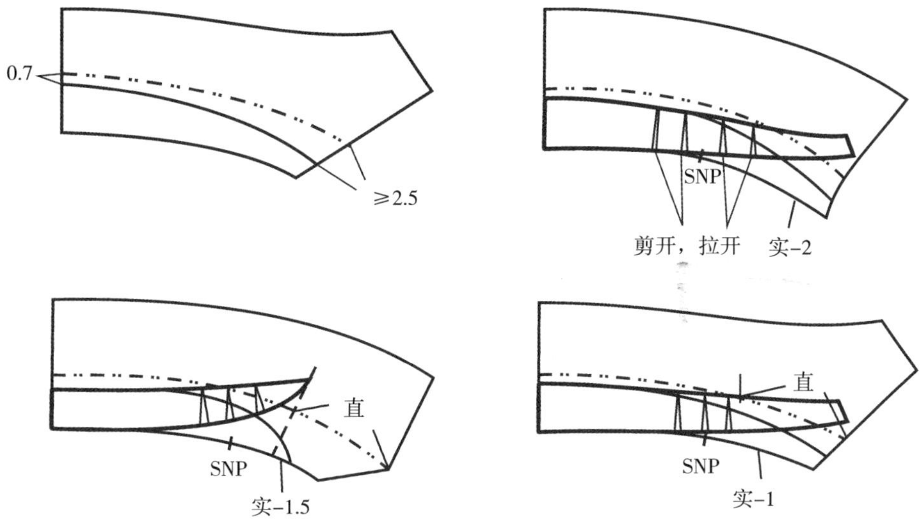

图5-32 领下口结构处理

五、翻折线为直线时，领窝宽的处理

从立体造型中发现：翻折线为直线时，当领侧倾斜角大于 95°时，颈部会将领子向外推出，使翻折线处有压迫感，如要改变此现象，就要将翻折线外移，加大领宽量。

实际领宽改大量：a=0.2×（&b−95°）/5°，95°是人体颈侧倾斜角，&b ≤ 95°不会压迫头颈。

1. &b=95°, a=0 cm
2. &b=100°, a=0.2 cm
3. &b=105°, a=0.4 cm
4. &b=110°, a=0.6 cm

六、翻折领领里、领面的关系

1. 领面外口 = 领里 + 里外层松量（0.3~0.8）；
2. 领面领角处 = 领里 +0.1~0.3；
3. 领面后领中外口 = 领里 + 里外层松量（0.2~0.5）；
4. 领面后领中里口 = 领里 − 里外层松量（0.1~0.4，常取 0.3）。材料越厚，里外层松量越大，见图 5-33。

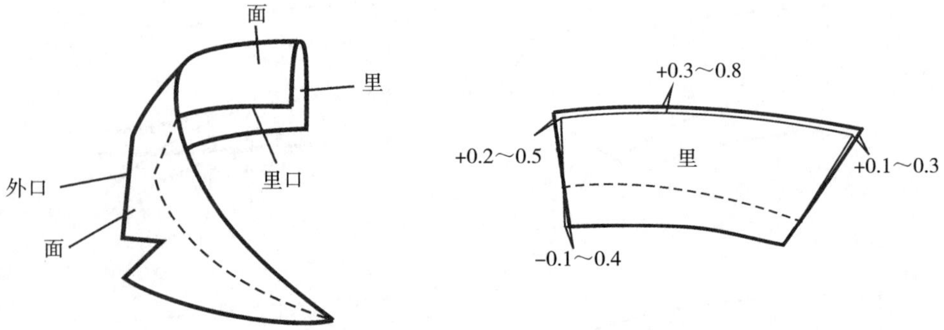

图5-33 翻折领领里、领面的关系

任务评价

翻折领样板质量评价，见表 5-3。

表 5-3 翻折领样板质量评分表

班级：		姓名：	日期：	
检测项目	检测要求	配分	评分标准	得分
时间	在规定时间内完成任务	10	每超过 5 分钟，扣 5 分	
质量	样板规范，结构准确，线条流畅，尺寸正确，版型合理	50	样板不规范，结构不准确，线条不流畅，尺寸错误，版型不合理，每处扣 5 分	
	丝缕及文字标注准确、到位	20	丝缕及文字标注不准确、不到位，每处扣 3～5 分	
	线条清晰，版面干净，排版合理	20	线条不清晰，版面污渍，排版不合理，每处扣 3～5 分	
检查结果总计		100		

思考与练习

作图题

翻折领结构设计训练，要求：结构符合款式图，线条清晰、流畅，结构完整，标注规范。

1. 翻折线为圆弧形，无串口造型翻折领，nb=3 cm，mb=4.5 cm，&b=100°，领口开深约 27 cm，款式图 5-34。

2. 翻折线为直线形翻折领，nb=3.5 cm，mb=5 cm，&b=90°，领口开深约 12 cm，款式图 5-35。

3. 翻折线为直线形翻折领，nb=3 cm，mb=4.5 cm，&b=110°，领口开深约 24 cm，款式图 5-36。

4. 翻折线为圆弧形波浪领，nb=2 cm，mb=8 cm，&b=100°，领口开深约 20 cm，款式图 5-37。

图5-34 作业一

图5-35 作业二

图5-36 作业三

图5-37 作业四

项目六　衣袖结构设计

衣袖是服装的重要组成部分，也是服装结构设计的重点。在服装的整体造型中，它不仅加强和充实了服装的功能，也丰富和完善了服装的形式美感。衣袖结构的优劣直接关系到着装后人体的运动舒适性和机能性，所以衣袖的结构设计既要注意时尚造型，又要讲究实用功能，并考虑运动舒适性。通过本项目的学习，可掌握以下内容：

项目目标

素质目标

1. 在实践操作中，培养学生规范操作、安全操作的能力，提高安全意识。

2. 在实践操作中加强理论知识内化，培养学生理论联系实践，学以致用的思想。

知识目标

1. 了解衣袖的结构种类；
2. 理解衣袖结构变化原理。

技能目标

1. 掌握圆装袖、连袖、分割袖的结构设计；
2. 能熟练绘制圆装袖、连袖、分割袖结构图。

任务一　衣袖结构种类

任务目标

1. 了解衣袖的结构种类。
2. 掌握衣袖的基本结构。

任务导入

袖子结构变化复杂，款式多样，是服装重要的组成部分。衣袖结构种类的划分依据衣身与袖子的结构关系，确定了基本结构，在此基础上再进行不同的变化，延伸出丰富的袖型变化。进行衣袖结构设计时，须考虑人体与衣袖的关系及造型风格的要求。

任务实施

袖子与衣身因绱袖位置的不同，形成不同款式及风格。袖子与衣身配合，因衣身夹角、袖窿形状不同会形成不同功能的袖型。衣袖结构种类按袖山与衣身的相互关系可分成若干种基本结构。

一、基本结构

1. 无袖

在衣身的手臂部位没有袖子的设计，只是直接利用袖窿弧线进行造型变化，见图 6-1（1）。

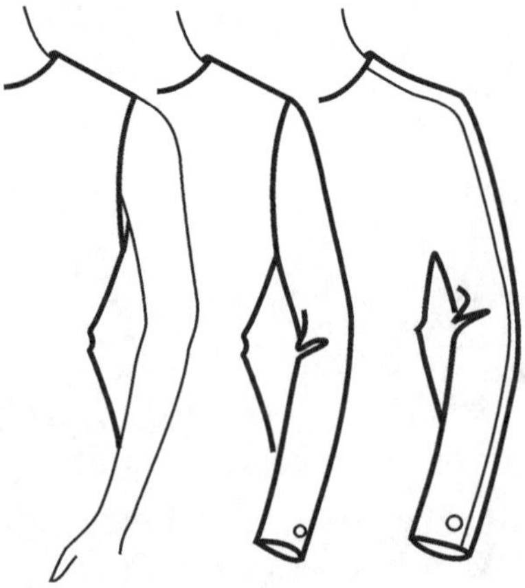

图6-1 基本结构袖型

2. 圆袖

袖山形状为圆弧形，与袖窿缝合组装衣袖，见图 6-1（2）。根据袖山的结构风格及袖身的结构风格可细分为宽松、较宽松、较贴体、贴体的袖山及直身、弯身的袖身等。

3. 连袖

将袖山与衣身组合连成一体形成的衣袖结构，见图 6-1（3）。按其袖中线的水平倾斜角可分为宽松、较宽松、较贴体三种风格的袖型。

二、变化结构

在基本结构上运用抽褶、垂褶、波浪等造型，即形成了变化繁多的变化结构。可分为分割袖、抽褶袖、波浪袖、垂褶袖、褶裥袖、收省袖等，见图 6-2。

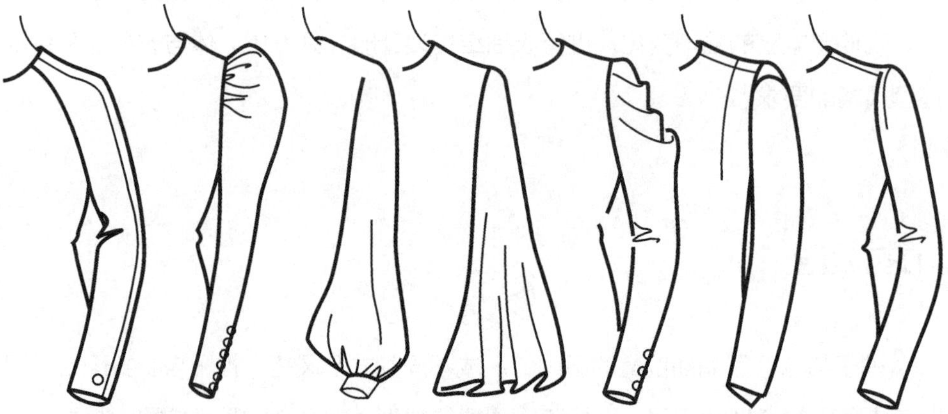
图6-2 变化结构袖型

任务拓展

三、衣袖的其他分类

根据衣袖的造型与功能特点，衣袖也有着其他不同的分类方式。如按照长度，将袖子分为盖肩袖、短袖、五分袖、七分袖、九分袖、长袖等，见图 6-3。

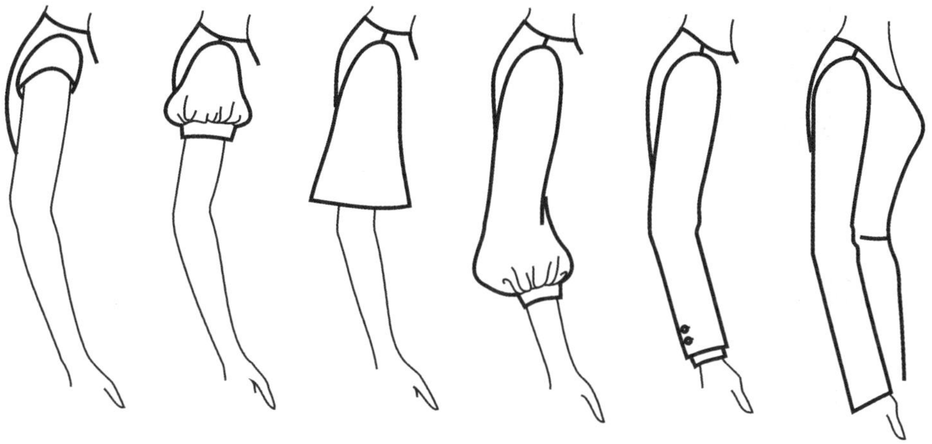

（1）盖肩袖　（2）短袖　（3）五分袖　（4）七分袖　（5）九分袖　（6）长袖

图6-3　其他袖型分类

思考与练习

一、填空题

1. 将袖山与衣身组合连成一体形成的衣袖结构是________袖。

2. 袖子的变化结构是在基本结构上运用________、________、________等造型，而形成变化繁多的袖型。

二、问答题

袖型的结构分类有哪些？

任务二　衣袖结构设计原理

任务目标

1. 了解袖窿与人体的关系。

2. 理解袖窿与袖山部位的结构设计原理。

3. 掌握袖山与袖身的制图方法。

4. 学习袖原型的结构制图。

任务导入

衣袖结构设计主要包括袖山结构设计和袖身结构设计。袖山是衣袖造型的主要部位。

袖山结构种类按宽松程度分为宽松型、较宽松型、较贴体型、贴体型四种。袖身结构按外形风格，可分为直身袖和弯身袖；按袖片数量，可分为一片袖、两片袖、多片袖。

任务准备

一、袖窿与人体的关系

袖窿的形状决定于人体腋窝的截面形状，呈蛋圆形。袖窿的面积是由袖窿深和袖窿宽决定。袖窿宽由人体侧面的厚度及手臂上端的围度决定，在结构设计中的作用主要是解决服装与人体侧面的吻合关系和服装成型后的厚度。影响袖窿宽的三个主要因素是：前胸宽、后背宽和胸围，袖窿的最宽处 = 胸围 /2—前胸宽—后背宽。袖窿深随款式的变化而变化，服装的宽松度越大，袖窿深也越大。

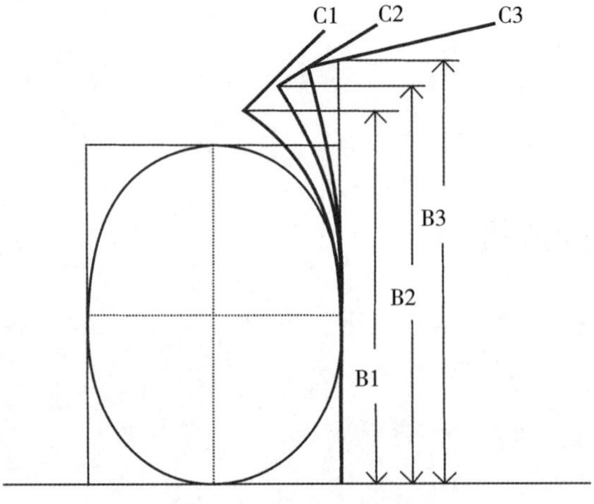

图6-4 袖窿与人体的关系

袖窿的形状受袖窿深度和外观造型影响，见图 6-4。袖窿深越大，即由 B1 → B3，袖窿弧线的弯曲程度就越小，即由 C1 → C3，反之，袖窿深度越小，袖窿弧线的弯曲程度就越大；外观造型对袖窿的影响主要体现在宽松服装上，这类服装经常将袖窿的形状处理成方形、圆形或直线与曲线所构成的多种造型。

任务实施

二、袖窿部位结构

袖窿是为装配袖山而设计的部位，其风格不同，结构也不同。一般人体腋窝围 =0.41B*（净胸围），为了穿着舒适和人体运动的需要，袖窿周长 AH=0.5B ± a（a 为常量，随风格不同而变化，常取 2 cm 左右），见表 6-1、图 6-5。

表 6-1　袖窿部位结构　　单位：cm

序号	风格	袖窿深	袖窿底部凹量	袖窿整体形状
1	宽松风格	0.2B+3+（>4）	3.8～4	呈尖圆弧形
2	较宽松风格	0.2B+3+（3～4）	前3.4～3.6 后3.8	呈椭圆形
3	较贴体风格	0.2B+3+（2～3）	前3.2～3.4 后3.4～3.6	呈稍微倾斜的椭圆形
4	贴体风格	0.2B+3+（1～2）	前3～3.2 后3.4～3.6	呈倾斜的椭圆形

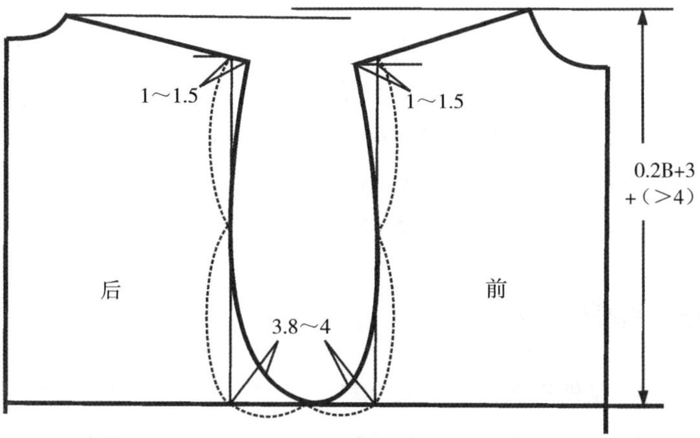

（1）宽松风格

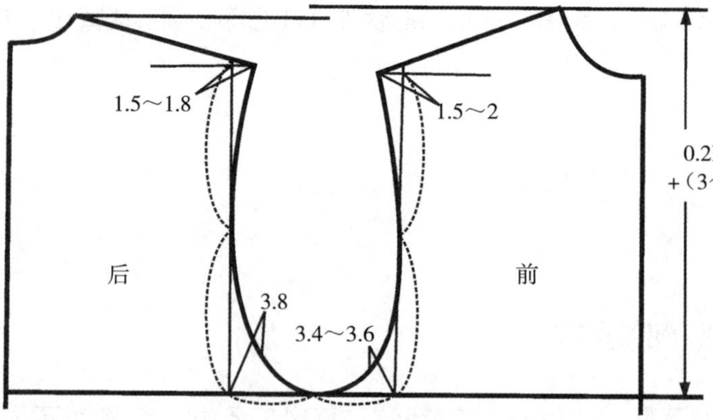

（2）较宽松风格

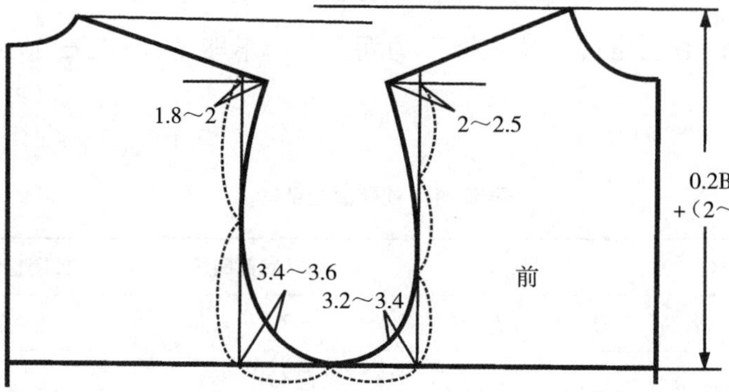

（3）较贴体风格

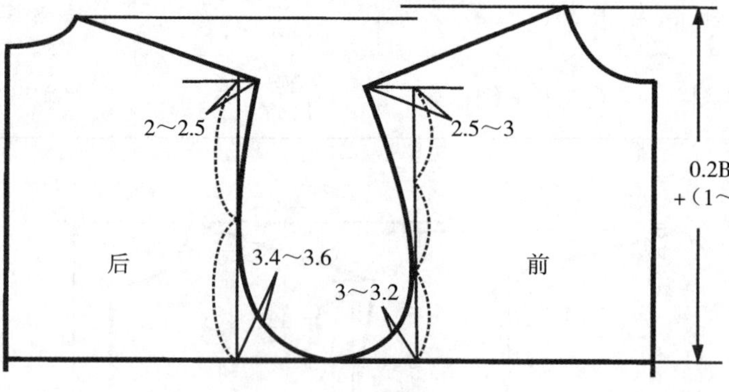

（4）贴体风格

图6-5 袖窿部位结构

三、袖山部位结构

袖山是衣袖造型的主要部位，结构种类按宽松程度分为宽松型、较宽松型、较贴体型、贴体型四种。袖山结构设计包括袖窿部位的结构设计和袖山部位的结构设计，因其两者是相配伍的，所以风格必须一致，见表6-2、图6-6。

表 6-2 袖山部位结构 单位：cm

序号	风格	袖山高	袖肥	袖山斜线长	袖眼形状
1	宽松风格	＜0.6AHL（袖窿深）（即 0~9）	0.2B+3~AH/2	AHf+吃势（≤1）-≤0.9；AHb+吃势（≥1）-≤0.8	呈扁平状
2	较宽松风格	0.6~0.7AHL（即 9~13）	0.2B+1~0.2B+3	AHf+吃势（1~1.4）-0.9~1.3；AHb+吃势（1~1.6）-0.8~1.2	呈扁圆状
3	较贴体风格	0.7~0.8AHL（即 13~16）	0.2B-1~0.2B+1	AHf+吃势（1.4~1.8）-0.9~1.3；AHb+吃势（1.6~2.2）-0.8~1.2	呈杏圆状
4	贴体风格	0.8~0.87AHL（袖山高≥16）	0.2B-3~0.2B-1	AHf+吃势（≤1.8）-1.3~1.5；AHb+吃势（≤2.2）-1.2	呈圆状

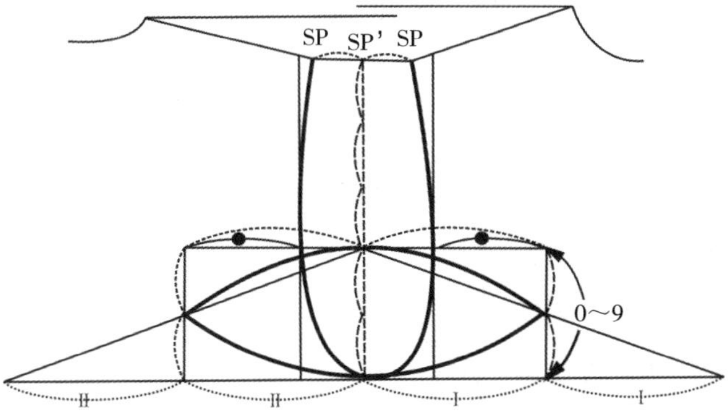

（1）宽松风格

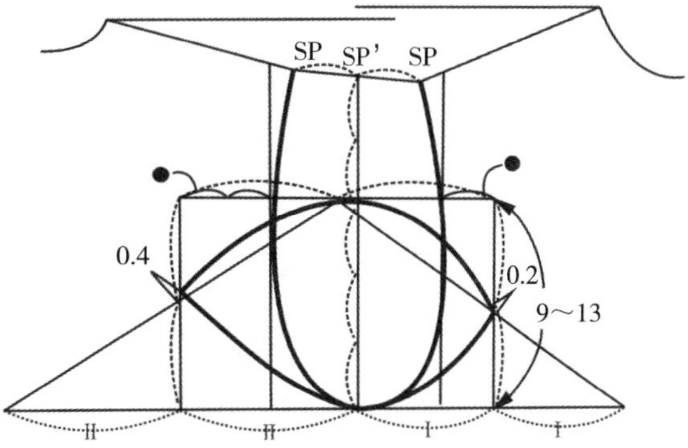

（2）较宽松风格

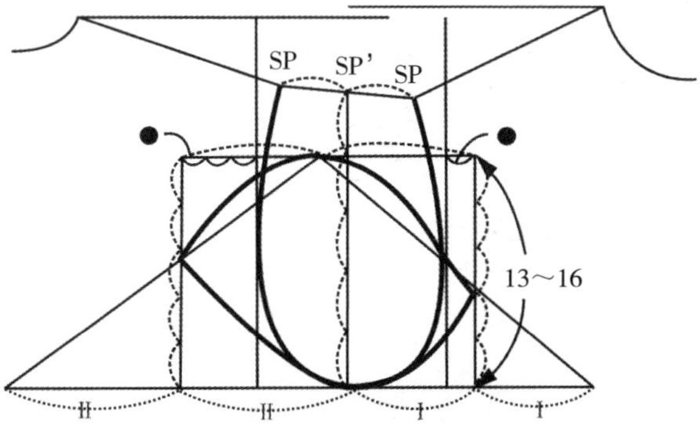

（3）较贴体风格

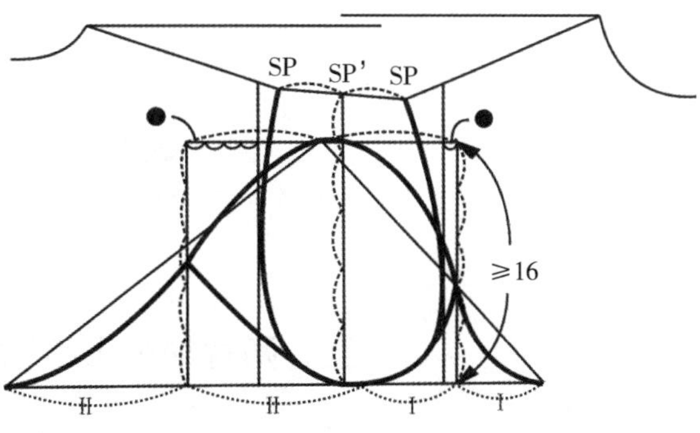

（4）贴体风格

图6-6 袖山部位结构

任务实训

四、一片袖袖山结构

规格设计：较宽松风格；袖窿深 AHL=18.5 cm；前 AH（AHf）=21.5 cm；后 AH（AHb）=22.5 cm；吃势 =2.5 cm。

由已知条件可以推出：（1）ATL（袖山深）=0.65AHL=12 cm；（2）前袖斜线长 = 前 AH+ 吃势（1.2）- 1.1=21.6 cm；（3）后袖斜线长 = 后 AH+ 吃势（1.3）- 0.8=23 cm。

制图步骤见图 6-7。

① 袖山深线：画一条水平线；

② 上平线：①～② 为 ATL=0.65 AHL=12 cm，画线与 ① 平行；

③ 袖中线：与布边平行；

④ 前袖斜线：由袖山中点量出 21.6 cm 与袖山深线相交；

⑤ 后袖斜线：由袖山中点量出 23 cm 与袖山深线相交；

⑥ 前偏袖基础线：取前袖肥 1/2 点画垂线；

⑦ 后偏袖基础线：取后袖肥 1/2 点画垂线；

⑧ 袖山弧线：根据前后袖斜线，用弧线画顺。

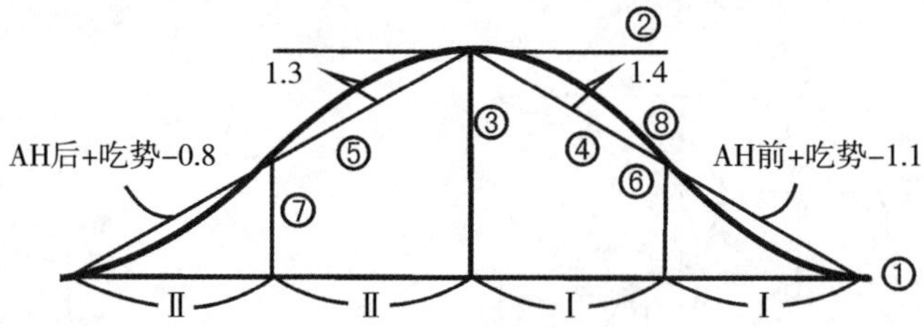

图6-7 一片袖袖山结构

五、两片袖袖山结构

规格设计：较贴体风格；AHL=21 cm；前 AH=24 cm；后 AH=25.5 cm；吃势 =3 cm。

由已知条件可以推出：（1）ATL=0.75 AHL=15.8 cm；（2）前袖斜线长 = 前 AH+ 吃势（1.4）- 1.3=24.1 cm；（3）后袖斜线长 = 后 AH+ 吃势

（1.6）- 1=26.1 cm。

制图步骤见图 6-8。

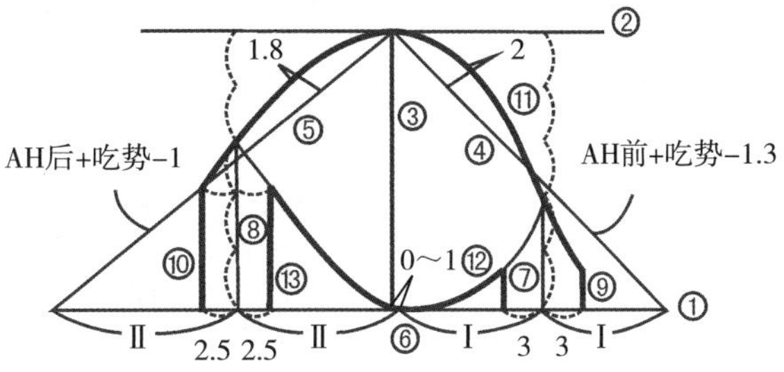

图6-8 两片袖袖山结构

①~⑤ 步制图方法与一片袖袖山相同。

⑥ 袖山最低点：由袖山中点向前袖偏移 0~1 cm 确定袖山最低点；

⑦ 前偏袖基础线：取前袖肥的中点画垂线；

⑧ 后偏袖基础线：取后袖肥的中点画垂线；

⑨ 大袖前袖缝线：距 ⑦ 在外侧 3 cm，作一条直线与 ⑦ 平行；

⑩ 大袖后袖缝线：距 ⑧ 在外侧 2.5 cm，作一条直线与 ⑧ 平行；

⑪ 袖山弧线：根据前后袖斜线，用弧线画顺；

⑫ 小袖前袖缝线：距 ⑦ 在内侧 3 cm，作一条直线与 ⑦ 平行；

⑬ 小袖后袖缝线：距 ⑧ 在内侧 2.5 cm，作一条直线与 ⑧ 平行。

任务实施

六、袖身结构设计

袖身结构设计中，在袖肘线 EL 与袖中线的交点处向袖口作前偏量，称为袖口前偏量，见图 6-9。该量与人体上肢前倾量相对应，实用数值设定为：

（1）直身袖袖口前偏量为 0~1 cm；（2）较直身袖袖口前偏量为 1~2 cm；（3）弯身袖袖口前偏量为 2~3 cm。

（一）直身袖袖身结构

直身袖袖身为直线形，袖口前偏量为 0~1 cm，制图方法是先画直身袖外轮廓图，然后将袖底缝按与外轮廓线呈水平展开的方法制图，见图 6-10。

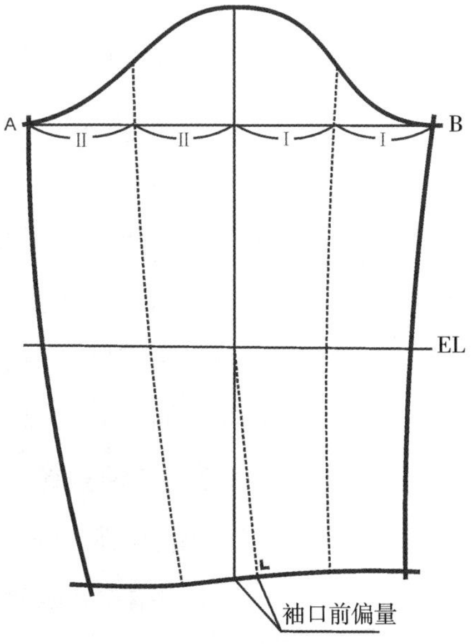

图6-9 袖身结构

袖山深线、前后袖斜线的画法同前袖山结构。

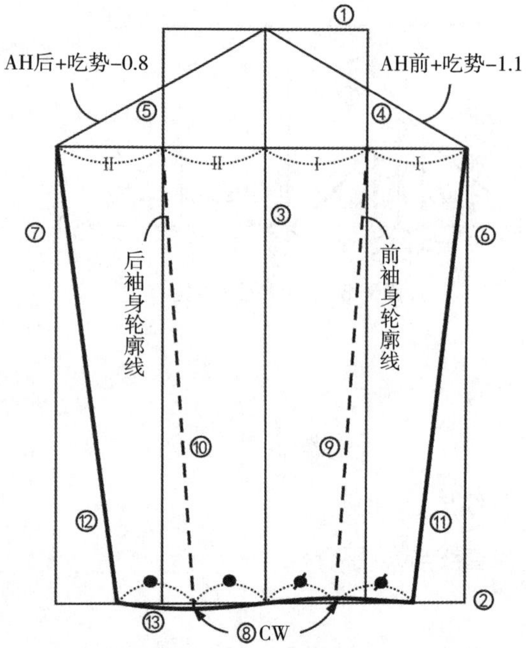

图6-10 直身袖袖身结构

① 上平线：与布边垂直；

② 袖口线：①～② 按袖长 SL=56 cm，与 ① 平行；

③ 袖中线：将袖中线延长至袖口线；

④⑤ 前、后袖身基础线：分别将前、后偏袖基础线延长至袖口线；

⑥⑦ 前、后袖缝基础线：分别将前、后袖缝基础线延长至袖口线；

⑧ 袖口宽 cw：量取袖口宽 =14 cm，以袖中为中点两侧等分；

⑨⑩ 前、后袖身轮廓线：分别将前、后袖口大连接至前、后袖肥中点处画线连接；

⑪⑫ 前、后袖缝线：分别以前、后袖身轮廓线为对称轴，连接画顺前、后袖缝线；

⑬ 袖口缝弧线：根据造型将袖口画成直线形或略有前高后低的倾斜形。

（二）弯身形一片袖袖身结构

该袖身为弯曲形，结构制图步骤见图 6-11。

袖山深线、前后袖斜线的画法同前袖山结构。

① 上平线：与布边垂直；

② 袖口线：① 与 ② 按袖长 SL= 57 cm，与 ① 平行；

③ 袖肘线：① 至 ③ 为 0.15 h+9+ 垫肩厚 =33 cm，与 ① 平行；

④ 袖身中线：将袖山最低点延长至袖口线；

⑤⑥ 前、后袖身基础线：分别将前、后偏袖基础线延长至袖口线；

⑦ 袖口前偏量：由袖口的袖中点处向前偏移≤ 3 cm，连接至袖肘线；

⑧ 袖口宽：在袖口线 ② 处，前端提高 1 cm，后端降低 1 cm，自前偏袖基础线向前 0～2 cm，量出袖口宽 =13.5 cm；

⑨ 前袖身轮廓线：将前袖口大连接至前袖肥中点处，袖肘线处凹进 1.5 cm，用弧线画顺；

⑩ 后袖身轮廓线：将后袖口大连接至后袖肥中点处画线连接；

⑪ 前袖缝线：以前袖身轮廓线为对称轴，前袖肥、袖肘、袖口取相等数

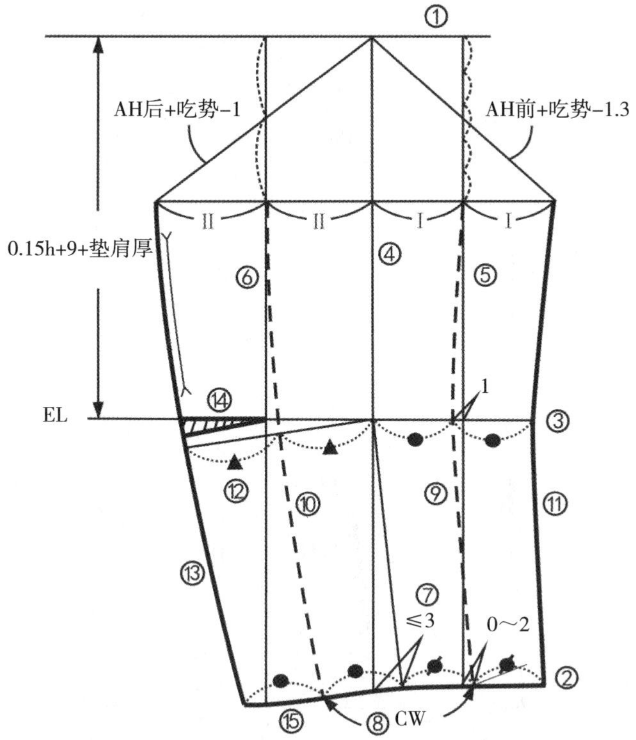

图6-11　弯身一片袖袖身结构

值，连接画顺；

⑫ 袖肘垂直等分线：③ 与 ④ 的交点向后袖身轮廓线作垂直线，并延长相等量；

⑬ 后袖缝线：以后袖身轮廓线为对称轴，后袖肥、袖肘、袖口取相等数值，连接画顺；

⑭ 袖肘省：取 2/3 的前、后袖缝的差数为袖肘省，省长至后袖身轮廓线，另 1/3 的量作为工艺中的缩缝量，在 EL 以上部位归拢，而前袖缝在向袖中线折叠时，前袖缝在袖肘线 EL 处要适当拉展；

⑮ 袖口缝弧线：根据造型将袖口画成直线形或略有前高后低的倾斜形。

（三）弯身 1.5 片袖袖身结构

为了使弯身形袖身通过简单的拉展工艺就能达到造型效果，可将袖中缝向前袖轮廓线移动，使前偏袖量控制在 2.5～4 cm，在后袖轮廓线下端收省。这样形成的前袖缝拉伸量明显减少，一般为 0.3～1 cm，故大大降低制作工艺的难度。结构制图见图 6-12。

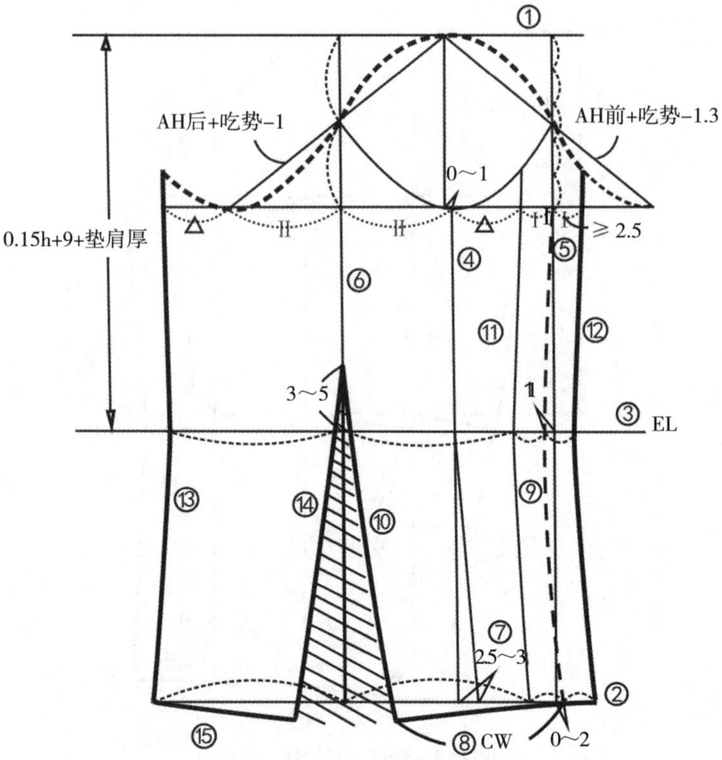

图6-12　弯身1.5片袖袖身结构

袖山深线、前后袖斜线、袖山弧线的画法同前。

第①～⑩步制图方法与弯身一片袖结构同。

⑪ 小袖前偏袖线：距⑨在内侧≥2.5 cm，画线与⑨平行；

⑫ 大袖前偏袖线：距⑨在外侧≥2.5 cm，画线与⑨平行，并画顺前袖山弧线；

⑬ 后袖缝线：以⑥为对称轴，以⑪为对称图形，翻转画出后袖缝线；

⑭ 袖口省：以⑥为对称轴，以⑩为对称图形，翻转画出后袖省线，省长过袖肘线3～5 cm；

⑮ 袖口缝弧线：以⑥为对称轴，以⑧为对称图形画顺袖口线。

（四）弯身两片袖袖身结构

【已知】袖山高=15.5 cm；前袖山斜线=22.6 cm；后袖山斜线=23.9 cm；袖长=56 cm；袖口宽=13 cm。

依据弯身1.5片袖袖身的制图顺序，完成弯身两片袖袖身的制图，见图6-13。

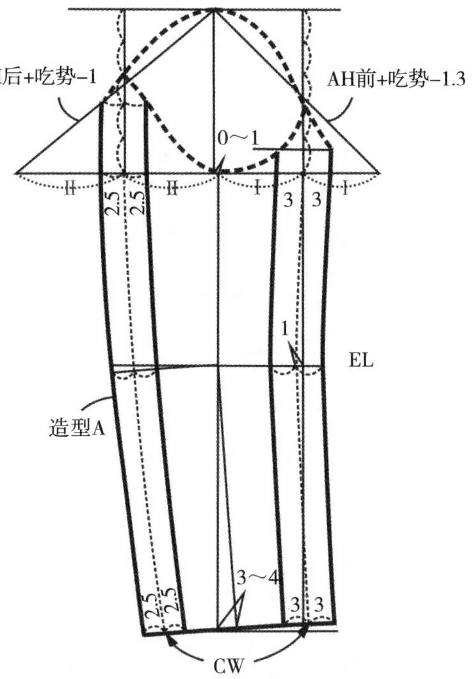

图6-13 弯身两片袖袖身结构

任务评价

袖窿、袖山样板质量评分，见表6-3。

表6-3 袖窿、袖山样板质量评分表

班级：	姓名：		日期：	
检测项目	检测要求	配分	评分标准	得分
时间	在规定时间内完成	10	每超过5分钟，扣5分	
质量	样板规范，符合款型，结构准确，线条流畅，尺寸无误，版型合理，丝缕及文字标注到位	20	样板不符合款型要求，尺寸不符合制图标准，线条不清晰流畅，标注不完整，每处扣5～10分	
	袖窿结构合理，线条清晰流畅	30	袖窿结构不合理，线条不流畅，每处扣5～10分	
	袖山制版规范，线条准确，且符合审美与要求	30	袖山结构不合理，制图不规范，线条不流畅，每处扣3～5分	
安全	安全文明操作	10	操作中出现安全事故，扣5～10分	
检查结果总结		100		

任务拓展

七、袖山高与袖肥的关系

在袖山结构设计中，袖山高、袖山斜线长和袖肥三个因素是相互制约的。不同的袖山高所形成的袖肥和袖底缝长是不同的，袖山越高袖型越瘦，袖山越低袖型越肥，见图6-14。可以看出，宽松风格的袖型袖山低，袖肥则宽，此袖型宽松、舒适，机能性强，多用于运动装、休闲装等。而较贴体和贴体风格的袖型则更趋于合体、美观，装饰效果好，适用于合体的职业装、套装等。

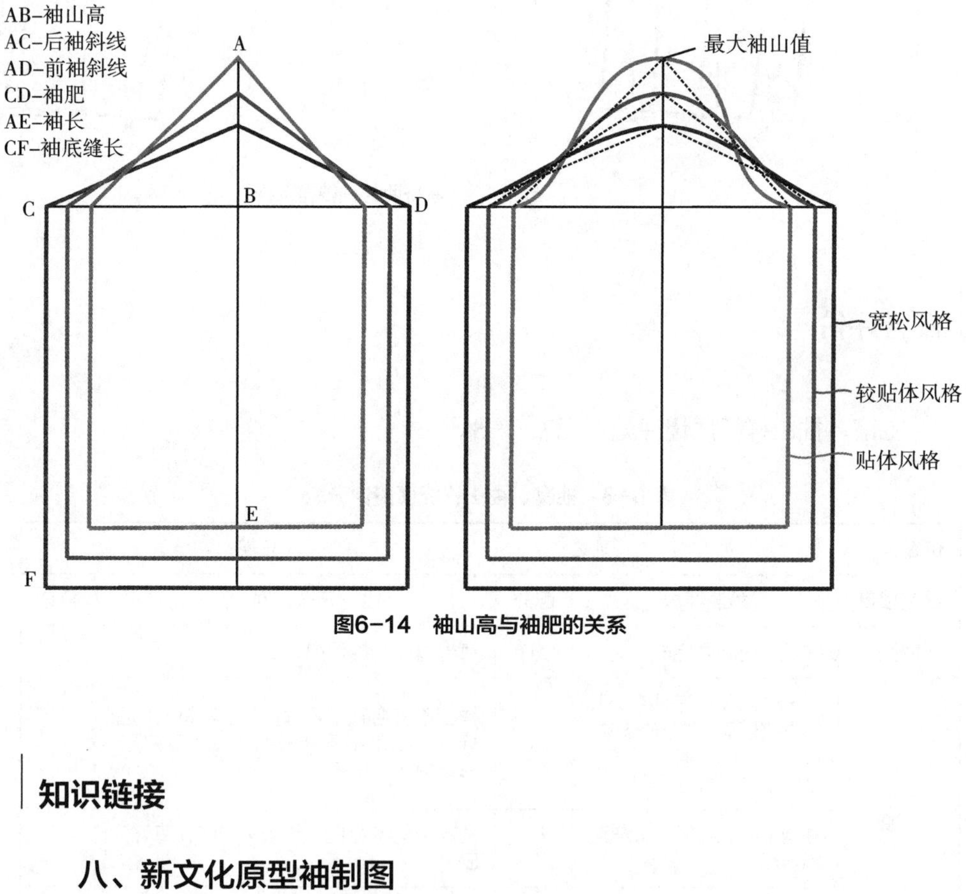

图6-14 袖山高与袖肥的关系

知识链接

八、新文化原型袖制图

将前、后衣片原型的袖窿省闭合（图6-15），以此时前后肩点的高度为依据，在衣身原型的基础上绘制袖原型。

制图步骤

（一）绘制基础框架

见图 6-16。

1. 拷贝衣身原型的前后袖窿。将前袖窿省闭合，画圆顺衣身的前后袖窿弧线。

2. 确定袖山高。将侧缝线向上延长作为袖山线，并在该线上确定袖山高。即由前后肩点高度差的 1/2 位置点至 BL 之间高度，取其 5/6 作为袖山高。

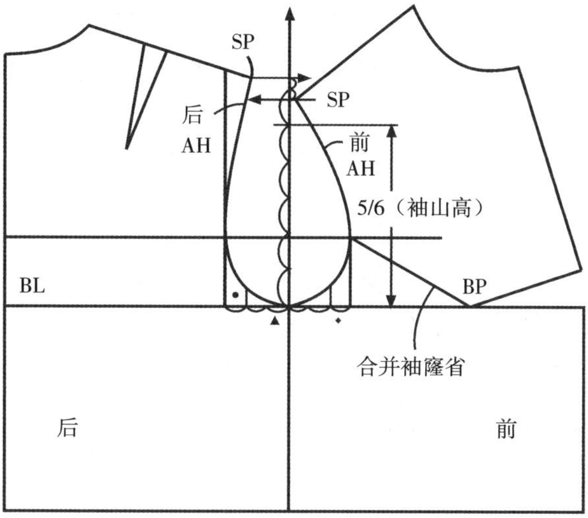

图6-15　合并袖窿省，画顺前袖窿弧线

3. 确定袖肥。由袖山顶点开始，向前片的 BL 取斜线长等于前 AH，向后片的 BL 取斜线长等于后 AH+1+ ★，再核对袖长后画前后袖口线（B=84 cm，★ =0）。

4. 画出袖长线：52 cm。

5. 画出袖肘线：袖长 /2+2.5。

（二）绘制轮廓线

见图 6-17。

1. 将衣身袖窿弧线上●至○之间的弧线拷贝至袖原型基础框架上，作为前、后袖山弧线的底部。

2. 绘制前袖山弧线。在前袖山斜线上沿袖山顶点向下量取前 AH/4 的长度，由该位置点作前袖山斜线的垂直线，并取 1.8～1.9 cm 的长度，沿袖山斜线与 G 线的交点向上 1 cm 作为袖窿弧线的转折点，经过袖山顶点、两个新的定位点及袖山底部画圆顺前袖窿弧线。

3. 绘制后袖山弧线。在后袖山斜线上沿袖山顶点向下量取前 AH/4 的长度，由该位置点作后袖山斜线的垂直线，并取 1.9～2 cm 的长度，沿袖山斜线与 G 线的交点向下 1 cm 作为袖窿弧线的转折点，经过袖山顶点、两个新的定位点及袖山底部画圆顺后袖窿弧线。

4. 确定对位点。前对位点：在衣身上测量由侧缝线至 G 线的前袖窿弧线长，并由袖山底点向上量取相同的长度确定前对位点。后对位点：将袖山底部画有●的位置点作为后对位点。侧缝线至前后对位点之间不加吃势量。

5. 袖山弧线的绘制：借助逗号尺先画出前袖山弧线，再画出后袖山弧线。要保证弧线衔接的圆顺，自然流畅（图6-18）。

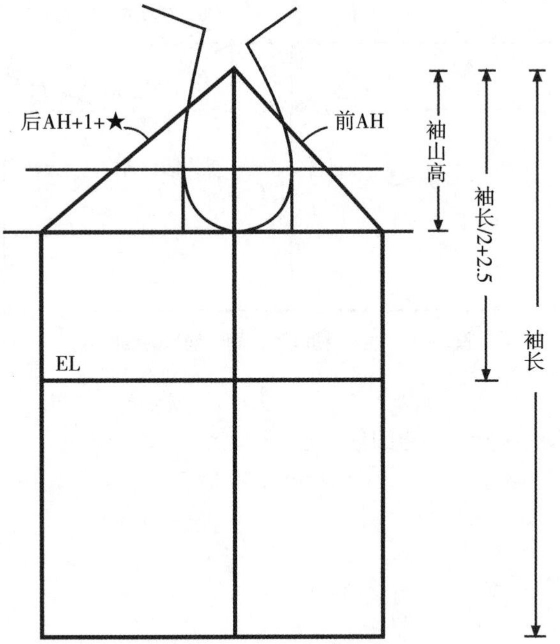

图6-16 绘制基础框架

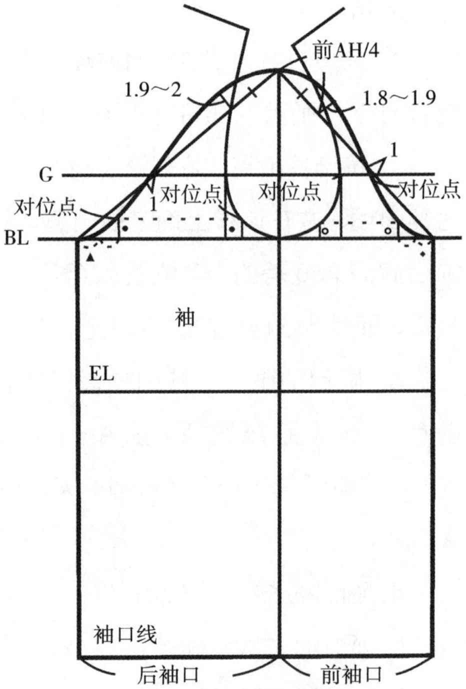

图6-17 绘制轮廓线

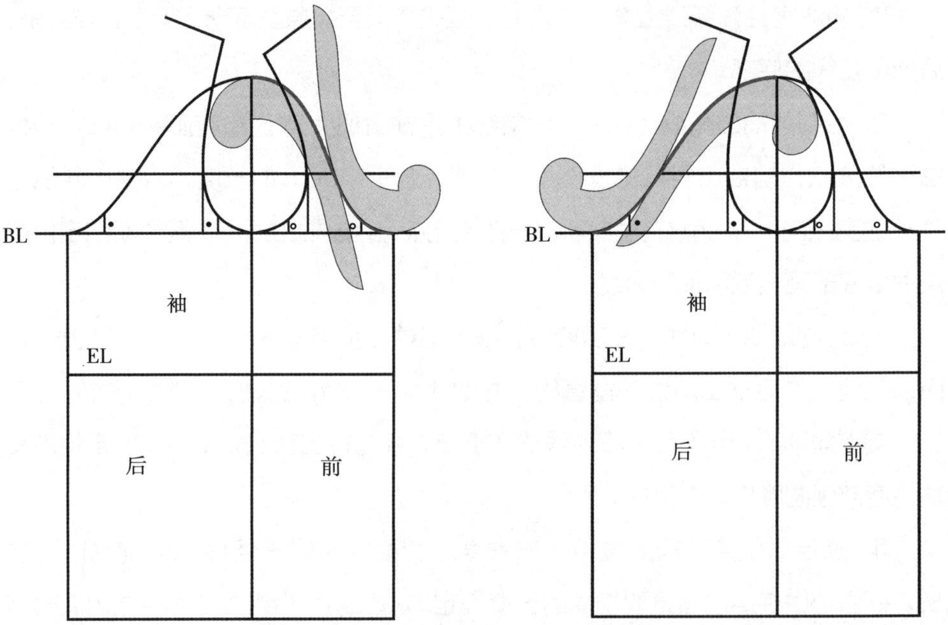

图6-18 利用逗号尺分别画出前后袖山弧线

6. 袖底弧线的吻合：将前后袖侧线折转后，可以准确看出袖底弧线的吻合程度以及袖窿与袖山的对位点，见图 6-19。

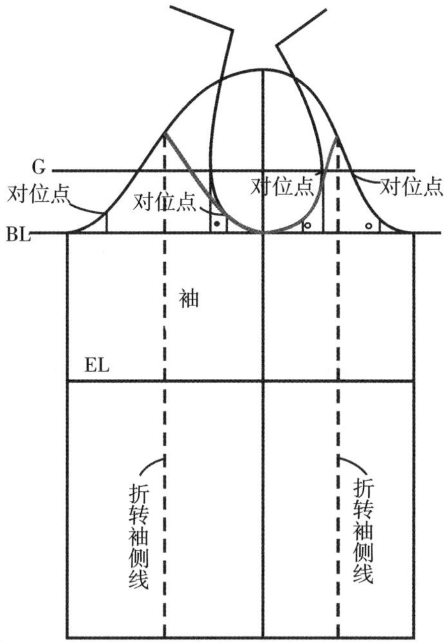

图6-19 折转袖侧，观察袖底的吻合度

思考与练习

一、单项选择题

1. 影响袖窿宽的因素不包括（ ）。

A. 前胸宽　　B. 后背宽

C. 肩宽　　D. 胸围

2. 较贴体袖山高确定为（ ）AHL。

A. ＜0.6　　B. 0.6～0.7

C. 0.7～0.8　　D. 0.8～0.87

3. 直身袖的袖口前偏量一般为（ ）cm。

A. 0～1　　B. 1～2

C. 2～3　　D. 3～4

4. 袖山结构包括袖山和（ ）部位的结构。

A. 袖长 B. 袖窿

C. 袖斜 D. 袖肥

5. 一般人体腋围 =（ ）B^*。

A. 0.41 B. 0.47

C. 0.51 D. 0.57

二、问答题

1. 怎样确定袖山高?

2. 简述袖窿、袖山风格设计?

3. 圆袖的袖身结构设计有哪些?

任务三　圆装袖结构设计

任务目标

1. 了解圆装袖结构种类。

2. 掌握圆装袖的具体制图方法。

3. 理解圆装袖结构设计应用。

任务导入

圆装袖的结构能做到最大限度地合乎人体手臂的形状，而且，袖型易于变化，造型美观。圆装袖的实例以弯身一片袖、弯身 1.5 片袖、弯身两片袖为主要学习内容。

任务实施

一、弯身 1.5 片袖

（一）规格设计

较贴体风格；AHL=18.5 cm，前 AH=20.1 cm，后 AH=21.6 cm，吃势 = 3 cm，SL=56 cm，CW=13.5 cm。

由已知条件可以推出：（1）ATL=0.75AHL=13.9 cm；（2）前袖斜线长 = 前 AH+ 吃势（1.4）－ 1.3=20.2 cm；（3）后袖斜线长 = 后 AH+ 吃势（1.6）－ 1=22.2 cm。

（二）制图步骤

见图 6-20。

① 袖山深线：画一水平线；

② 上平线：①～② 为 ATL=0.75AHL=13.9 cm，画线与 ① 平行；

③ 袖口线：②～③ 按袖长 SL=56 cm，与 ① 平行；

④ 袖肘线：②～④ 为 0.15h+9+ 垫肩 =33 cm，与 ① 平行；

⑤ 前袖斜线：由袖山中点量出 20.2 cm 与袖山深线相交；

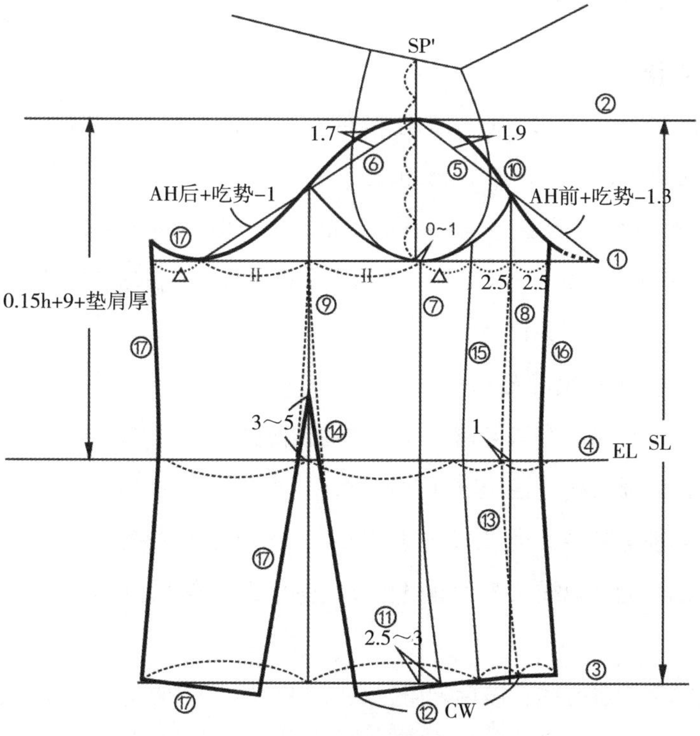

图6-20 弯身1.5片袖

⑥ 后袖斜线：由袖山中点量出 22.2 cm 与袖山深线相交；

⑦ 袖身中线：由袖山最低点画垂直线至袖口线，与 ① 垂直；

⑧ 前袖缝基础线；

⑨ 后袖缝基础线；

⑩ 袖山弧线：根据前后袖斜线，用弧线画顺；

⑪ 袖口前偏量：由 ⑦ 与 ③ 交点向前偏移 2.5～3 cm，连接至袖肘线；

⑫ 袖口大：在袖口线 ③ 处，前端提高 1 cm，后端降低 1 cm，由 ⑧ 向前偏出 0～ 2 cm 点量出袖口大 =13.5 cm；

⑬ 前袖身轮廓线：将前袖口大连接至前袖肥中点处，袖肘线处凹进 1 cm，用弧线画顺；

⑭ 后袖身轮廓线：将后袖口大连接至后袖肥中点处画线连接；

⑮ 小袖前偏袖线：距 ⑬ 在内侧≥ 2.5 cm，画线与 ⑬ 平行；

⑯ 大袖前偏袖线：距 ⑬ 在外侧≥ 2.5 cm，画线与 ⑬ 平行，并画顺前袖山弧线；

⑰ 以 ⑨ 为对称轴，翻转画出后袖缝线、袖口线和后袖省线，省长过袖肘线 3～5 cm，见图 6-20。

二、弯身两片袖

（一）规格设计

贴体风格；AHL=20 cm，前 AH=22.6 cm，后 AH=23.9 cm，吃势 = 3.5 cm，SL=56 cm，CW=12.5 cm。

由已知条件可以推出：（1）ATL（袖山深）=0.83AHL=16.6 cm；（2）前袖斜线长 = 前 AH+ 吃势（1.7）-1.4=22.9 cm；（3）后袖斜线长 = 后 AH+ 吃势（1.8）-1.2=24.5 cm。

（二）制图步骤见图 6-21

第 ①—⑭ 步制图方法与弯身 1.5 片袖实例同。

⑮ 小袖前偏袖线：距 ⑬ 在内侧 3 cm，画线与 ⑪ 平行；

⑯ 大袖前偏袖线：距 ⑬ 在外侧 3 cm，画线与 ⑪ 平行；

⑰ 小袖后袖缝弧线：按后袖身轮廓线 ⑭，根据偏袖量（0～2.5）偏进，用弧线画顺；

⑱ 大袖后袖缝弧线：按后袖身轮廓线 ⑭，根据偏袖量（0～2.5）放出，用弧线画顺。

任务实训

三、弯身一片袖

（一）规格设计

较宽松风格，SL=57 cm，AHL=19.3 cm，前 AH=22.4 cm，后 AH=24.4 cm，吃势 =2.5 cm，CW= 13.5 cm。

（二）结构设计

（1）ATL=0.65AHL=12.5 cm；（2）前袖斜线长 = 前 AH+ 吃势（1.1）- 1.3=22.2 cm；后袖斜线长 = 后 AH+ 吃势（1.4）- 1=24.8 cm，见图 6-22。

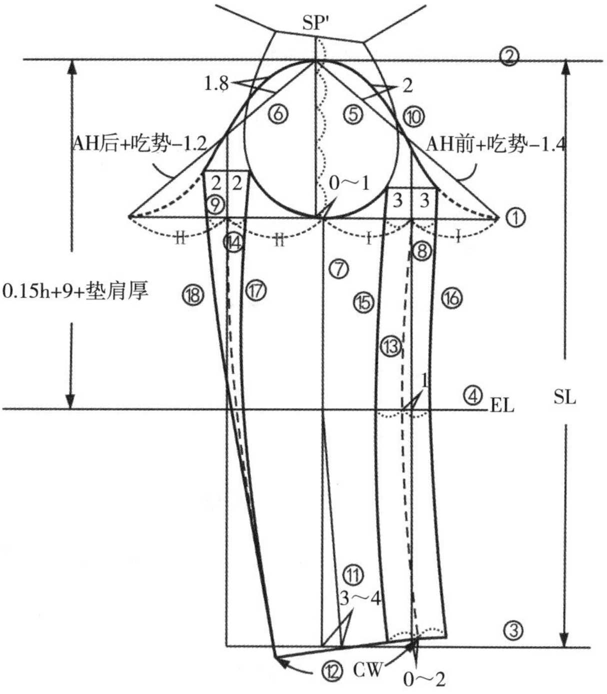

图6-21　弯身形两片袖

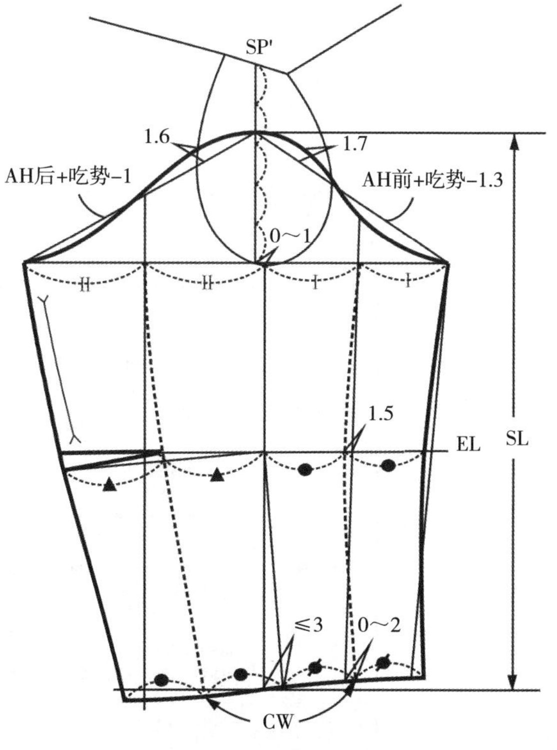

图6-22　弯身一片袖

任务实施

四、短袖

（一）规格设计

较宽松风格；SL=18 cm，AHL=17.2 cm，前 AH=20.7 cm，后 AH=21.2 cm，吃势 = 2 cm。

（二）结构设计

（1）ATL=0.7AHL=12 cm；（2）前袖斜线长 = 前 AH+ 吃势（0.9）-1.3= 20.3 cm；后袖斜线长 = 后 AH+ 吃势（1.1）- 1=21.3 cm。

（三）制图步骤

① 袖山深线：画一条水平线；

② 上平线：① ~ ② 为 ATL=0.7AHL = 12 cm，画线与 ① 平行；

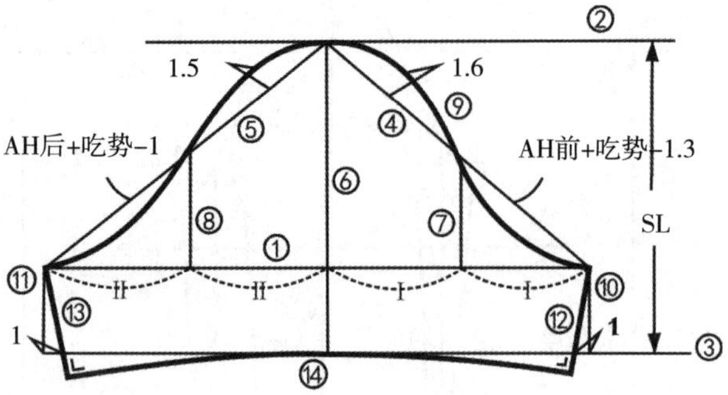

图6-23 短袖

③ 袖口线：② ~ ③ 为袖长 18 cm，画线与 ① 平行；

④ 前袖斜线：由袖山中点量出 20.3 cm 与袖山深线相交；

⑤ 后袖斜线：由袖山中点量出 21.3 cm 与袖山深线相交；

⑥ 袖中线：取袖中点画线至袖口线，与布边平行；

⑦ 前偏袖基础线：取前袖肥 1/2 点画垂线与 ④ 相交；

⑧ 后偏袖基础线：取后袖肥 1/2 点画垂线与 ⑤ 相交；

⑨ 袖山弧线：根据前后袖斜线，用弧线画顺；

⑩ 袖底缝基础线：画垂线至袖口线；

⑪ 袖底缝线：由 ③ 与 ⑩ 的交点向内偏进 1 cm 画斜线；

⑫ 袖口弧线：将袖底缝斜线延长 1.3 cm，取直角并用弧线画顺，见图 6-23。

任务评价

圆装袖样板质量评分，见表 6-4。

表 6-4 圆装袖样板质量评分表

班级：	姓名：		日期：	
检测项目	检测要求	配分	评分标准	得分
时间	在规定时间内完成	10	每超过 5 分钟，扣 5 分	
质量	样板规范，符合款型，结构准确，线条流畅，尺寸无误，版型合理，丝缕及文字标注到位	30	样板不符合款型要求，尺寸不符合制图标准，线条不清晰流畅，标注不完整，每处扣 5 ~ 10 分	
	前后衣片结构合理，袖窿弧线线条清晰流畅	20	衣片结构不合理，袖窿弧线不圆顺，每处扣 5 ~ 10 分	
	袖子结构合理规范，袖山弧线流畅圆顺，且符合审美要求	30	袖子结构不合理，制图不规范，线条不准确，每处扣 3 ~ 5 分	
安全	安全文明操作	10	操作中出现安全事故，扣 5 ~ 10 分	
检查结果总结		100		

任务拓展

五、短袖变化 1

① 完成基本短袖，在所需位置画出实际袖长线；

② 由袖山位置剪开，加入展开量；

③ 画顺袖山弧线，见图 6-24。

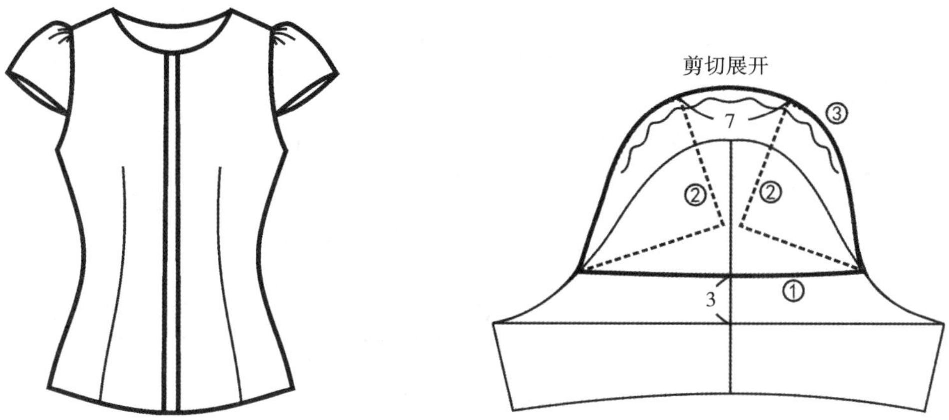

图6-24 短袖变化1

六、短袖变化 2

① 作出基本短袖，在所需位置画出剪开线；

② 按所设位置剪开，加入展开量；

③ 画顺袖山弧线；

④ 画顺袖口弧线，在袖口中部向下追加 1.5 cm 的膨起量；

⑤ 袖头宽 1.5 cm，长按袖口大，并加出袖头搭门宽 2 cm，见图 6-25。

思考与练习

试将袖型结构进行对比

将不同的袖型置于同一图中，通过观察对比弯身两片袖、弯身一片袖、弯身 1.5 片袖和直身一片袖的袖型结构差异，见图 6-26。

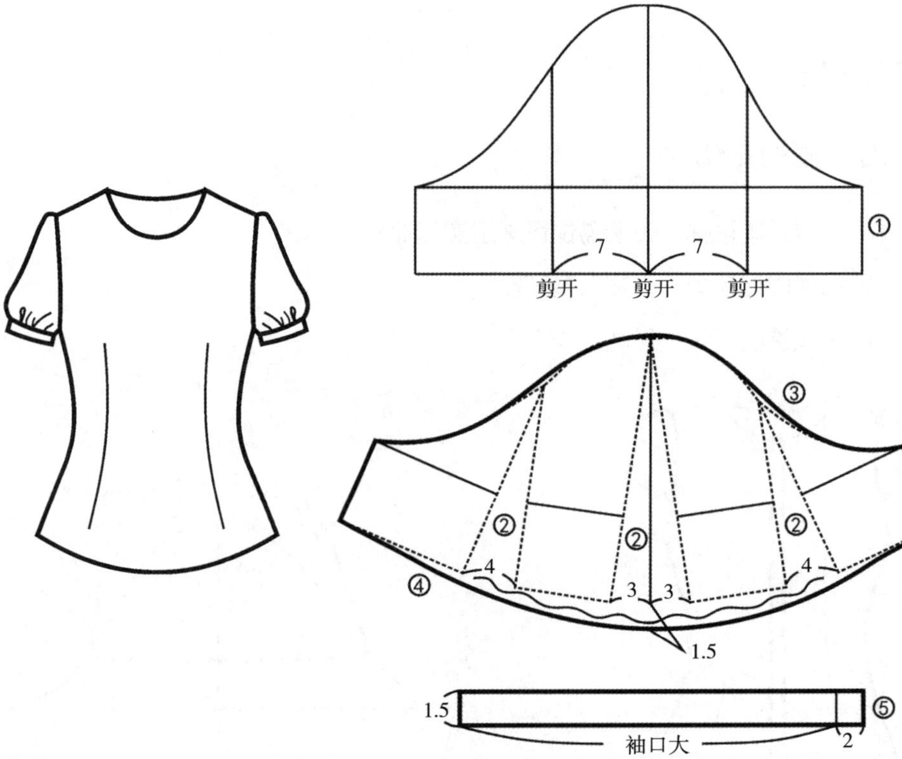

图6-25 短袖变化2

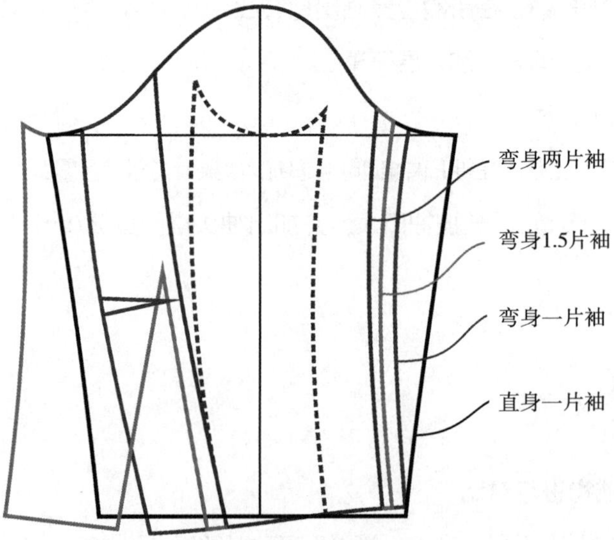

图6-26 袖子结构对比

任务四 连袖、分割袖结构设计

任务目标

1. 了解连袖、分割袖结构种类。
2. 理解连袖、分割袖结构设计原理。
3. 掌握连袖、分割袖的制图方法。

任务导入

连袖，顾名思义就是衣与袖连接在一起；将连袖进行分割就形成了分割袖的结构。连袖、分割袖皆属连身袖。因其肩部线条流畅、平滑，被广泛应用于夹克、大衣、运动服等服装的设计中，其结构较好地体现了服装造型性与功能性的统一。与圆装袖相比，连袖省略了袖窿处的裁制，但有着和圆装袖相似的外观，且肩部线条更为流畅优美，形成手臂修长的视觉效果。

任务实施

一、连袖结构

（一）连袖结构种类

按照前袖中线与水平倾斜角的大小，连袖可分为以下三种，见表6-5、图6-27。

表 6-5 连袖结构种类

序号	风格	前袖夹角	后袖夹角	袖下垂后袖身状态
1	宽松型连袖	α_1=0～20°	$\alpha_1' = \alpha_1$	有大量褶皱
2	较宽松连袖	α_2=21°～30°	$\alpha_2' = \alpha_2$	有较多褶皱
3	较贴体连袖	α_3=31°～45°	$\alpha_3' = \alpha_3 - \frac{1}{2}(\alpha_3 - 40°)$	有少量褶皱

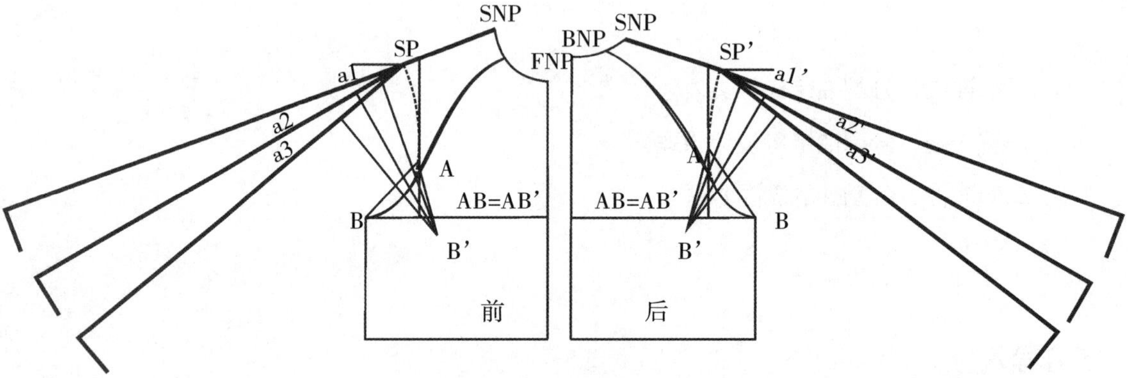

图6-27 连袖结构种类

（二）连袖结构设计原理

连袖是将圆袖袖身与衣身合并，组合成新的衣身结构。其结构设计原理见图 6-28，在衣身上，将圆袖大部分袖山缝缩量去除后，将袖山与衣身拼合，拼合时袖中线与水平线间倾斜角 α 可取三类角度，且倾斜角 α 与连袖袖山高具有一定对应关系，见表 6-6。

圆袖与衣身拼合组成连袖时，其圆袖的袖身可以是直身形状亦可以是弯身形状。这样组合成的连袖身则是直身形和弯身形。

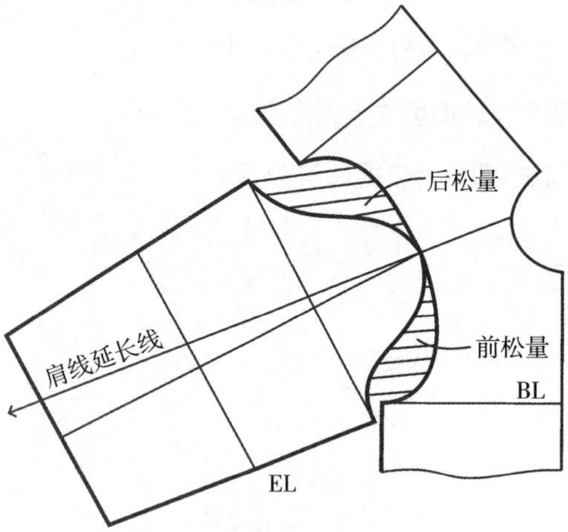

图6-28 连袖结构设计原理

表 6-6 连袖倾斜角与袖山高对应关系　　单位：cm

序号	风格	倾斜角 α	袖山高 ATL
1	宽松型风格	α=0～20°	ATL=0～9+ ≤ 2
2	较宽松型风格	α=21°～30°	ATL=9～13+ ≤ 2
3	较贴体型风格	α=31°～45°	ATL=13～16+ ≤ 2

（三）连袖结构制图

1. 宽松风格连袖

（1）规格设计：B=105 cm，S=42 cm，袖窿深 =28 cm，SL=56 cm，CW= 14 cm。

（2）制图步骤，见图 6-29。

① 前袖长线：由前衣身 SP 沿肩斜角度延长出袖长 =56 cm。

② 袖山深线：由前衣身 SP 沿袖中线取袖山高 =9 cm 画垂直线。

③ 前袖口线：由前袖中线的端点画垂直线 CW-0.5=13.5 cm。

④ 袖底辅助线：取前袖窿深的下 1/3 点与胸围侧缝点连接，量取此段长度，由下 1/3 点量向袖山深线取相同长度为袖底点。

⑤ 前袖底缝线：连接袖底点与袖口点。

⑥ 量取前胸围侧缝点与袖底线的交点长度●，在后片侧缝线上取相同长度。

⑦ 后袖长线：由后衣身 SP 点沿肩斜角度延长出袖长 =56 cm。

⑧ 后袖口线：由后袖中线的端点画垂直线 CW+0.5=14.5 cm。

⑨ 后袖底缝线：连接袖底点与袖口点。

⑩ 将前后袖底线分别用弧线连顺，前后袖底缝长度应等长。

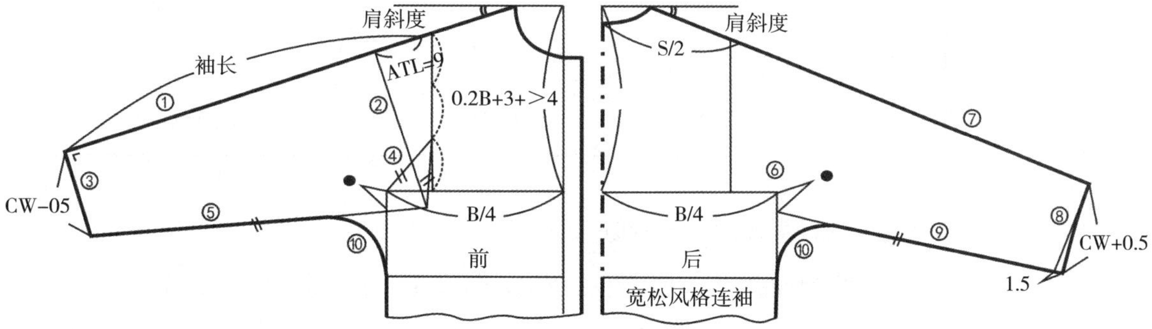

图6-29 宽松风格连袖

2. 较贴体连袖

（1）规格设计：B=98 cm，S=39.5 cm，袖窿深 =27.6 cm，SL=57 cm，CW= 13.5 cm。

（2）制图步骤，见图 6-30。制图方法与宽松风格连袖同。

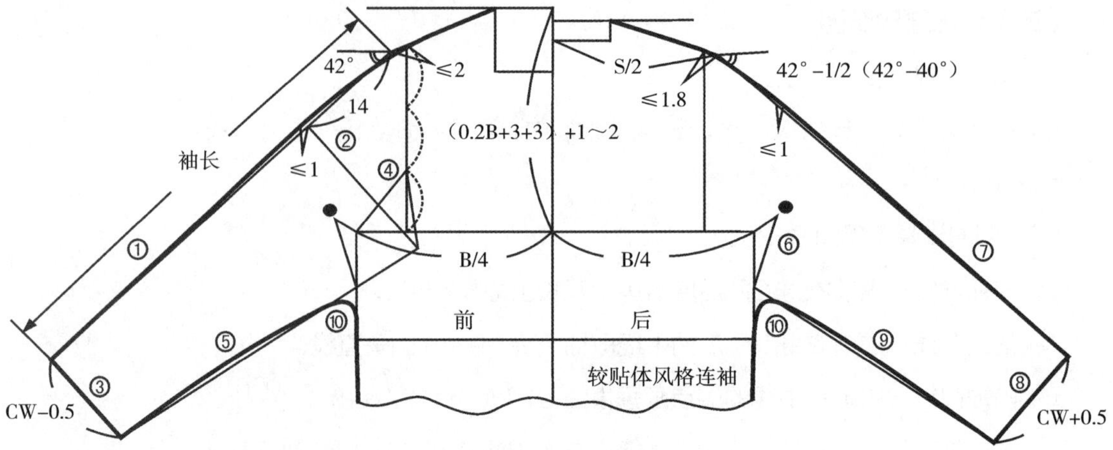

图6-30 较贴体风格连袖

二、分割袖结构

(一)分割袖结构种类

1. 分割袖结构按袖身宽松程度分类,见表6-7。

表6-7 分割袖结构种类

序号	风格	前袖中线与水平线夹角	后袖中线与水平线夹角
1	宽松型	$\alpha=0\sim20°$	α
2	较宽松型	$\alpha=21°\sim30°$	α
3	较贴体型	$\alpha=31°\sim45°$	$\alpha-\frac{1}{2}(\alpha-40°)$

2. 分割袖结构按分割线形式分类

上部分割袖:插肩袖、半插肩袖、落肩袖、覆肩袖,见图6-31。

下部分割袖:袖身分割袖、衣身分割袖、衣身袖身分割袖,见图6-32。

3. 分割袖结构按袖身造型分类

(1)直身袖:袖中线形状为直线,故前、后袖可合并成一片袖或在袖山上设计省的一片袖结构。

(2)弯身袖:前后袖中线都为弧线状,前袖中线前偏量≤3 cm,后袖中线前偏量≤3 cm。

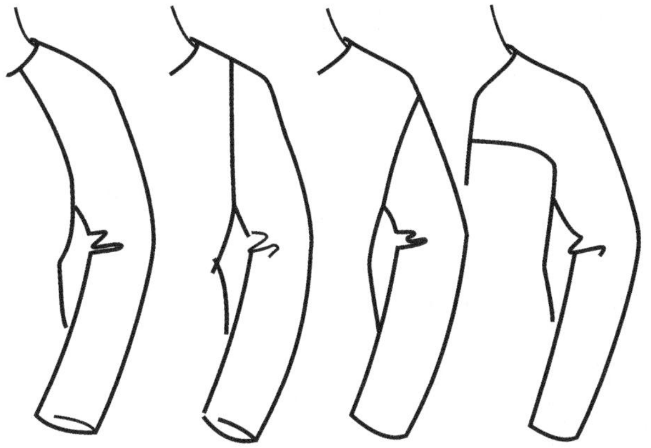
（1）插肩袖 （2）半插肩袖 （3）落肩袖 （4）覆肩袖

图6-31 上部分割袖

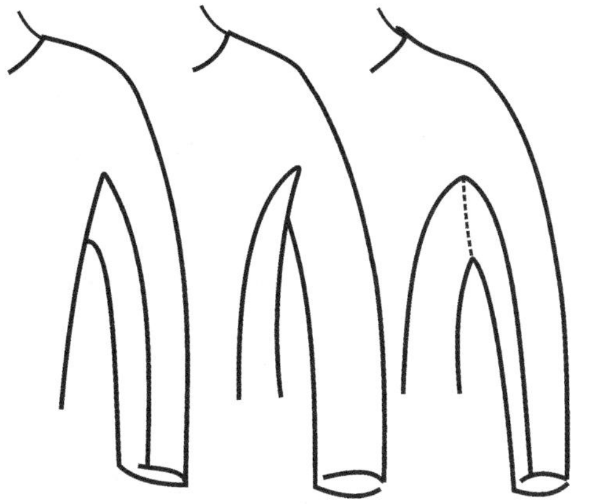
（1）袖身分割袖（2）衣身分割袖（3）衣身袖身分割袖

图6-32 下部分割袖

（二）分割袖结构制图

1. 直身型分割袖

（1）规格设计：B=100 cm，S=40 cm，袖窿深=27 cm，SL=57 cm，CW=14.5 cm。

（2）制图步骤，见图6-33。

① 前袖长线：在前衣身SP处画袖中线与水平线成α=45°，取袖长=57 cm。

② 前袖山深线：由前衣身SP点沿袖中线取袖山高为14.5 cm画垂直线。

③ 前袖口线：由前袖长线的端点画垂直线CW−0.5=14 cm。

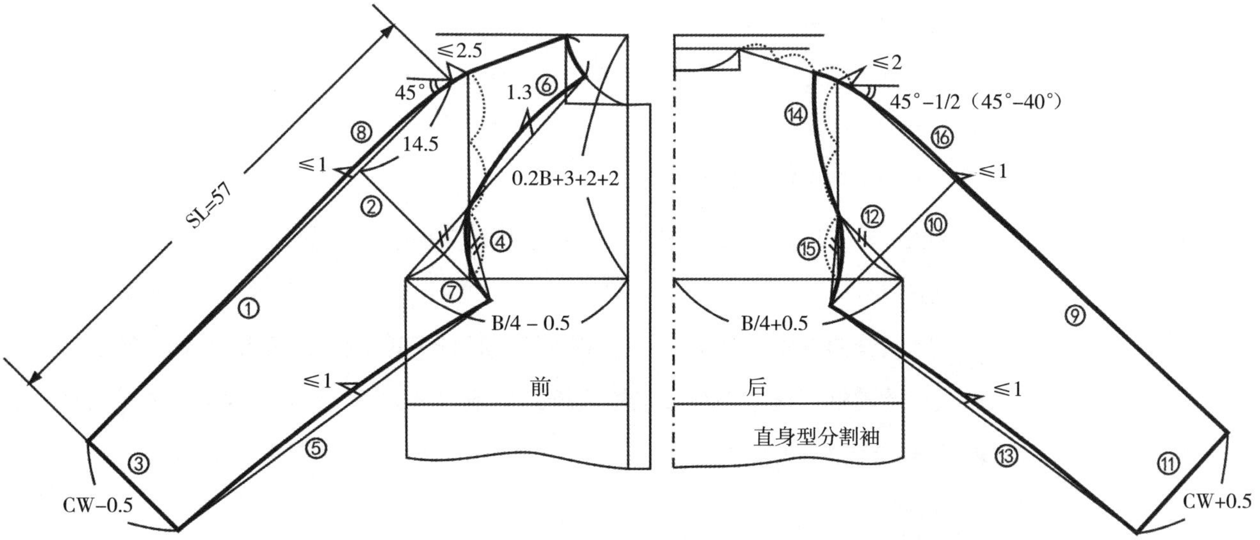

图6-33 直身型分割袖

④ 前袖底辅助线：取前袖窿深的下 1/3 点与胸围侧缝点连接，量取此段长度，由下 1/3 点量向袖山深线取相同长度为袖底点。

⑤ 前袖底缝线：连接袖底点与袖口点。

⑥ 前衣身分割线：按造型在前领口线上定点连接至袖窿下 1/3 点做辅助线，然后画弧线连顺至侧缝。

⑦ 前袖底弧线：与袖窿处的弧线等长，形状相似。

⑧ 前袖中弧线：将前袖中及前袖缝线用弧线连顺。

⑨ 后袖长线：由后衣身 SP 处画与水平线成 $\alpha=45°-1/2(45°-40°)=42.5°$夹角，取袖长 =57 cm。

⑩ 后袖山深线：由后衣身 SP 沿袖中线取袖山高为 14.5 cm 画垂直线。

⑪ 后袖口线：由后袖长线的端点画垂直线 CW+0.5=15 cm。

⑫ 后袖底辅助线：取后袖窿深的下 $\frac{1}{3}$ 点与胸围侧缝点连接，量取此段长度，由 $\frac{1}{3}$ 点量向袖山深线取相同长度为袖底点。

⑬ 后袖底缝线：连接袖底点与袖口点。

⑭ 后衣身分割线：按造型在后肩线上定点连接至袖窿下 $\frac{1}{3}$ 点做辅助线，然后画弧线连顺至侧缝。

⑮ 后袖底弧线：与袖窿处的弧线等长，形状相似。

⑯ 后袖中弧线：将后袖中及后袖缝线用弧线连顺。

2. 弯身型分割袖

（1）规格设计：B=98 cm，S=39.5 cm，袖窿深 =26.5 cm，SL=57 cm，CW= 13.5 cm。

（2）制图步骤，见图 6-34。

绘制方法与直身型分割袖基本相同。增加与调整之处在于：

前袖：

① 增画袖肘线：由前 SP 沿袖中线向袖口方向量取 33+ 垫肩厚画垂直线。

② 调整袖口线：由袖口向袖底缝方向偏进 ≤ 3 cm 后连接至 EL 线，做此线段的垂直线为新的袖口线。

后袖：

③ 增画袖肘线：由后 SP 沿袖中线向袖口方向量取 33+ 垫肩厚画垂直线。

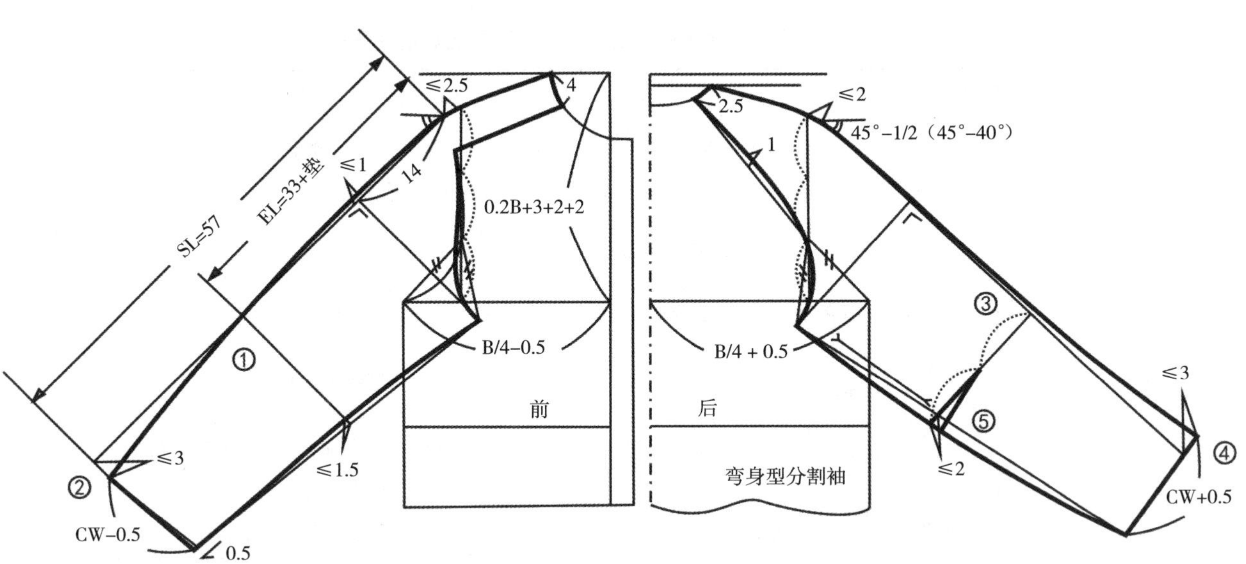

图6-34　弯身型分割袖

④ 调整袖口线：由袖口向袖中线方向偏出≤ 3 cm 后连接至 EL 线，做此线段的垂直线为新的袖口线。

⑤ 画袖肘省：量取后袖底缝长减去前袖底缝长、确定袖肘省量，省长为袖肘线宽度的 1/2。

任务评价

连袖、分割袖样板质量评分，见表 6-8。

思考与练习

一、填空题

将表 6-9 前、后袖中线与水平线夹角补充完整。

表 6-8 连袖、分割袖样板质量评分表

班级：		姓名：	日期：	
检测项目	检测要求	配分	评分标准	得分
时间	在规定时间内完成	10	每超过 5 分钟，扣 5 分	
质量	样板规范，符合款型，结构准确，线条流畅，尺寸无误，版型合理，丝缕及文字标注到位	30	样板不符合款型要求，尺寸不符合制图标准，线条不清晰流畅，标注不完整，每处扣 5 ~ 10 分	
	前后衣片结构合理，线条清晰流畅	25	衣片结构不合理，每处扣 5 ~ 10 分	
	袖子结构合理规范，且符合审美要求	25	袖子结构不合理，线条不准确，每处扣 3 ~ 5 分	
安全	安全文明操作	10	操作中出现安全事故，扣 5 ~ 10 分	
检查结果总结		100		

表 6-9 前、后袖中线与水平线夹角

序号	分割袖结构风格	前袖中线与水平线夹角	后袖中线与水平线夹角
1	宽松型		
2	较宽松型		
3	较贴体型		

二、问答题

1. 连袖的结构种类有哪些？

2. 分割袖的结构种类有哪些？

项目七　女装整体结构设计

女装整体结构着重分析衣身的结构平衡，衣领及衣袖的结构制图。衣身结构平衡是指衣服在穿着状态中前、后衣身在 WL 以上能保持合体、平整，表面无造型所产生的褶皱。

女装结构设计主要是通过省的延伸设计实现服装胸背部的立体造型以及腰臀部的曲面变化，具体方法是设领口撇胸、肩省、袖窿省、腋下省、腰省、刀背分割、公主线分割、褶皱等。

腰部设计是女上装设计的重点和难点，可以通过腰省解决胸腰差、臀腰差，使腰部立体起来，腰节处省量或褶量的多少受服装造型、穿着者体型影响。

女性体型的胸腰差决定了衣身结构的变化。衣身的胸腰差和臀腰差可以用省道和分割线两种形式进行处理，用省道的形式只能单独解决胸腰差或臀腰差，而用分割线的方法可以同时解决胸腰差及臀腰差，故女装一般采用分割线的结构形式。

衣身结构制图的方法分直接制图法和间接制图法。本章节主要采用间接制图法。间接制图法是在原型的基础上，根据制图规格和款式要求，通过放出、缩进、展开、折叠等方法制作出符合款式特征的结构样板。

项目目标

素质目标

1. 在实践操作中，培养学生规范操作、安全操作的能力，提高安全意识。

2. 在实践操作中训练学生的动手能力，培养精益求精的工作态度，渗透吃苦耐劳的劳动精神。

知识目标

1. 理解女装整体结构分析；
2. 理解女衬衫、连衣裙、女上衣结构设计原理。

技能目标

1. 掌握女衬衫、连衣裙、女上衣的结构设计方法；
2. 能熟练绘制女衬衫、连衣裙、女上衣结构图。

任务一　女装整体结构分析

任务目标

1. 分析不同风格的女装整体结构设计，并完成规格设置。
2. 分析女装整体衣身结构平衡和影响要素。
3. 根据款式要求，设计前、后浮余量的最佳消除方法。

任务准备

一、女装整体规格设计

规格设计采用的号型标准为女子中间体 160/84A，身高 h=160 cm，净胸围 B^*=84 cm。

1. 衣长（L）=（0.4～0.6）h ± a（a 为常数，根据款式需要增减）。
2. 前腰节长（FWL）=（0.25h）± ≤ 2 cm（衣身风格影响值≤ 2 cm）。
3. 袖长（SL）=（0.15～0.3）h ± b（b 为常数，根据款式需要增减）。
4. 胸围（B）=（B^*+ 内衣厚）+
   - ＜ 10 cm（贴体风格）
   - 10～15 cm（较贴体风格）
   - 15～20 cm（较宽松风格）
   - ≥ 20 cm（宽松风格）

（注：内衣厚为衬衣 =1.5 cm，薄毛衣 =2.5 cm，厚毛衣 =4 cm）

5. 领围（N）=0.2（B^*+ 内衣厚）+（＞ 18 cm）。
6. 肩宽（S）=0.25B +
   - 13～14 cm（宽松风格）
   - 14～15 cm（较宽松风格、较贴体风格）
   - 15～16 cm（贴体风格）

7. 袖口宽（CW）=0.1（B^*+ 内衣厚）+ 紧袖口：≤ 2 cm，常用袖口：5 cm 左右，宽袖口：7 cm 以上。

任务实施

二、女装整体结构分析

1. 款式风格分析：衣身、领型、袖身风格等。

2. 服装规格设计：根据衣身风格确定制图规格。

3. 衣身结构平衡：衣身平衡方法，计算出前、后浮余量以及设计前、后浮余量消除方法。

4. 衣袖结构：确定袖山风格，袖身风格。

5. 衣领结构：确定与款式相对应的领型以及领侧倾斜角等制图数据。

三、长袖翻立领女衬衫款式分析

（一）款式图

长袖翻立领女衬衫款式见图 7-1。

图7-1　长袖翻立领女衬衫款式图

（二）款式风格分析

较宽松衣身风格，翻立领，直身一片袖。

（三）规格设计

采用的号型标准为女子中间体 160/84A，身高 h=160 cm，净胸围 B^*=84 cm。根据衣身风格确定制图规格。

（1）衣长（L）=0.4h+2=66 cm。

（2）前腰节长（FWL）=0.25h+1=41 cm。

（3）袖长（SL）=0.3h+8=56 cm。

（4）胸围（B）=B^*+16=100 cm（注：衬衫内衣厚 =0）。

（5）领围（N）=0.2B^*+22=39 cm。

（6）肩宽（S）=0.25B+14=39 cm。

（7）袖口宽（CW）=0.1B^*+2=10.4 cm。

根据以上规格设计得出制图规格，见表 7-1。

表 7-1 翻立领女衬衫制图规格 单位：cm

号型	部位	衣长	前腰节长	胸围	领围	肩宽	袖长	袖口宽
160/84A	规格	66	41	100	39	39	56	10.4

（四）衣身结构平衡

计算出前、后浮余量，根据款式设计前、后浮余量的消除方法。

（1）采用箱形平衡方法，无垫肩，袖山缝缩量（吃势）设计为 2 cm。

（2）实际前浮余量 =4.1- 垫肩厚 -0.05（100-96）=4.1-0.05（100-96）=3.9 cm。

前浮余量的消除方法：前育克横分割消除 0.7 cm（相当于消除 1 cm 浮余量），转肩省 2.7 cm，浮于袖窿 0.2 cm。

（3）实际后浮余量 =1.6-0.7× 垫肩厚 -0.02（100-96）= 1.6-0.02（100-96）= 1.52 cm。

后浮余量的消除方法：在后育克横分割中消除 1 cm，剩余的浮于袖窿。

（五）衣袖结构

确定袖山风格，袖身风格。

（1）用配伍作图法做较宽松直身一片袖，袖山高取 0.68AHL（袖窿深）。

（2）前袖肥：前袖山斜线 =AHf（前袖窿弧长）+0.9（前缝缩量）-（0.9 ~ 1.3）（弧直差）。

（3）后袖肥：后袖山斜线 =AHb（后袖窿弧长）+1.1（后缝缩量）-（0.8～1.2）（弧直差）。

（六）衣领结构

确定与款式相对应的领型以及制图数据。

用直接作图法，根据款式要求做翻立领：nb=3 cm，nf=2.5 cm，mb=4.2 cm，mf=6.5 cm。

四、青果领女上衣款式分析

（一）款式图

青果领女上衣款式见图 7-2。

图7-2　青果领女上衣款式图

（二）款式风格分析

较贴体衣身风格，翻折线为弧线形的青果领，弯身两片袖。

（三）规格设计

采用的号型标准为女子中间体 160/84A，身高 h=160 cm，净胸围 B^*=84 cm。根据衣身风格确定制图规格。

（1）衣长（L）=0.4 h+4=68 cm。

（2）前腰节长（FWL）=0.25 h+1.5=41.5 cm。

（3）袖长（SL）=0.3 h+9 +1.5（垫肩厚）=58.5 cm。

（4）胸围（B）=（B^*+1.5）+14.5=100 cm（内衣厚：衬衣 =1.5 cm）。

（5）领围（N）=0.2（B^*+1.5）+23=40 cm。

（6）肩宽（S）=0.25 B+14=39 cm。

（7）袖口宽（CW）=0.1（B^*+1.5）+5=13.5 cm。

根据以上规格设计得出制图规格，见表 7-2。

表 7-2　青果领女上衣制图规格　　单位：cm

号型	部位	衣长	前腰节长	胸围	领围	肩宽	袖长	袖口宽
160/84A	规格	68	41.5	100	40	39	58.5	13.5

（四）衣身结构平衡

计算出前、后浮余量以及设计前、后浮余量的消除方法。

（1）采用箱形平衡方法；选用垫肩厚度为 1.5 cm；袖山缝缩量（吃势）设计为 3.5 cm。

（2）前浮余量的计算：4.1- 垫肩厚 -0.05（100-96）=4.1-1×1.5-0.05（100-96）=2.4 cm。

前浮余量的消除方法：转袖窿弧形分割 2.4 cm。

（3）后浮余量的计算：1.6-0.7× 垫肩厚 -0.02（100-96）=1.6-0.7×1.5-0.02（100-96）=0.5 cm。

后浮余量的消除方法：转肩缝缩 0.5 cm。

（五）衣袖结构

确定袖山风格，袖身风格。

（1）用配伍作图法做较贴体弯身两片袖，袖山高取 0.75AHL。

（2）前袖肥：前袖山斜线 =AHf+1.55（前缝缩量）-1.3（弧直差）。

（3）后袖肥：后袖山斜线 =AHb+1.95（后缝缩量）-1（弧直差）。

（六）衣领结构

确定与款式相对应的领型以及领侧倾斜角等制图数据。

根据款式造型设计：领倾斜角 =100°，nb=3 cm，mb=4.5 cm，做翻折线为圆弧形的青果领。

任务训练

五、翻驳领短袖女衬衫款式分析

根据款式图 7-3，分析女衬衫的结构特点，确定制图规格：

1. 款式风格分析：衣身、领型、袖身风格等。
2. 服装规格设计：根据衣身风格确定制图规格。
3. 衣身结构平衡：计算出实际前、后浮余量以及设计前、后浮余量消除方法。
4. 衣袖结构：确定袖山风格，袖身风格。
5. 衣领结构：确定与款式相对应的领型以及领侧倾斜角等制图数据。

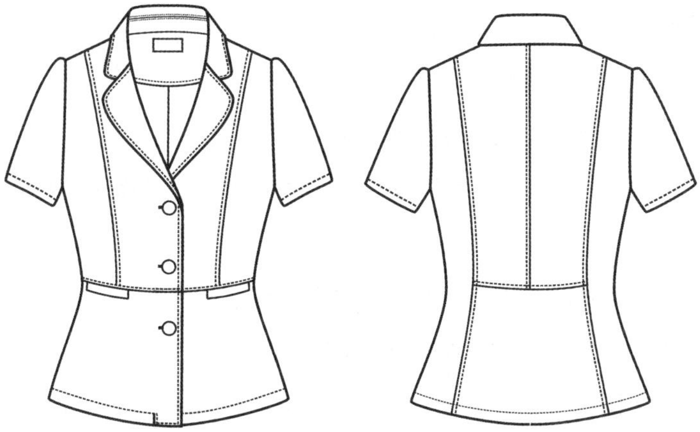

图7-3　翻驳领短袖女衬衫款式图

制图规格见表 7-3。

表 7-3　翻驳领短袖女衬衫制图规格　　单位：cm

号型	部位	衣长	前腰节长	胸围	领围	肩宽	袖长	袖口宽
160/84A	规格							

思考与练习

一、填空题

1. 女装整体结构着重分析衣身的________，________及________的结构制图。

2. 衣身结构制图方法分________和________。

3. 女性体型的________、________差决定了衣身结构的变化。衣身的胸腰差、臀腰差的结构形式可以用________和________两种形式进行处理，用________的形式只能单独解决胸腰差（或臀腰差），而用________的方法可以同时解决胸腰差及臀腰差，故女装一般采用分割线的结构形式。

4. 间接制图法是在原型的基础上，根据制图规格和款式要求，通过________、________、________、________等方法制作出符合款式特征的结构样板。

二、问答题

1. 写出各种衣身风格的规格设计公式。

2. 女装结构设计的主要方法有哪些？

3. 根据款式图 7-4，分析翻立领郁金香袖女衬衫的结构特点，确定制图规格。

（1）款式风格分析：衣身、领型、袖身风格等。

（2）服装规格设计：根据衣身风格确定制图规格。

（3）衣身结构平衡：计算出实际前、后浮余量以及设计前、后浮余量消除方法。

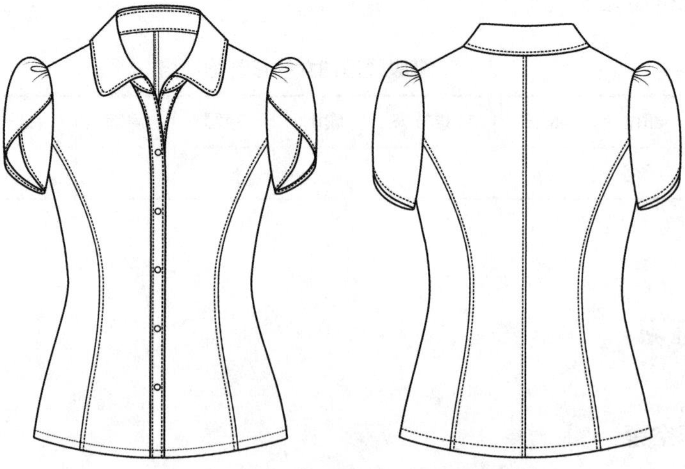

图7-4 翻立领郁金香袖女衬衫款式图

（4）衣袖结构：确定袖山风格，袖身风格。

（5）衣领结构：确定与款式相对应的领型以及领侧倾斜角等制图数据。

任务二　女衬衫结构设计

任务目标

1. 根据款式能够完成不同风格的女衬衫整体结构设计，确定制图规格。
2. 分析女衬衫整体衣身结构平衡和影响要素。
3. 根据女衬衫的制图规格，计算并设计前、后浮余量的最佳消除方法。
4. 根据女衬衫的款式特征，完成结构制图及样板制作。

任务实施

一、女衬衫款式设计

衣身为四开身结构，翻立领；门襟外翻贴边，六粒扣，平下摆；平装一片袖，袖口直袖衩，装袖克夫；前后片育克横分割，衣身纵分割。通过分割，使前后浮余量融入其中，合二为一，发挥了实用与装饰两大功能，见图 7-1。

适用面料：选择范围广，可根据穿着季节选择适合的面料。

二、女衬衫规格设计

制图规格见表 7-4。

表 7-4　女衬衫制图规格　　单位：cm

号型	部位	衣长	前腰节长	胸围	领围	肩宽	袖长	袖口宽
160/84A	规格	66	41	100	39	39	56	10.4

三、女衬衫结构制图

1. 衣身原型

翻立领衣身原型如图 7-5 所示，以中间体规格 160/84A 为例。

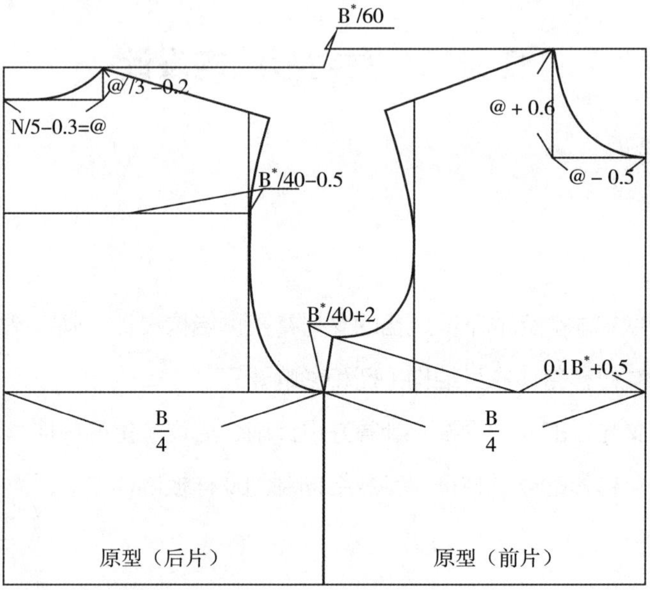

图7-5　翻立领衣身原型

2. 后片制图

见图 7-6。制图顺序如下：

① 后衣长：参照后衣长规格 65 cm。

② 后胸围大：B/4=100/4=25 cm。

③ 领口：参照 N=39 cm，调整横开领和直开领，画出领口弧线。

④ 后肩宽：S/2=39/2=19.5 cm，调整后冲肩量 1.8 cm，确定后背浮余量的消除方法：转横向分割 1 cm，浮于袖窿 0.5 cm。

⑤ 根据造型完成外轮廓线：

外轮廓线一：后领口→后肩斜线→袖窿弧线→修正侧缝线造型。

外轮廓线二：后背假设背缝→底摆。

备注：轮廓线的制图要注意线条圆顺，符合人体曲线特征及工艺设计。

⑥ 后育克横向分割造型：参照后浮余量消除的位置设计后育克。

⑦ 纵向弧形分割造型：根据胸腰差确定弧形分割线，曲线造型符合人体曲

线特征及工艺设计。

注：弧线造型受服装造型、衣身风格、穿着者体型影响。

3. 前片制图

见图 7-7。制图顺序如下：

① 前衣长：参照后片制图数据，调整前衣长。

② 前横开领、前直开领：参照 N=39 cm 调整横开领和直开领，画出领口弧线。

③ 前肩宽：前小肩宽等于后小肩宽，调整前冲肩量 2 cm 确定前胸宽。

④ 胸围：B/4=25 cm，本款设计外翻门襟宽为 2.8 cm。

⑤ 前浮余量的消除方法：横向分割 1 cm，转肩省分割 2.7 cm，浮于袖窿 0.2 cm。

⑥ 前育克横向分割造型：横向分割 1 cm。

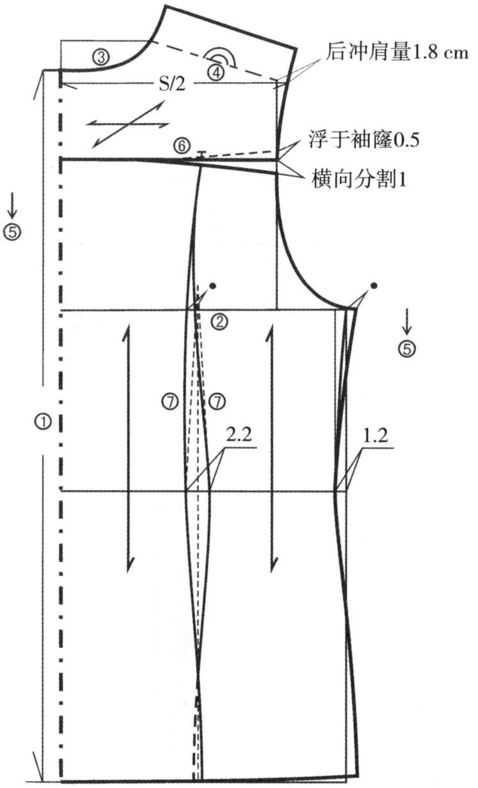

图7-6　后片制图

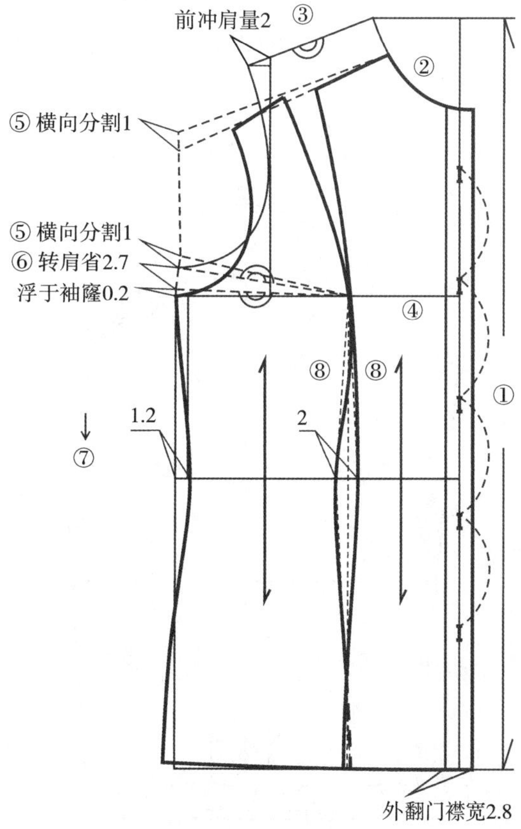

图7-7　前片制图

⑦ 根据造型完成外轮廓线：

外轮廓线一：前领口→前肩斜线→袖窿弧线→修正侧缝线造型。

外轮廓线二：前门襟→底摆。

⑧ 纵向弧形分割造型：转肩省分割 2.7 cm，根据胸腰差完成弧形分割轮廓线，曲线造型符合人体曲线特征及工艺设计。

4. 袖片制图

袖片见图 7-8, 袖克夫见图 7-9，袖衩见图 7-10。制图顺序如下：

① 复制前袖窿弧、后袖窿弧。

② 袖山高：袖山高取 0.68AHL。

③ 袖长：袖长 56- 袖克夫宽 4=52 cm。

④ 确定袖肥：

前袖肥：前袖山斜线 =AHf+0.9（前缝缩量即吃势）-（0.9～1.3）(弧直差）

后袖肥：后袖山斜线 =AHb+1.1（后缝缩量）-（0.8～1.2）(弧直差）

⑤ 袖山弧：按照款式要求完成袖山弧线造型。

⑥ 袖口大：参照图示袖衩位置及袖口褶裥的制图方法。

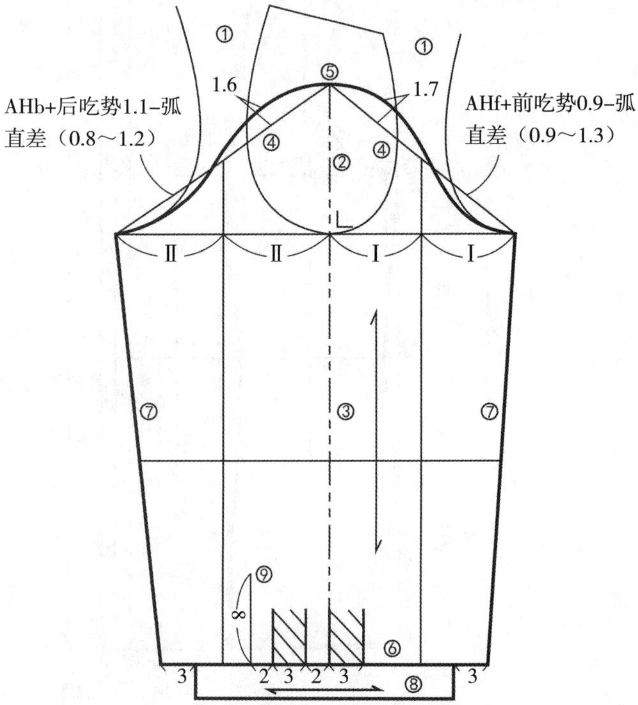

图7-8 袖片制图

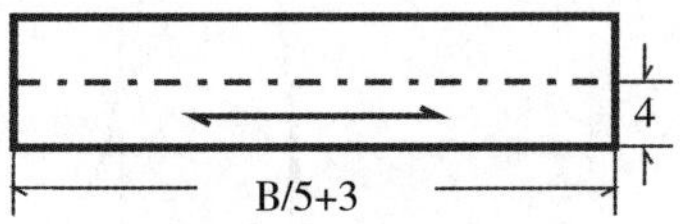

图7-9 袖克夫制图

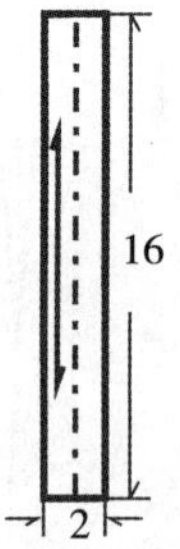

图7-10 袖衩制图

⑦ 袖底缝：较宽松直身一片袖造型。

⑧ 袖克夫：直角袖克夫造型，根据款式完成袖克夫制图。

⑨ 袖衩：袖衩净长 8 cm。

5. 翻立领制图

翻立领制图见图 7-11。

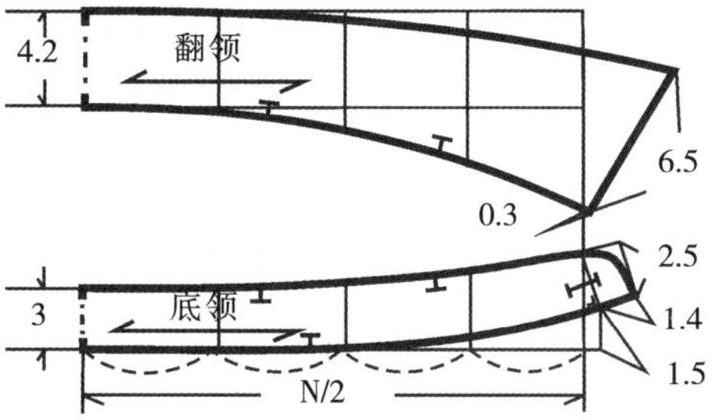

图7-11 翻立领制图

四、女衬衫样板制作

1. 女衬衫裁片要求

裁片要求见表 7-5。

表 7-5 女衬衫裁片要求

序号	裁片名称	裁片数量	用料及要求
1	前中片	2	面料，宜选用直向丝缕，要求两片对称
2	前侧片	2	面料，可选用斜向或直向丝缕，要求两片对称
3	外翻门襟	2	面料，可选用斜向或直向丝缕，要求两片对称
4	后过肩	1	面料，宜选用斜向或直向丝缕
5	后中片	1	面料，宜选用直向丝缕
6	后侧片	2	面料，可选用斜向或直向丝缕，要求两片对称
7	袖片	2	面料，选用直向丝缕
8	袖克夫	2	面料，选用斜向或直向丝缕，要求两片对称
9	袖衩条	2	面料，直向丝缕
10	翻领	2	面料，宜选用直向或斜向丝缕，要求两片对称
11	底领	2	面料，选用直向丝缕
12	袖克夫衬	2	衬料，选用直向丝缕
13	翻领衬	2	衬料，选用直向丝缕
14	底领衬	2	衬料，选用直向丝缕
15	外翻门襟衬	2	衬料，选用直向丝缕

备注：
1. 选用条格时，前后过肩、外翻门襟、袖克夫面、领面的丝缕尽可能协调、统一。
2. 选用素色面料时注意面料的丝缕及正反。

2. 女衬衫放缝

（1）前、后片，外翻门襟放缝，见图 7-12～7-14。

（2）袖片、袖克夫、袖衩放缝，见图 7-15～图 7-17。

（3）翻领、底领放缝，见图 7-18。

3. 无纺衬样板

无纺衬样板比面料样板一般略缩进 0.2 cm 最适宜，防止衬布胶粒弄脏熨斗和面料。

（1）外翻门襟，参照面料样板，见图 7-14。

（2）袖克夫，参照面料样板，见图 7-16。

（3）翻领、底领，参照面料样板，见图 7-18。

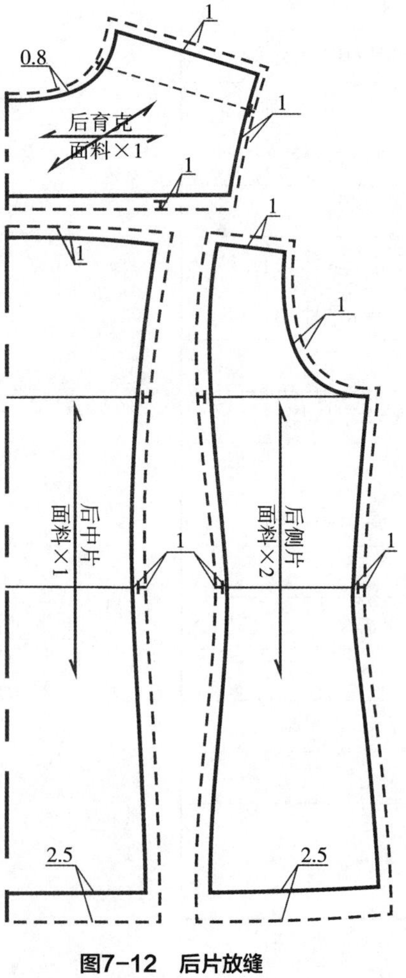

图7-12 后片放缝

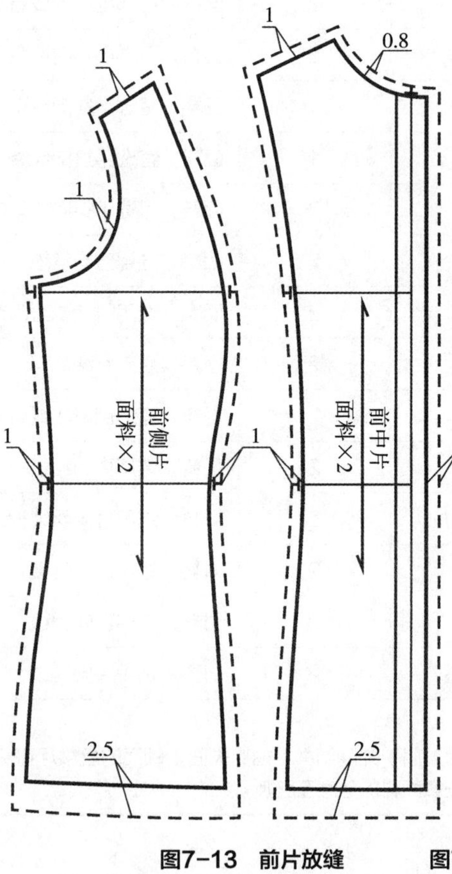

图7-13 前片放缝

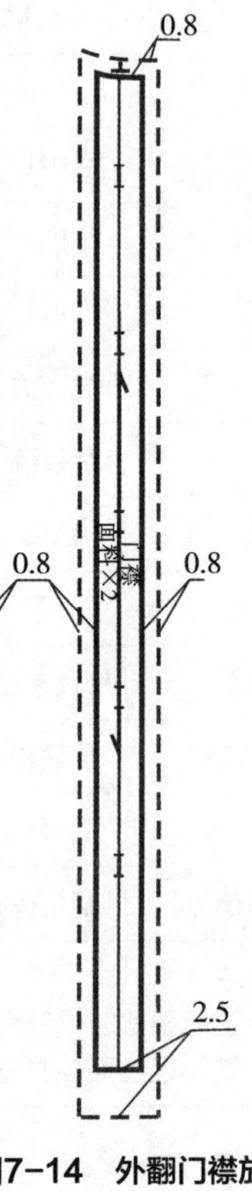

图7-14 外翻门襟放缝

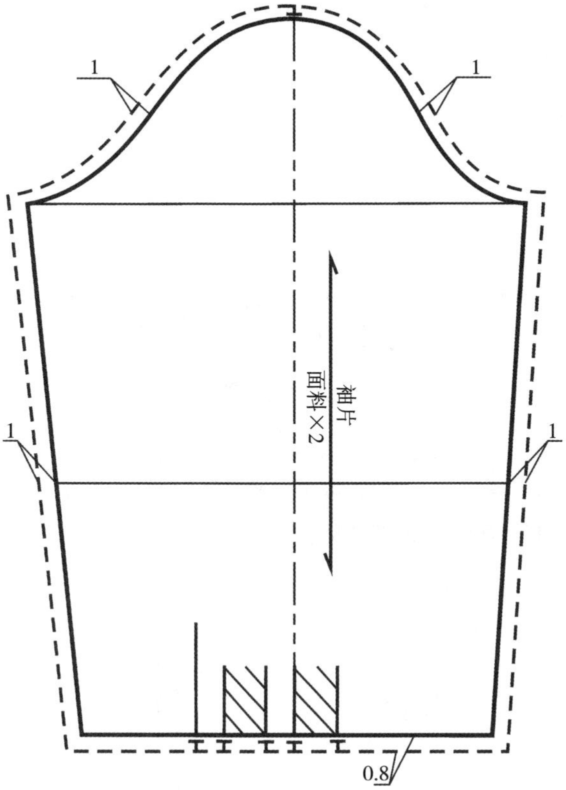

图7-15　袖片放缝

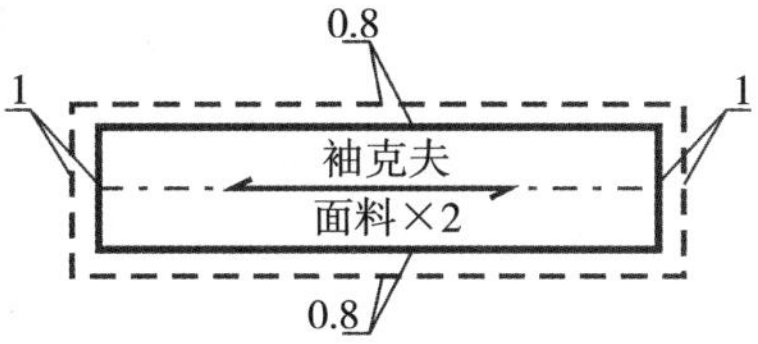

图7-16　袖克夫放缝

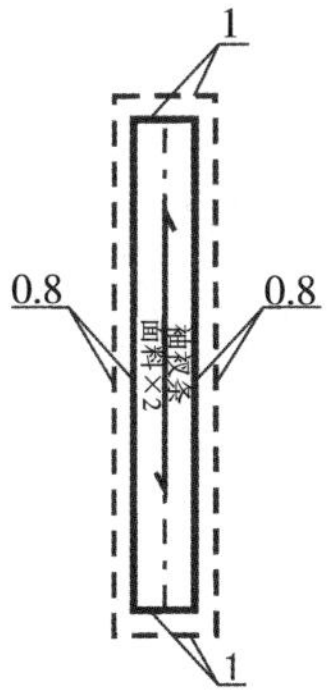

图7-17　袖衩放缝

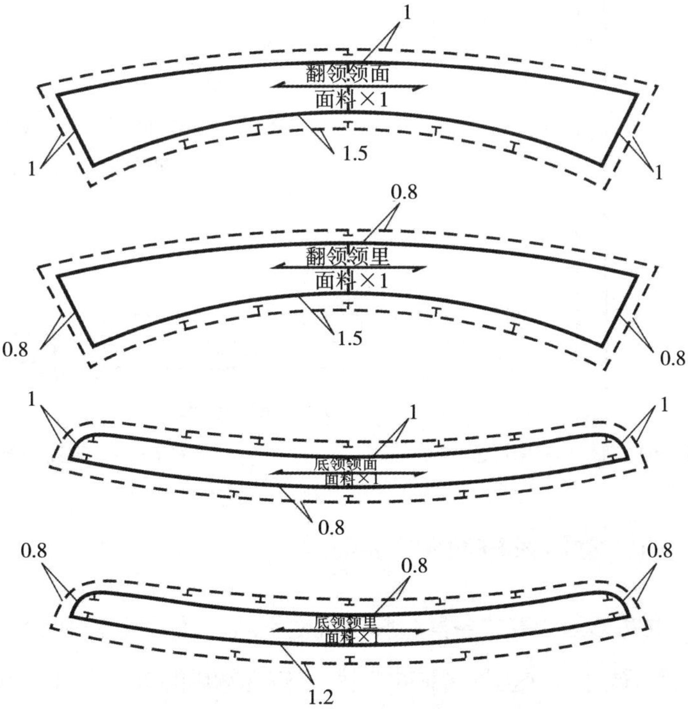

图7-18　翻领、底领放缝

4. 净样板

（1）翻领、底领，见图 7-19。

（2）门襟及扣眼位，见图 7-20。

（3）袖衩，见图 7-21。

（4）袖克夫，见图 7-22。

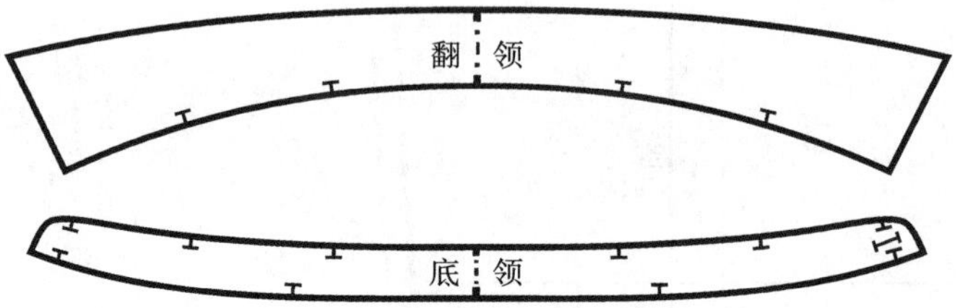

图7-19　翻领、底领净样板

图7-20　外翻门襟净样板

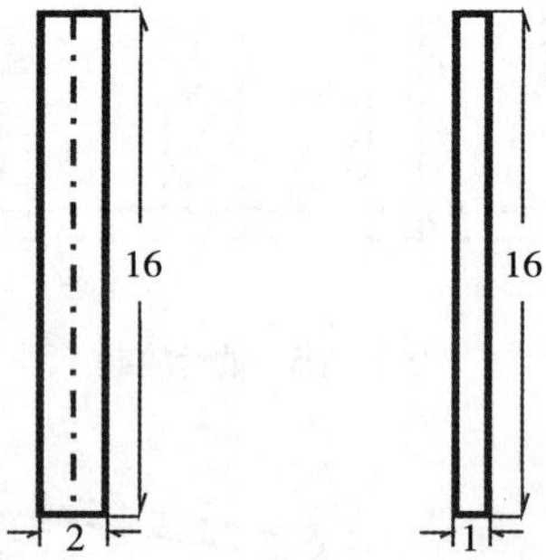

（1）单层扣烫样板　（2）对折后样板

图7-21　袖衩净样板

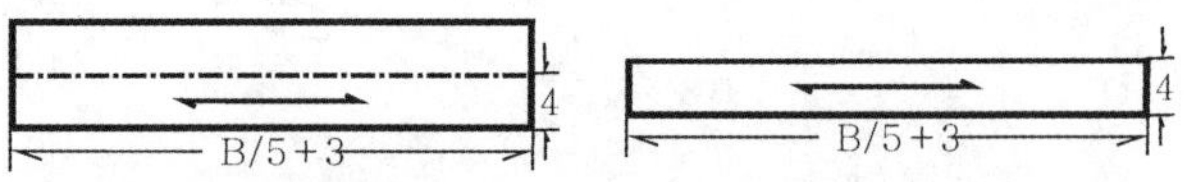

（1）单层扣烫样板　（2）对折后样板

图7-22　袖克夫净样板

五、女衬衫排料

女衬衫因为款式各异，胸围规格不同，采用面料的幅宽也宽窄不一，因此，用料差异较大，这里介绍的排料图是较为常用的排料方法和用料计算方法，仅供参考。

门幅宽 72×2 cm。用料计算：衣长＋袖长＋缝份，本款式排料图，见图 7-23 所示。

注：① 外翻贴边、② 前中片、③ 前侧片、④ 后侧片、⑤ 后中片、⑥ 底领、⑦ 翻领、⑧ 袖片、⑨ 袖衩、⑩ 袖克夫、⑪ 后过肩（注：一片）。

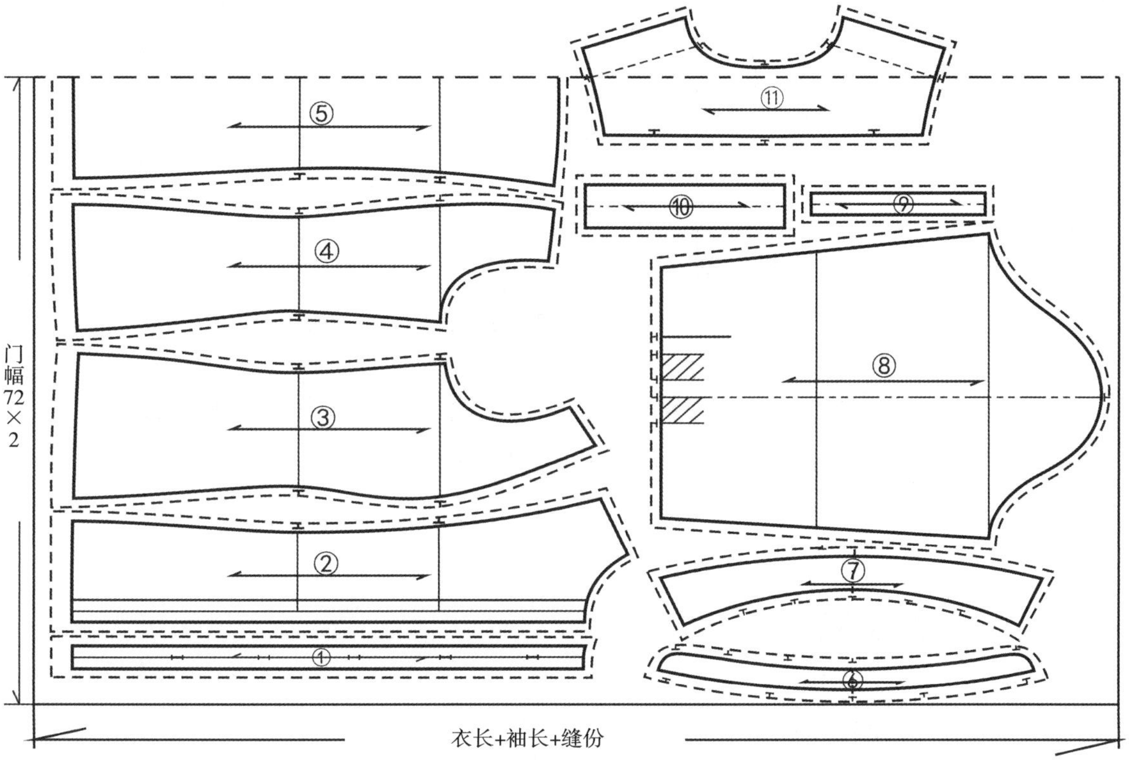

图7-23　女衬衫排料图

任务训练

六、翻折领短袖女衬衫结构设计

根据款式图 7-24，分析女衬衫的结构特点，确定制图规格，完成结构制图、裁剪样板及排料图。

1. 款式风格分析：衣身、领型、袖身风格等。
2. 服装规格设计：根据衣身风格确定制图规格。
3. 衣身结构平衡：计算出前、后浮余量以及设计前、后浮余量消除方法。
4. 衣袖结构：确定袖山风格，袖身风格。

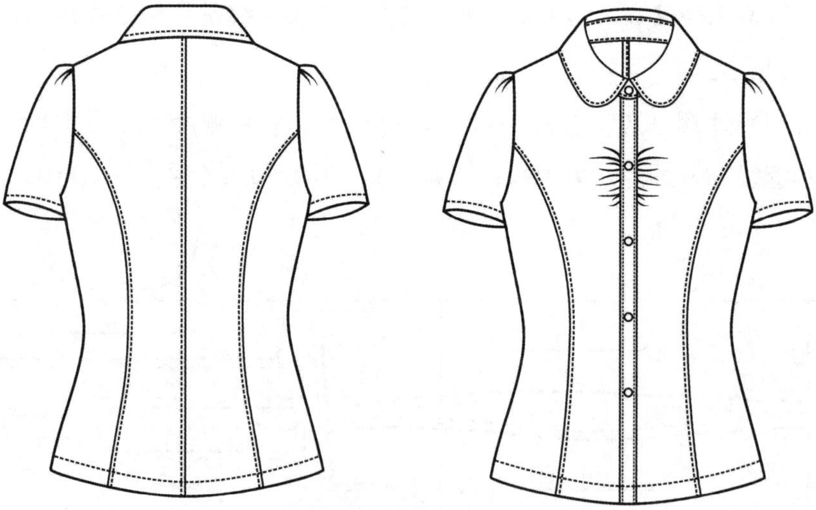

图7-24 翻折领短袖女衬衫款式图

5. 衣领结构：确定与款式相对应的领型以及领侧倾斜角等制图数据。

6. 完成结构制图、裁剪样板及排料图。

任务评价

女衬衫样板质量评分，见表 7-6。

表 7-6 女衬衫样板质量评分表

班级：	姓名：		日期：	
检测项目	**检测要求**	**配分**	**评分标准**	**得分**
时间	在规定时间内完成任务	10	每超过10分钟，扣5分	
结构制图	1. 结构设计符合款式造型和规格要求	6	以上项目出现不符合要求，每处酌情扣1～5分	
	2. 各部位结构关系合理	10		
	3. 内外结构关系合理	10		
	4. 肩胛骨和胸立体度要体现纸样设计过程	10		
	5. 制图符号标注规范、清晰正确	4		
规格设计	1. 样板尺寸、服装号型与提供的规格表以及款式图效果相符	10	以上项目出现不符合要求，每处酌情扣1～3分	
	2. 成品规格不超过行业标准的允许公差	10		

（续表）

检测项目	检测要求	配分	评分标准	得分
样板制作	1. 样板缝份大小、宽度、缝角设计合理	10	以上项目出现不符合要求，每处酌情扣1～3分	
	2. 样片属性、纱向、刀口、归拔等符号标注规范、正确	6		
	3. 衬料样板与面料样板匹配合理	4		
设备	设备操作准确无误	5	违规操作扣5分	
安全	安全文明生产	5	违规操作扣5分	
检查结果总计		100		

思考与练习

作图题

根据款式图 7-25～图 7-28，分析女衬衫的结构特点，确定制图规格，完成结构制图、裁剪样板及排料图。

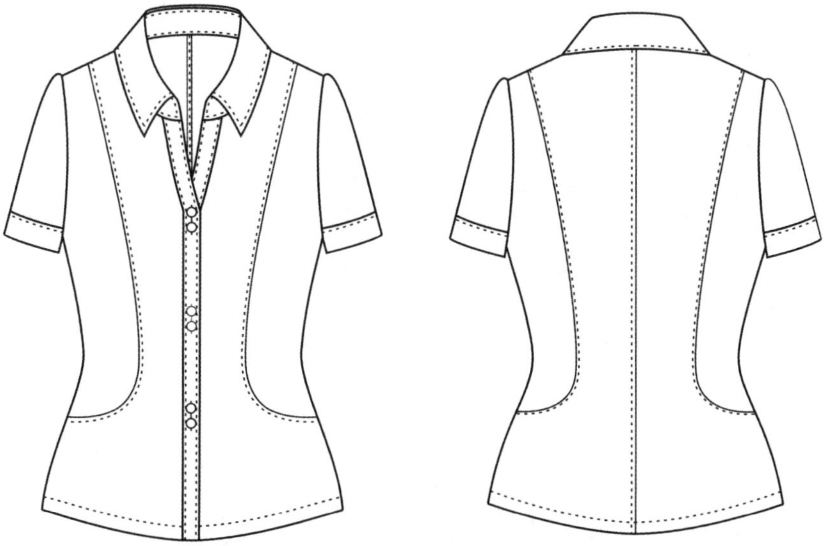

图7-25　翻立领短袖女衬衫款式图

图7-26 翻立领短袖女衬衫款式图

图7-27 翻立领长袖女衬衫款式图

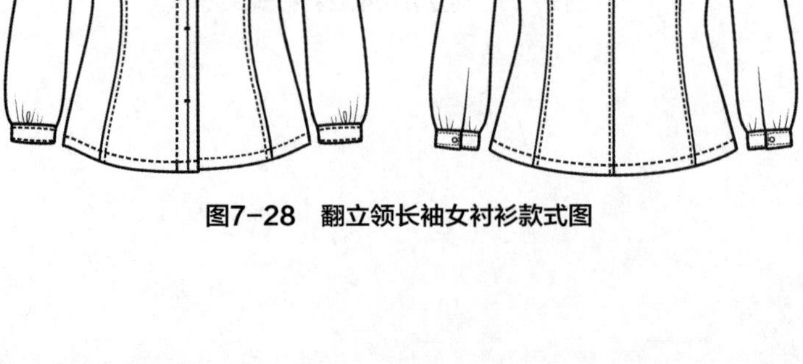

图7-28 翻立领长袖女衬衫款式图

任务三　连衣裙结构设计

任务目标

1. 能够根据款式特征，完成不同风格的连衣裙整体结构设计，确定制图规格。

2. 分析连衣裙整体衣身结构的平衡要素。

3. 根据连衣裙的制图规格，结合款式特征，计算并设计前、后浮余量的最佳消除方法。

4. 根据连衣裙的款式特征完成结构制图及样板制作。

任务准备

一、连衣裙款式设计

款式图见图 7-29。此款连衣裙为接腰式结构设计，较宽松风格衣身，四开身，前片左右收腋下省一个，腰节省一个，后片各收腰节省一个；右侧缝装拉链。较宽松袖山风格，直身一片短袖。平领造型。裙子采用中腰结构设计，两片波浪裙。

此款穿着舒适，富有朝气，适合年轻人穿着。平领可采用配色或者蕾丝花边，更显时尚。

二、连衣裙规格设计

1. 款式风格分析：较宽松衣身风格，平领，直身一片短袖。

2. 服装规格设计：采用的号型标准为女子中间体 160/84A，身高 h=160 cm，净胸围 B^*=84 cm。根据衣身风格确定制图规格。

（1）衣裙长（L）=0.6h+6=102 cm。

（2）前腰节长（FWL）=0.25h=40 cm。

（3）袖长（SL）=0.15h-5+1（垫肩）=20 cm。

图7-29 短袖连衣裙款式图

（4）胸围（B）=B*+16 =100 cm（注：连衣裙内衣厚 =0）。

（5）领围（N）=0.2B*+22 =39 cm。

（6）肩宽（S）=0.25B+15 =40 cm。

（7）袖口宽（CW）=0.1B*+6.1 =14.5 cm。

根据以上规格设计得出制图规格见表 7-7。

表 7-7 连衣裙制图规格 单位：cm

号型	部位	衣裙长	前腰节长	裙长	胸围	领围	肩宽	袖长	袖口宽	腰围	臀围
160/84A	规格	102	40	62	100	39	40	20	29	76	96

三、连衣裙结构设计

1. 衣身结构平衡

（1）采用箱形平衡方法：垫肩厚 1 cm，袖山缝缩量 2 cm。

（2）实际前浮余量 =4.1- 垫肩 -0.05（100-96）=4.1-1-0.05（100-96）=2.9 cm。前浮余量的消除方法：转腋下省 2.5 cm，浮于袖窿 0.4 cm。

（3）实际后浮余量 =1.6-0.7× 垫肩厚 -0.02（100-96）=1.6-0.7×1-0.02（100-96）=0.8 cm。后浮余量的消除方法：转肩缝缩 0.5 cm，浮于袖窿 0.3 cm。

2. 衣袖结构

（1）用配伍作图方法做较宽松直身一片袖，袖山高取 0.7AHL。

（2）前袖肥：前袖山斜线 = AHf+0.9（缝缩量即吃势）−0.9～1.3（弧直差）。

（3）后袖肥：后袖山斜线 = AHb+1.1（缝缩量）−0.8～1.2（弧直差）。

3. 衣领结构：设计为平领造型，nb=0.5 cm，mb=9 cm，mf=8.5 cm，前圆角造型。

四、连衣裙结构制图

1. 前、后衣片制图

见图 7-30、图 7-31。

2. 领子制图

见图 7-32。

3. 袖片制图

见图 7-33。

4. 裙片制图

前、后裙片制图方法，见图 7-34、图 7-35。

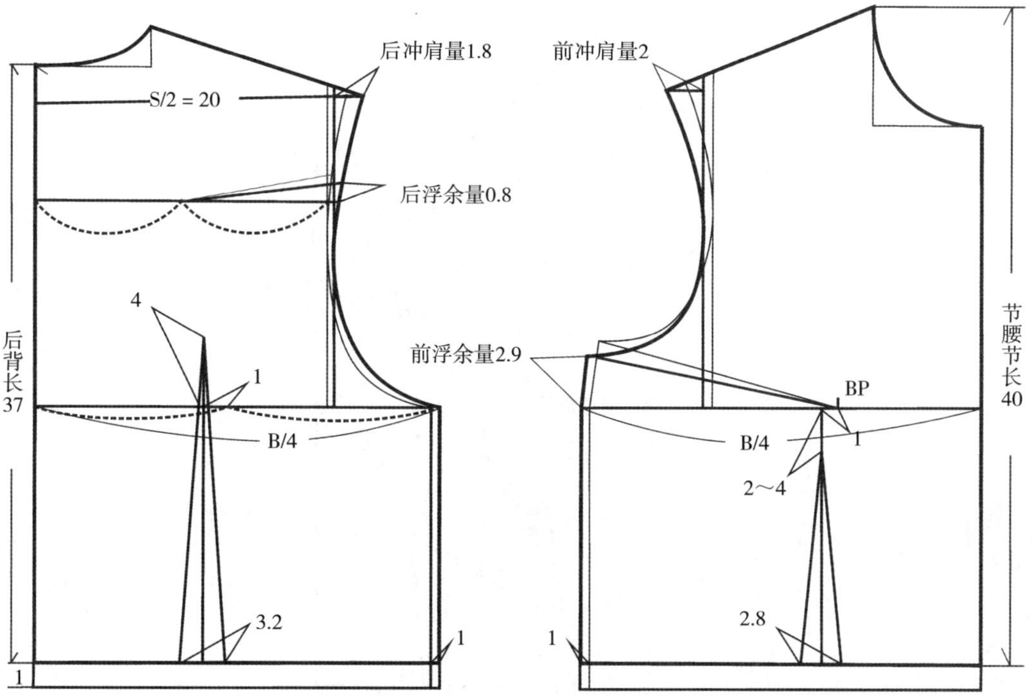

图7-30　连衣裙前、后片结构制图（一）

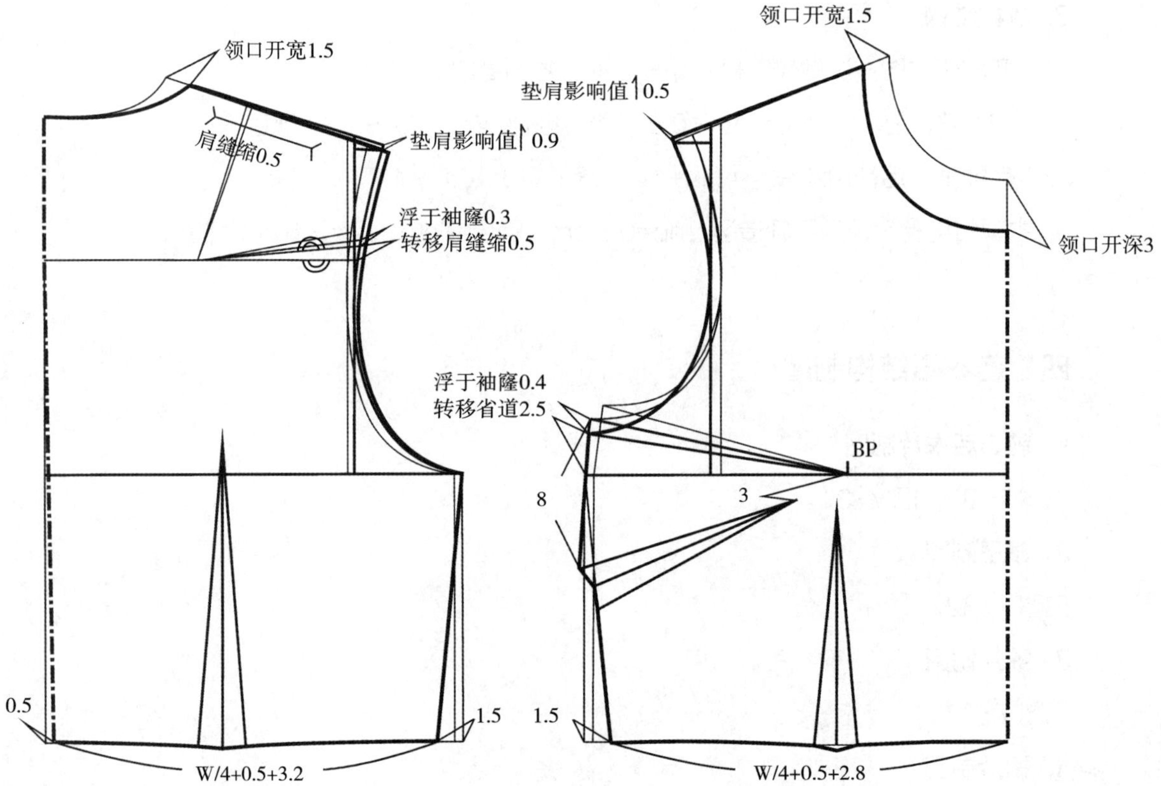

图7-31 连衣裙前、后衣片结构制图（二）

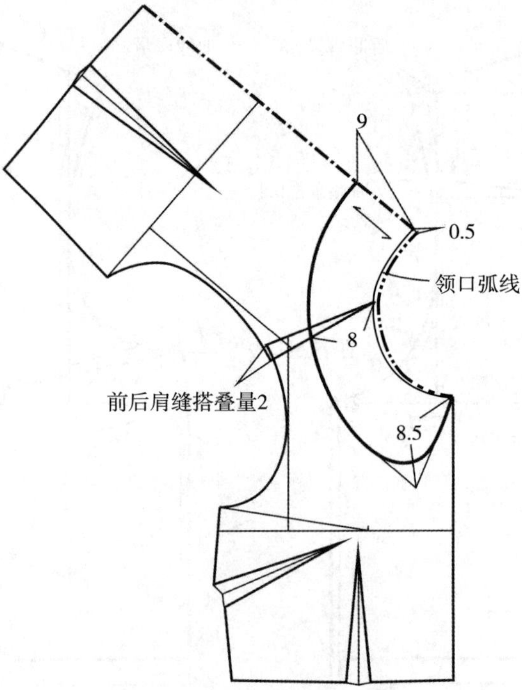

图7-32 连衣裙领结构制图

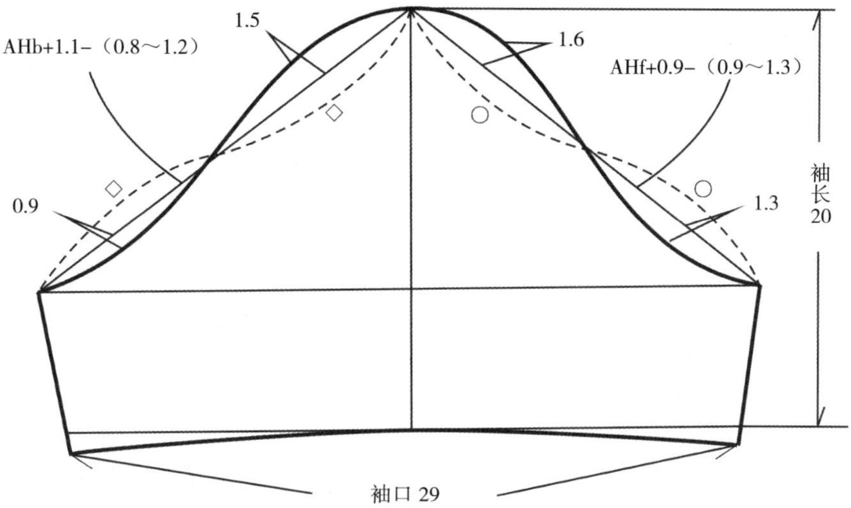

图7-33　袖片制图

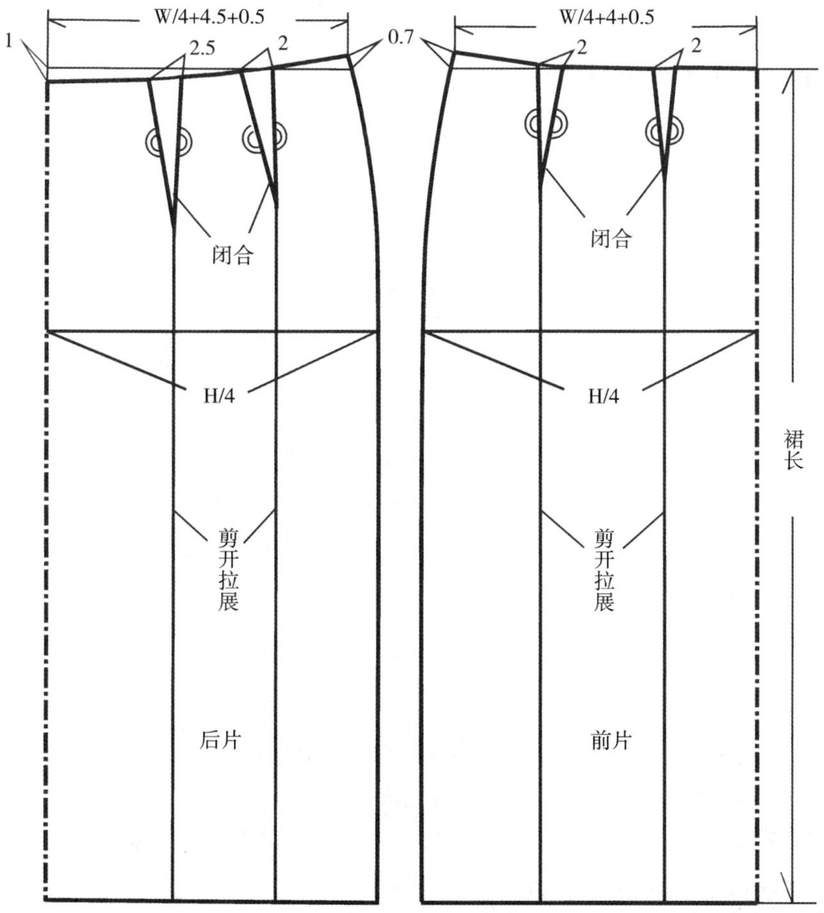

图7-34　前、后裙片结构制图（一）

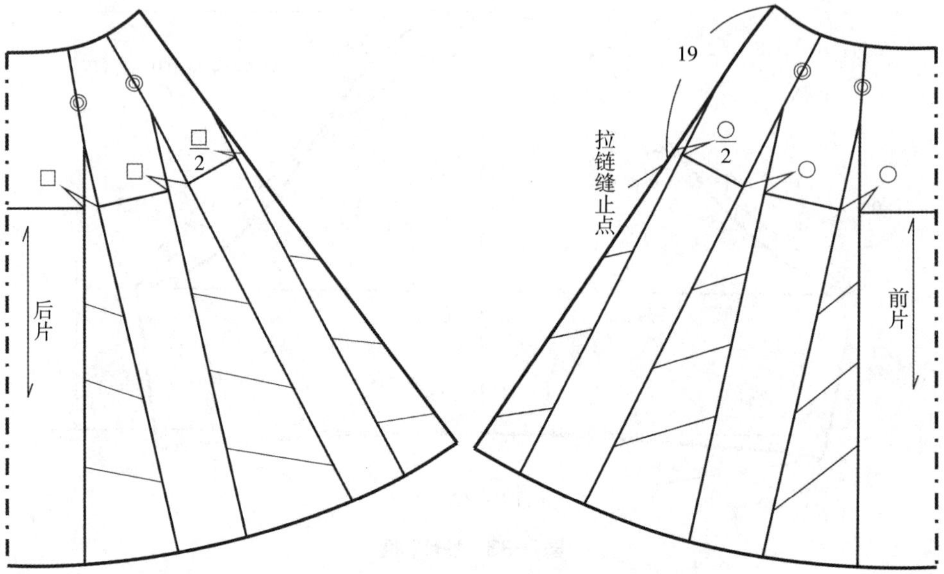

图7-35 前、后裙片结构制图（二）

五、连衣裙样板制作

1. 连衣裙裁片要求

裁片要求见表 7-8。

表 7-8 连衣裙裁片要求

序号	裁片名称	裁片数量	用料及要求
1	前衣片	1	面料，选用直向丝缕
2	后衣片	1	面料，选用直向丝缕
3	袖片	2	面料，选用直向丝缕，要求两片对称
4	领面	1	面料，选用横向或斜向丝缕
5	领里	1	面料，选用横向丝缕
6	前裙片	1	面料，选用直向丝缕
7	后裙片	1	面料，选用直向丝缕
8	领面衬	1	无纺衬，选用横向丝缕
9	领里衬	1	无纺衬，选用横向丝缕
备注： 1. 选用素色面料时注意面料的丝缕及正反。 2. 平领面料可以采用配色布或者蕾丝面料，但要注意面料丝缕方向。			

2. 连衣裙面料放缝

（1）前衣片，见图 7-36。

（2）后衣片，见图 7-37。

（3）袖片放缝，见图 7-38。

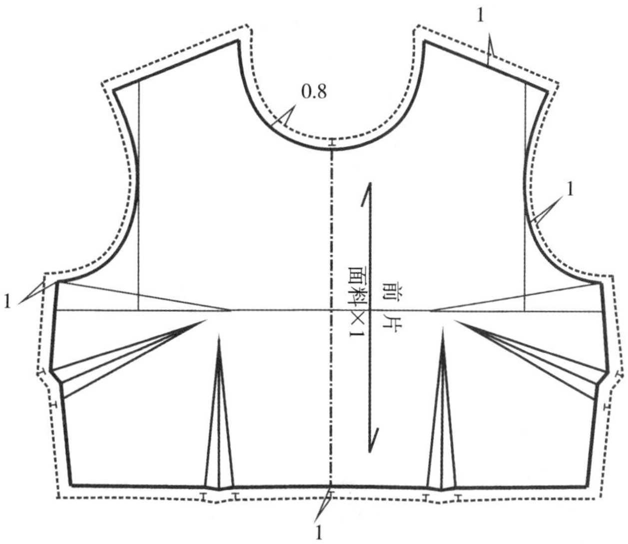

图7-36　前衣片放缝

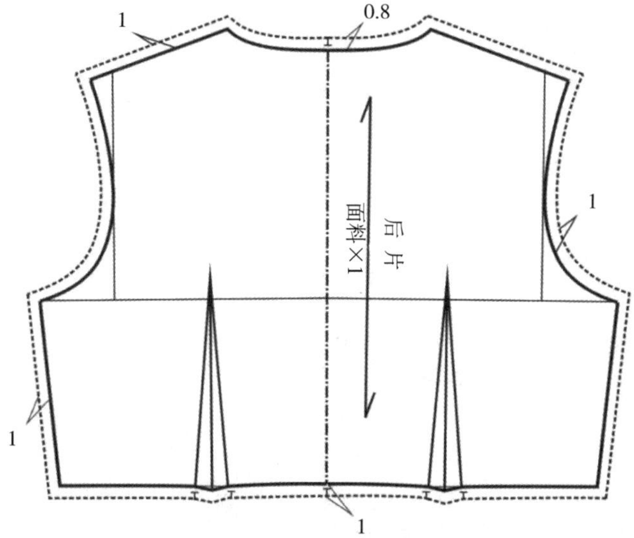

图7-37　后衣片放缝

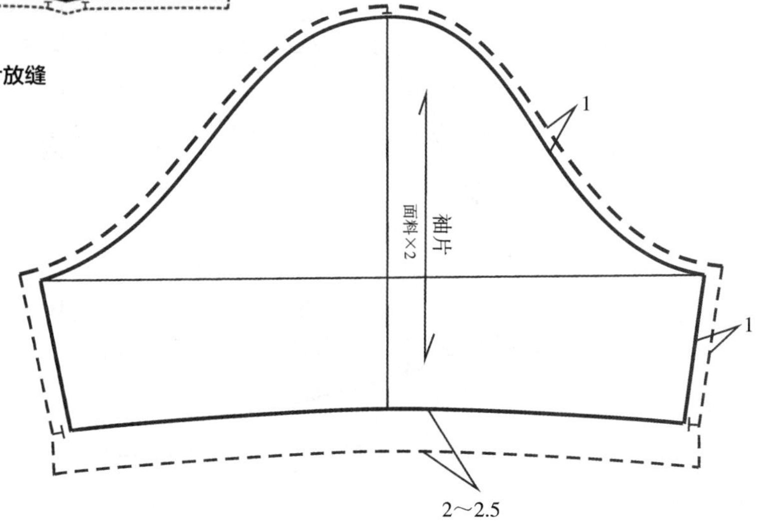

图7-38　袖片放缝

（4）领子放缝，见图 7-39。

（5）前裙片放缝，见图 7-40。

（6）后裙片放缝，见图 7-41。

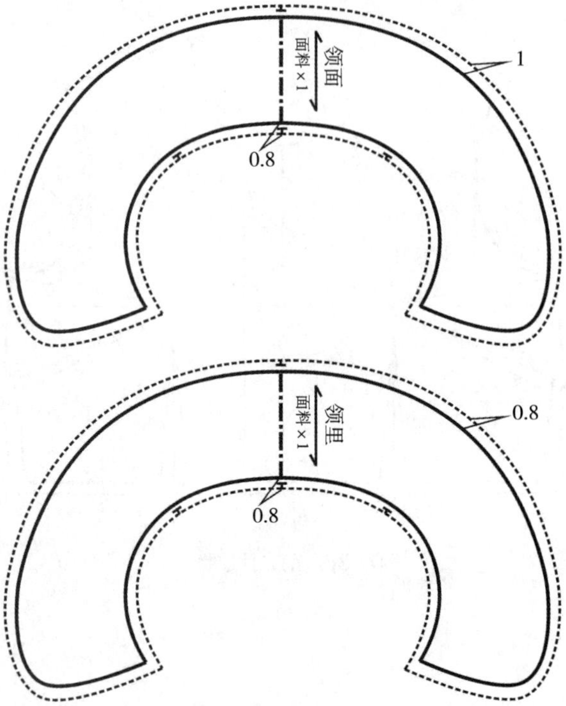

图7-39 领子放缝

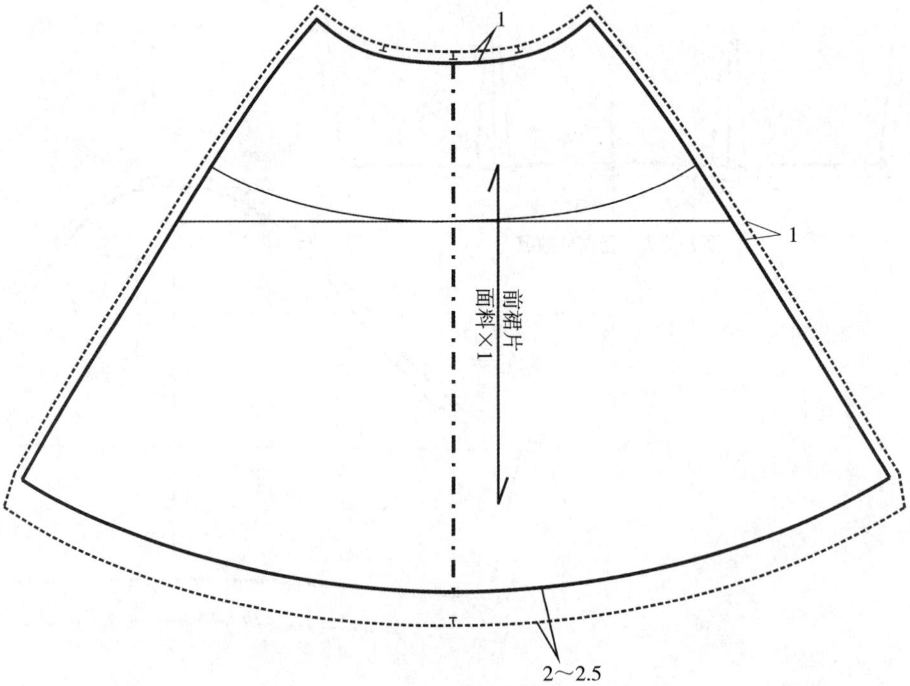

图7-40 前裙片放缝

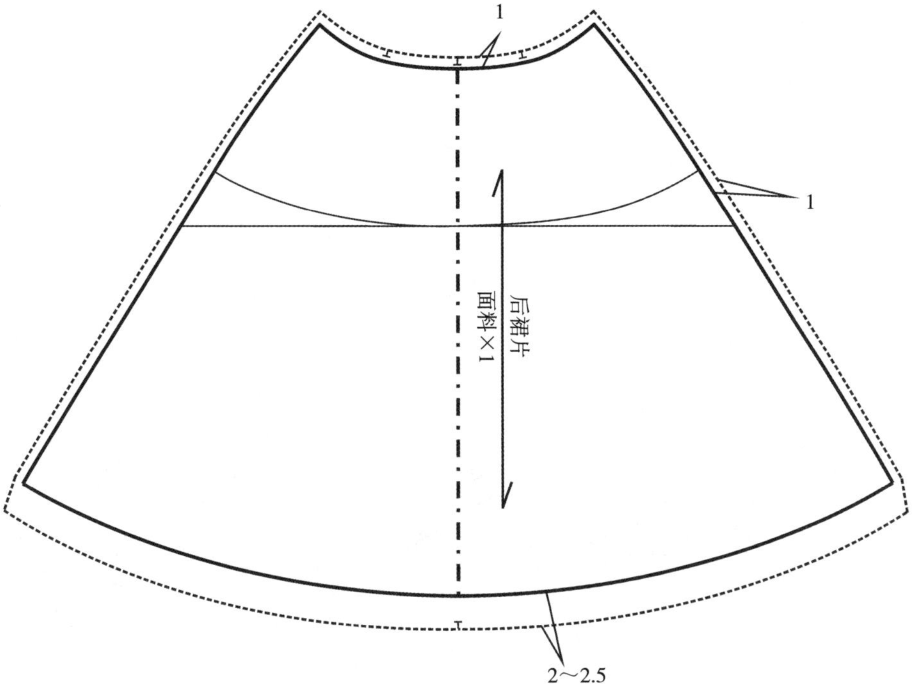

图7-41　后裙片放缝

3. 领净样板

领净样板见图 7-42。

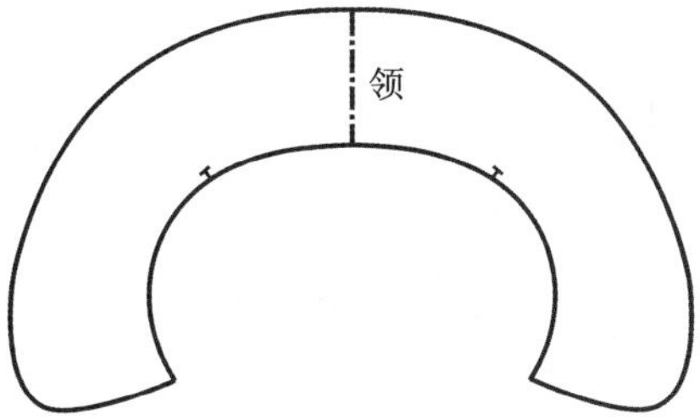

图7-42　领净样板

4. 黏合衬样板

领面、领里选用无纺衬，样板参照面料放缝方法，见图 7-39。

六、连衣裙面料排料

连衣裙因为款式各异，胸围规格不同，采用面料的幅宽也宽窄不一，因此，用料差异较大，这里介绍的排料图是较为常用的排料方法和用料计算方法，仅供参考，见图 7-43。

本款采用门幅宽 144 cm，单层排料方法。用料计算：衣长 + 裙长 + 领面宽 + 缝份。

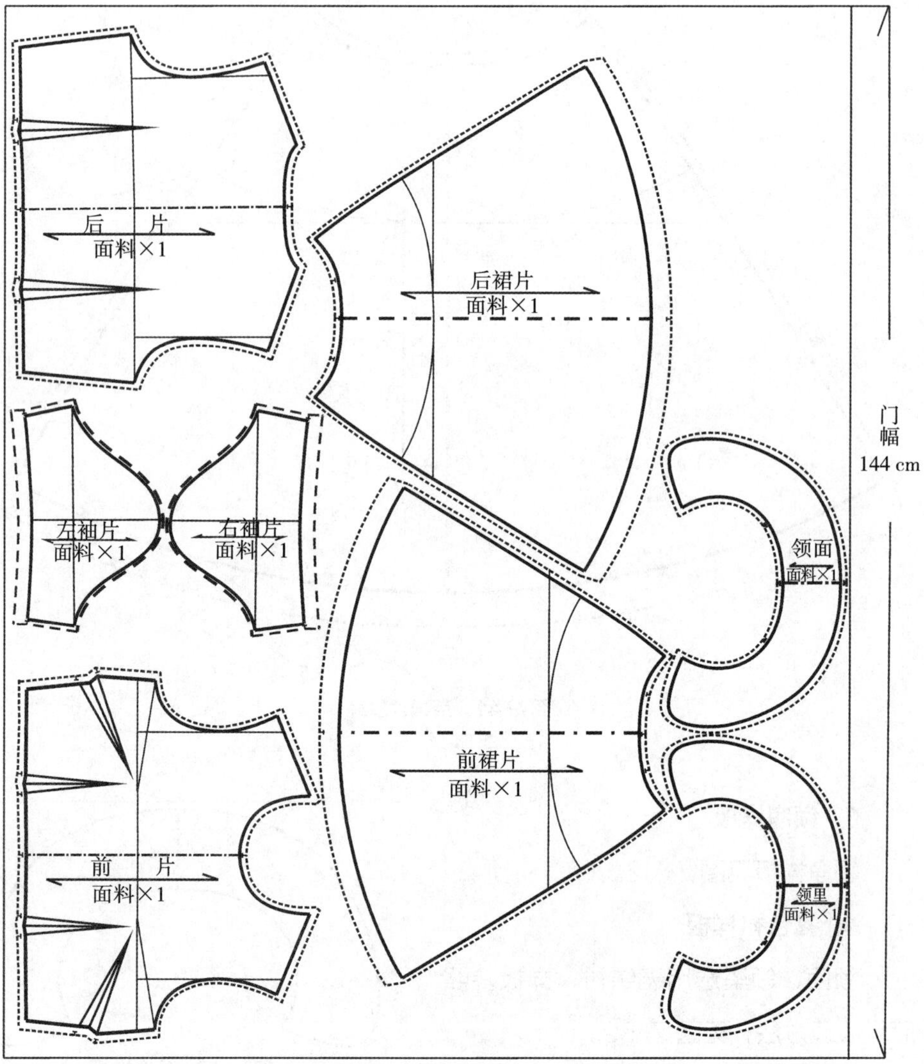

图7-43 连衣裙排料图

任务评价

连衣裙样板质量评分，见表 7-9。

表 7-9　连衣裙样板质量评分表

班级：	姓名：	日期：		
检测项目	检测要求	配分	评分标准	得分
时间	在规定时间内完成任务	10	每超过 10 分钟，扣 5 分	
结构设计	1. 结构设计符合款式造型和规格要求	6	以上项目出现不符合要求，每处酌情扣 1～3 分	
	2. 各部位结构关系合理	10		
	3. 内外结构关系合理	10		
	4. 肩胛骨和胸立体度要体现纸样设计过程	10		
	5. 制图符号标注规范、清晰正确	4		
规格设计	1. 样板尺寸、服装号型与提供的规格表以及款式图效果相符	10	以上项目出现不符合要求，每处酌情扣 1～3 分	
	2. 成品规格不超过行业标准的允许公差	10		
样板制作	1. 样板缝份大小、宽度、缝角设计合理	10	以上项目出现不符合要求，每处酌情扣 1～3 分	
	2. 样片属性、纱向、刀口、归拔等符号标注规范、正确	6		
	3. 衬料样板与面料样板匹配合理	4		
设备	设备操作准确无误	5	违规操作扣 5 分	
安全	安全文明生产	5	违规操作扣 5 分	
检查结果总计		100		

任务训练

七、短袖翻驳领连衣裙结构设计

根据款式图 7-44，分析短袖翻驳领连衣裙的结构特点，确定制图规格，完成结构制图、裁剪样板及排料图。

1. 款式风格分析：衣身、领型、袖身风格等。
2. 服装规格设计：根据衣身风格确定制图规格。
3. 衣身结构平衡：计算出前、后浮余量以及设计前、后浮余量消除方法。
4. 衣袖结构：确定袖山风格，袖身风格。
5. 衣领结构：确定与款式相对应的领型以及领侧倾斜角等制图数据。
6. 完成结构制图、裁剪样板及排料图。

图7-44 翻驳领连衣裙款式图

思考与练习

作图题

根据款式图 7-45，分析连衣裙的结构特点，确定制图规格，完成结构制图、裁剪样板及排料图。

图7-45 立领连衣裙款式图

任务四　女上衣结构设计

任务目标

1. 根据款式特征，完成不同风格的女上衣整体结构设计，确定制图规格。

2. 分析女上衣整体衣身结构平衡要素。

3. 根据女上衣的制图规格，结合款式特征，计算并设计前、后浮余量的最佳消除方法。

4. 根据女上衣款式特征完成结构制图及样板制作。

任务准备

一、女上衣款式设计

见图 7-46。四开身结构，翻折线为直线形的翻折领；门襟三粒扣；弯身两片袖；侧缝略收腰，前后衣片从袖窿部位开始作曲线分割，是比较常见的女装款式。适合春秋季节穿着。

适用面料：可根据穿着季节选择适合的面料。

二、女上衣规格设计

1. 款式风格分析：较贴体衣身，翻折线为直线形的翻折领，弯身两片袖。

2. 服装规格设计：根据衣身风格确定制图规格。

（1）衣长（L）=0.4h+2=66 cm

（2）前腰节长（FWL）=0.25h+1.5=41.5

（3）袖长（SL）=0.3h+9+1.2（垫肩厚）=58.2 cm

（4）胸围（B）=（B^*+4）+14=102 cm（内衣厚：衬衣 =1.5 cm，薄毛衣 =2.5 cm）

图7-46 女上衣款式图

（5）领围（N）=0.2（B^*+1.5+2.5）+22.5=40 cm

（6）肩宽（S）=0.25B+14.5=40 cm

（7）袖口宽（CW）=0.1（B^*+1.5+2.5）+4.7=13.5 cm

根据以上规格设计得出制图规格，见表 7-10。

表 7-10 女上衣制图规格

单位：cm

号型	部位	衣长	前腰节长	胸围	领围	肩宽	袖长	袖口宽
160/84A	规格	66	41.5	102	40	40	58.2	13.5

三、女上衣结构设计

1. 衣身结构平衡：

（1）采用箱形平衡方法；选用垫肩厚 1.2 cm，袖山缝缩量 3 cm。

（2）实际前浮余量 =4.1- 垫肩厚 -0.05（102-96）=4.1-1.2-0.05（102-96）=2.6 cm。前浮余量的消除方法：转腋下省、袖窿弧线分割 2.6 cm。

（3）实际后浮余量 =1.6-0.7× 垫肩厚 -0.02（102-96）=1.6-0.7×1.2-0.02（102-96）= 0.64 cm。后浮余量的消除方法：转肩缝缩 0.64 cm。

2. 衣袖结构：较贴体弯身两片袖。

（1）用配伍作图方法：袖山高取 0.75AHL。

（2）前袖肥：前袖山斜线 =AHf+1.3（前缝缩量）-1.3（弧直差）。

（3）后袖肥：后袖山斜线 =AHb+1.7（后缝缩量）−1（弧直差）。

3. 衣领结构：确定与款式相对应的领型以及领侧倾斜角等制图数据。

根据款式造型设计：领侧倾斜角 =105°，nb=3 cm，mb=4.5 cm，翻折线为直线形翻折领制图。

任务实施

四、女上衣结构制图

1. 东华原型

翻折领衣身原型采用东华原型，见图 1−10、图 1−11，以中间体规格为例：160/84A。

2. 后片制图

后片制图见图 7−47。参考制图顺序如下：

① 后衣长：参照后衣长规格 66 cm 完成后衣长制图。

② 后胸围大：B/4=102/4=25.5 cm。

③ 领口深、领口宽：参照 N=40 cm，调整翻折领的领口深和领口宽数据。

④ 后肩宽：参照原型肩斜，调整 S/2=40/2=20 cm。

⑤ 后冲肩量：参照较贴体衣身风格取后冲肩 1.8 cm，然后确定后背宽。

⑥ 后浮余量的消除方法：根据计算得出后浮余量 0.64 cm，转肩缝缩 0.64 cm。

⑦ 内衣影响值：本款内衣设计为衬衫和薄毛衣 =0.2+0.3=0.5 cm，后颈椎点 BNP 抬高 0.5−0.3=0.2 cm，后颈肩点 SNP 抬高 0.5 cm，后肩端点 SP 抬高 0.5×2/3=0.35 cm。

⑧ 垫肩影响值：参照＞0.7× 垫肩厚 1.2，本款设计取值抬高 1 cm。

⑨ 根据造型完成外轮廓线：

顺序一：后领口弧→后肩斜线→袖窿弧线→修正侧缝线造型；顺序二：后背缝→底摆。

⑩ 纵向弧形分割造型：根据款式造型，在原省道位置修正并完成弧形分割线造型。

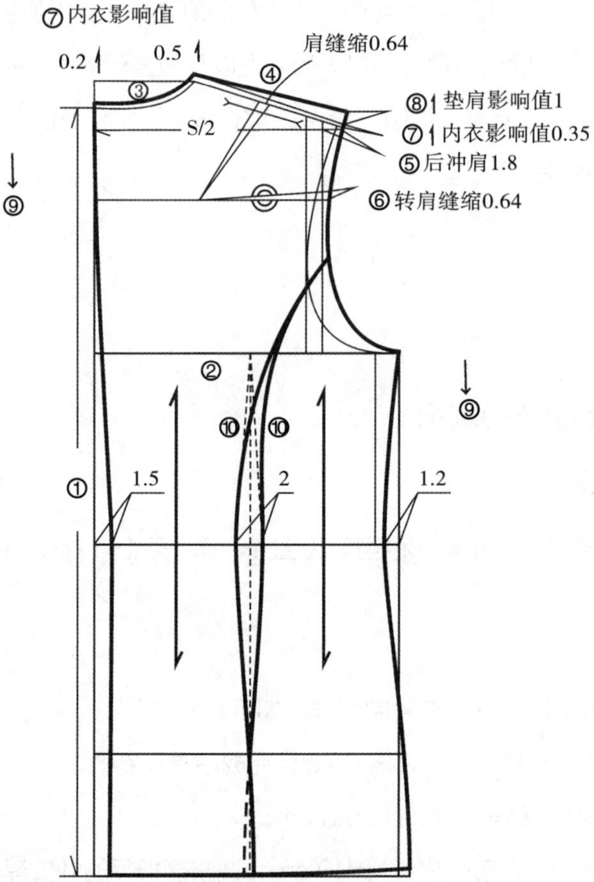

图7-47 后片制图

3. 前片制图、领型制图

前片制图见图 7-48。制图时参考顺序如下：

① 前衣长：参照后片衣长。

② 胸围大：B/4=102/4=25.5 cm。

③ 领口深、领口宽：参照 N=40，调整翻折领的前领口深和前领口宽数据，根据翻折领领侧角 105°，再开宽领口 0.4 cm。

④ 前小肩宽线：前肩小肩宽 = 后小肩宽 -0.64（后浮余量转肩缝缩量）。

⑤ 前冲肩量：参照较贴体衣身风格取 2.2 cm，确定前胸宽。

⑥ 垫肩影响值：< 0.7× 垫肩厚 1.2 cm，本款设计取值 0.68 cm。

⑦ 前浮余量：前浮余量 2.6 cm 转腋下省，根据款式要求，侧片分割合并省道，前中留短省。

⑧ 扣位：第一粒扣取翻折止点 = 胸围线下 4 cm，第三粒扣位 = 腰节线下

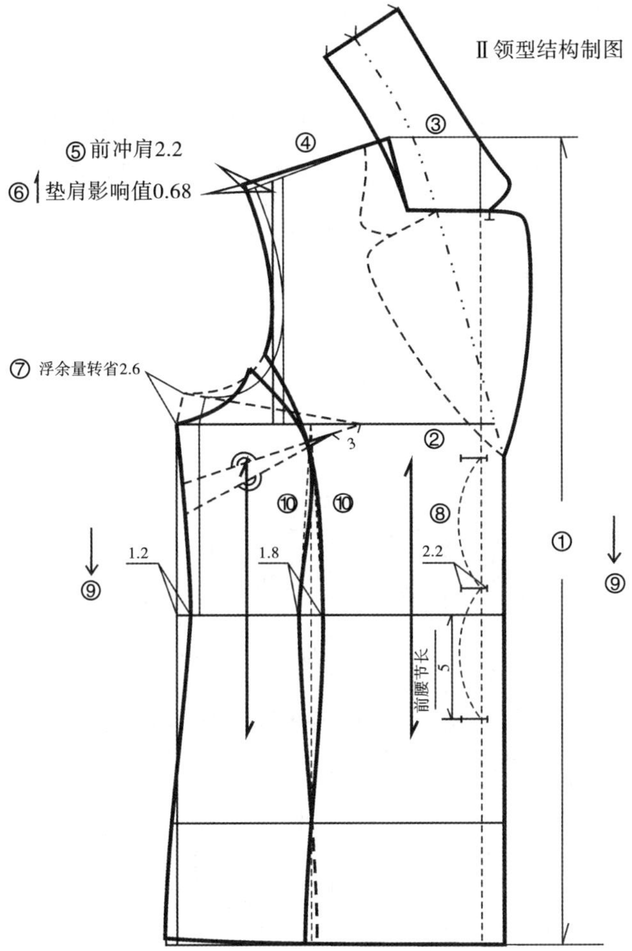

图7-48　前片制图

取腰节长 /5, 中间扣位均分即可。

⑨ 根据造型完成外轮廓线：顺序一：前肩斜线→袖窿弧线→修正侧缝线造型；顺序二：前领口→前门襟→底摆。

⑩ 弧形分割：前浮余量的消除方法：转弧形分割 2.6 cm。

⑪ 领型制图：参照项目五领型制图部分，见图 5-29。

翻折线为直线的翻折领制图，领倾斜角 =105°，nb=3 cm，mb=4.5 cm。

4. 袖片制图

见图 7-49。制图顺序如下：

① 复制前后袖窿弧。

② 袖山高：取 0.75AHL。

③ 袖长：58.2 cm。

④ 袖山斜线：

前袖肥：前袖山斜线 =AHf+1.3（前缝缩量）-1.3（弧直差）；

后袖肥：后袖山斜线 =AHb+1.7（后缝缩量）-1（弧直差）。

⑤ 袖山弧：按照款式要求完成袖山弧线造型。

⑥ 袖口宽：按袖口规格。

⑦ 前偏袖线：前偏袖量取 2.5 cm，根据款式调整前偏袖线。

⑧ 后偏袖线：根据款式调整后偏袖线。

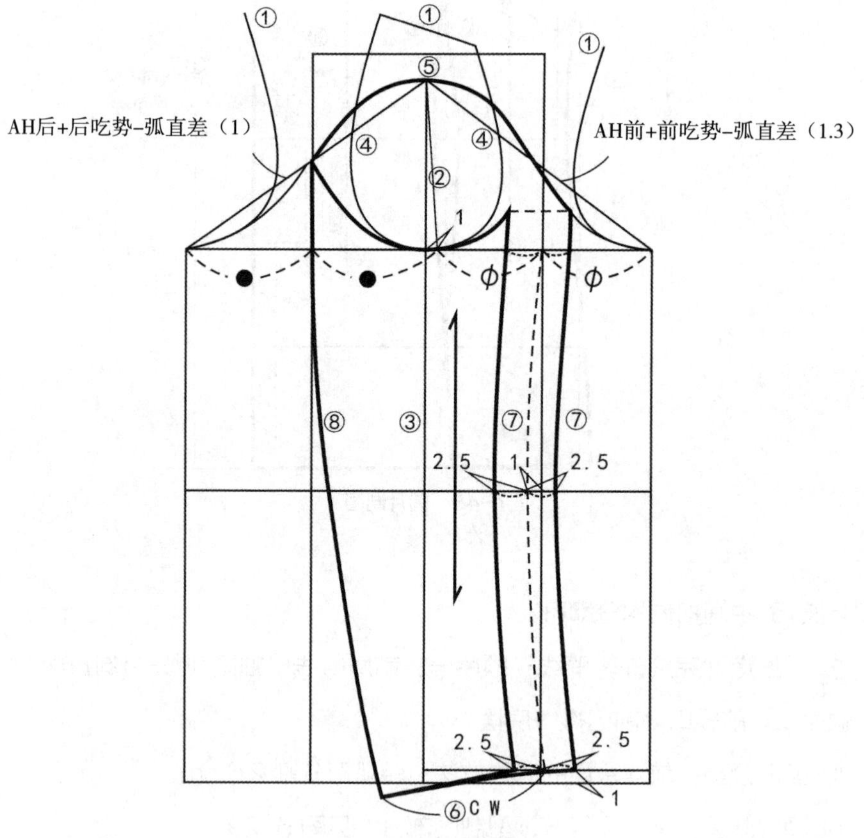

图7-49 袖片制图

五、女上衣放缝

1. 女上衣裁片要求

裁片要求见表 7-11。

表 7-11　女上衣裁片要求

序号	裁片名称	裁片数量	用料及要求
1	前中片	2	面料，选用直向丝缕，要求两片对称
2	前侧片	2	面料，选用直向丝缕，要求两片对称
3	挂面	2	面料，选用直向丝缕，要求两片对称
4	后中片	2	面料，选用直向丝缕，要求两片对称
5	后侧片	2	面料，选用直向丝缕，要求两片对称
6	大袖片	2	面料，选用直向丝缕，要求两片对称
7	小袖片	2	面料，选用直向丝缕，要求两片对称
8	领面	1	面料，选用横向丝缕
9	领里	2	面料，选用斜向丝缕
10	后领托	1	面料，选用横向丝缕
11	前中片	2	里料，选用直向丝缕，要求两片对称
12	前侧片	2	里料，选用直向丝缕，要求两片对称
13	后中片	2	里料，选用直向丝缕，要求两片对称
14	后侧片	2	里料，选用直向丝缕，要求两片对称
15	大袖片	2	里料，选用直向丝缕，要求两片对称
16	小袖片	2	里料，选用直向丝缕，要求两片对称
17	前中片	2	有纺衬，选用直向丝缕，要求两片对称
18	前侧片	2	有纺衬，选用直向丝缕，要求两片对称
19	挂面	2	有纺衬，选用直向丝缕，要求两片对称
20	领面	1	有纺衬，选用横向丝缕
21	领里	2	有纺衬，选用斜向丝缕
备注： 1. 选用素色面料时注意面料的丝缕及正反。 2. 根据面料性能选择不同型号的有纺衬。			

2. 女上衣面料放缝

（1）前、后片，挂面放缝：见图 7-50～图 7-52。

（2）大、小袖片放缝，见图 7-53。

（3）领面、领里、领托放缝，见图 7-54～图 7-56。

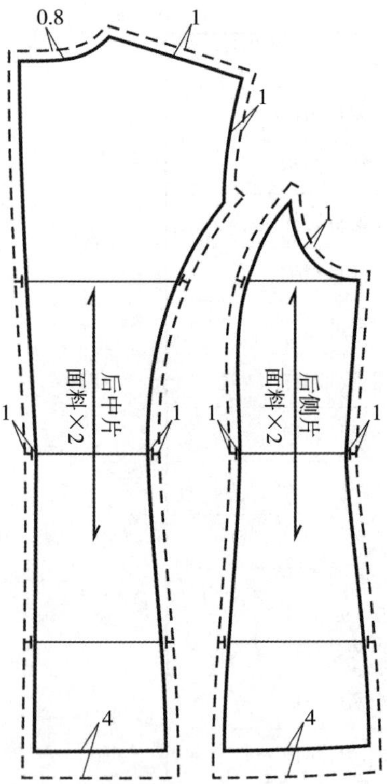

图7-50 后片放缝

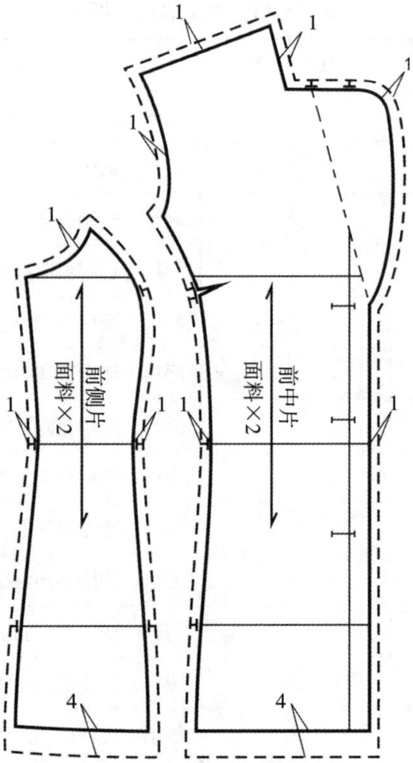

图7-51 前片放缝

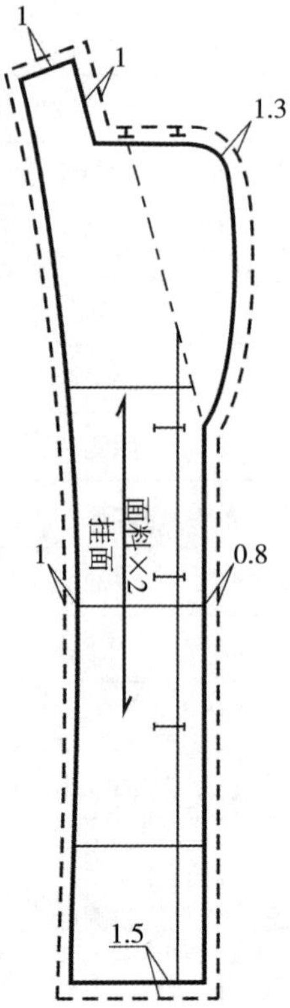

图7-52 挂面放缝

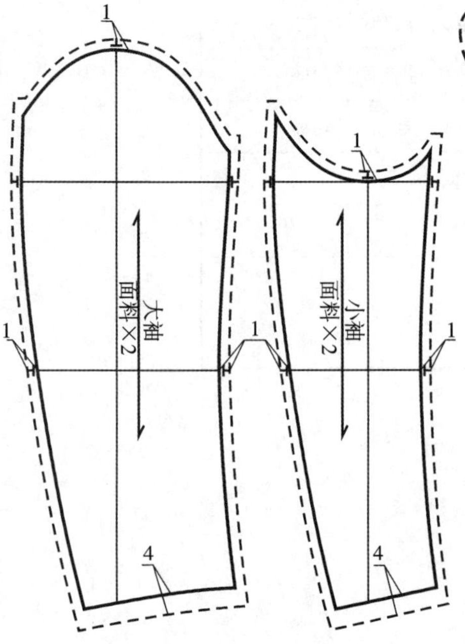

图7-53 大、小袖片放缝

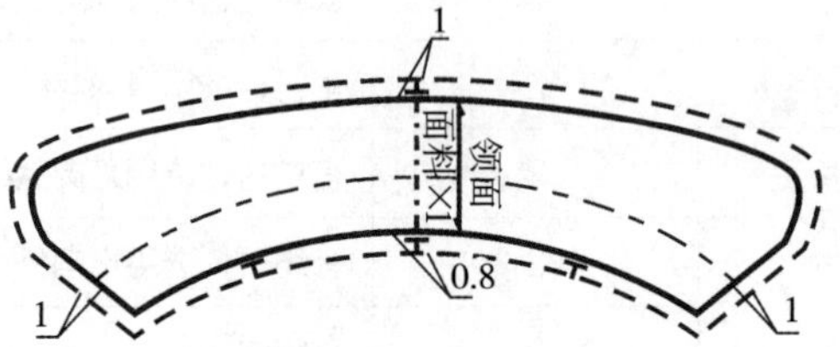

图7-54 领面放缝

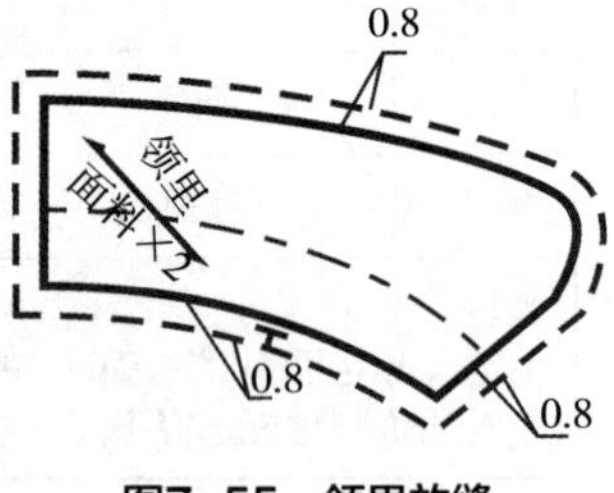

图7-55 领里放缝

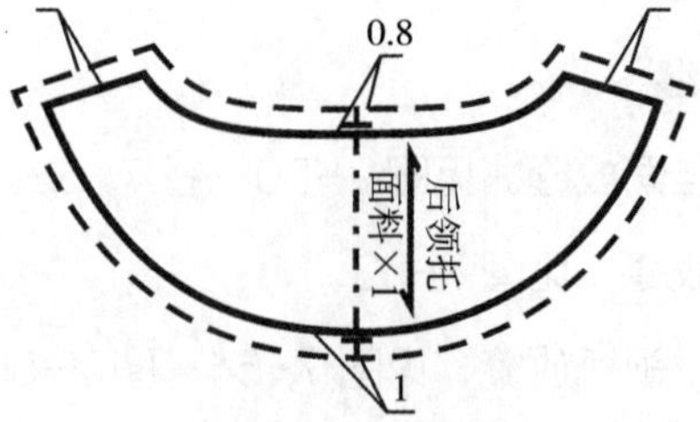

图7-56 后领托放缝

3. 里料放缝

（1）前、后片放缝，见图 7-57、图 7-58。

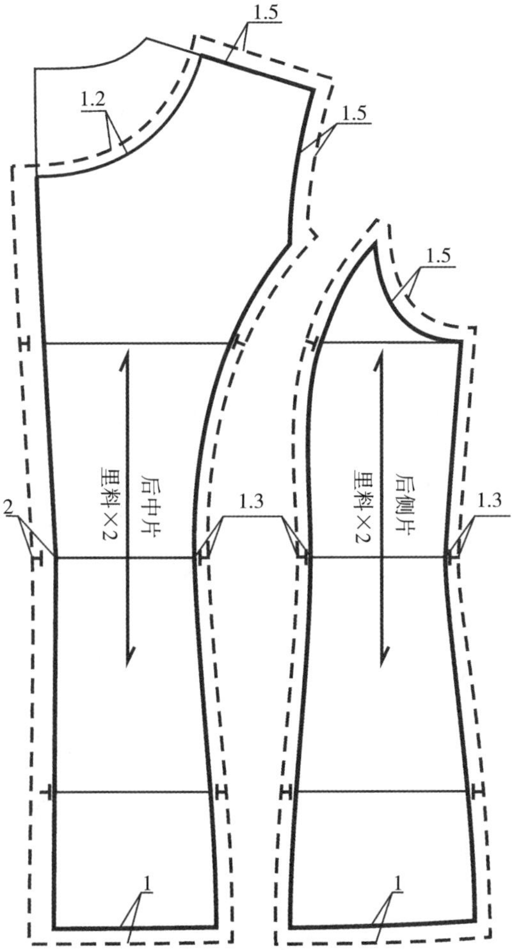

图7-57　后片里料放缝

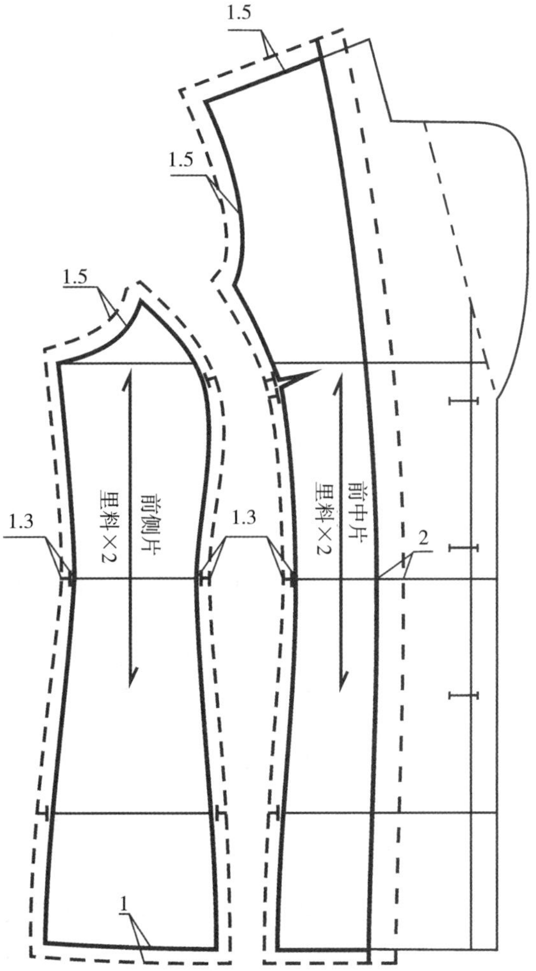

图7-58　前片里料放缝

（2）大、小袖片放缝，见图 7-59。

4. 净样板

（1）挂面，见图 7-60。

（2）领面，见图 7-61。

（3）领里，见图 7-62。

5. 有纺衬样板

有纺衬裁剪时比面料略缩进 0.2 cm 最好，以防止黏胶粒弄脏熨斗和面料。

（1）前片，参照前片面料放缝图 7-51。

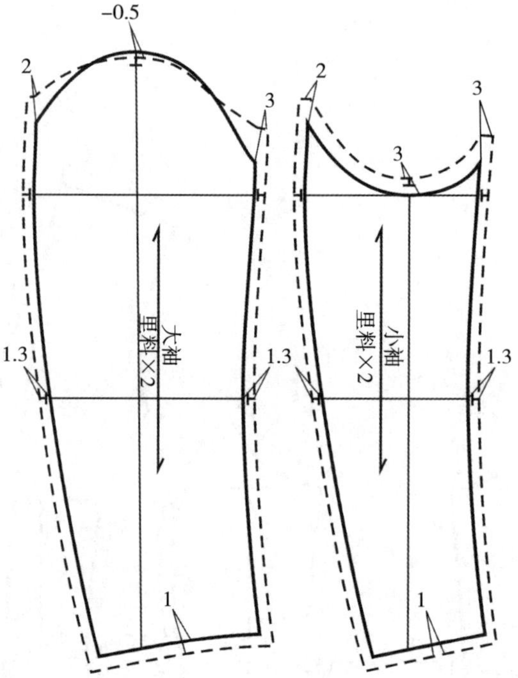

图7-59 大、小袖片放缝

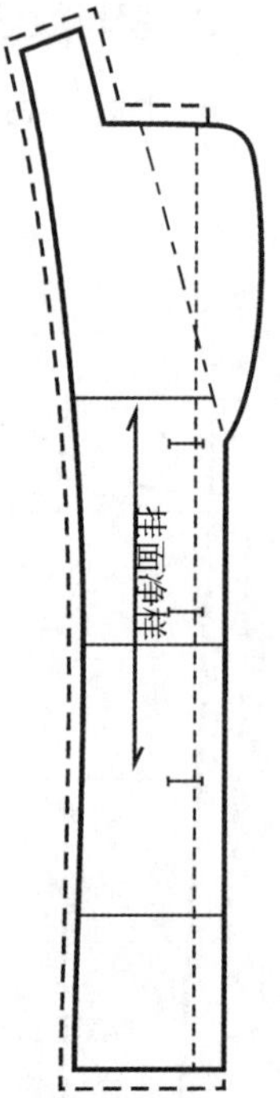

图7-60 挂面净样板

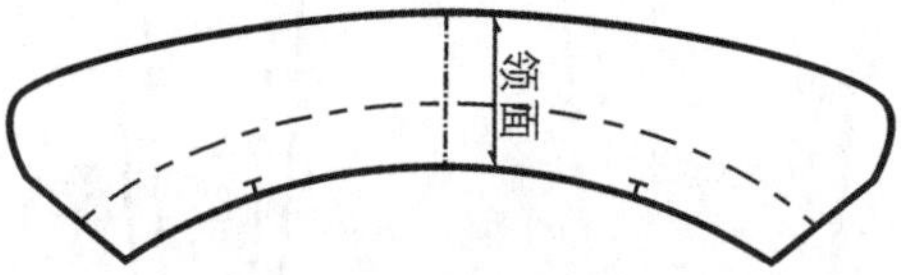

图7-61 领面净样板

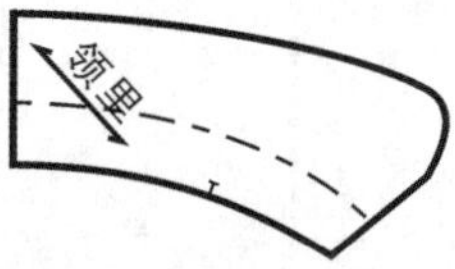

图7-62 领里净样板

（2）挂面，参照挂面面料放缝图 7-52。

（3）领面，参照领面面料放缝图 7-54。

（4）领里，参照领里面料放缝图 7-55。

六、女上衣排料

女上衣因为款式各异，制图规格不同，特别是胸围规格不同，采用面料的幅宽也宽窄不一，因此，用料差异较大，这里介绍的排料图是较为常用的排料方法和用料计算方法，仅供参考。

门幅宽 72×2 cm。用料计算：衣长 + 袖长 + 缝份。

1. 面料排料

面料排料见图 7-63。

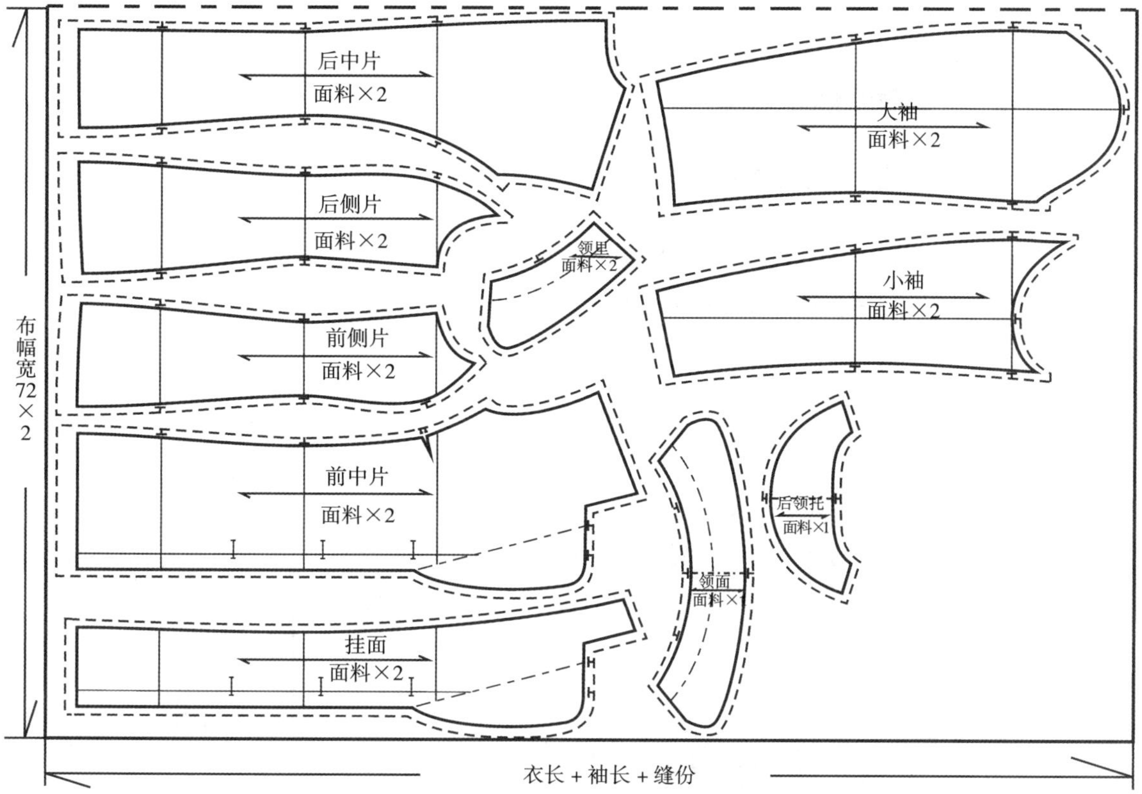

图7-63 女上衣面料排料

2. 里料排料

里料排料见图 7-64。

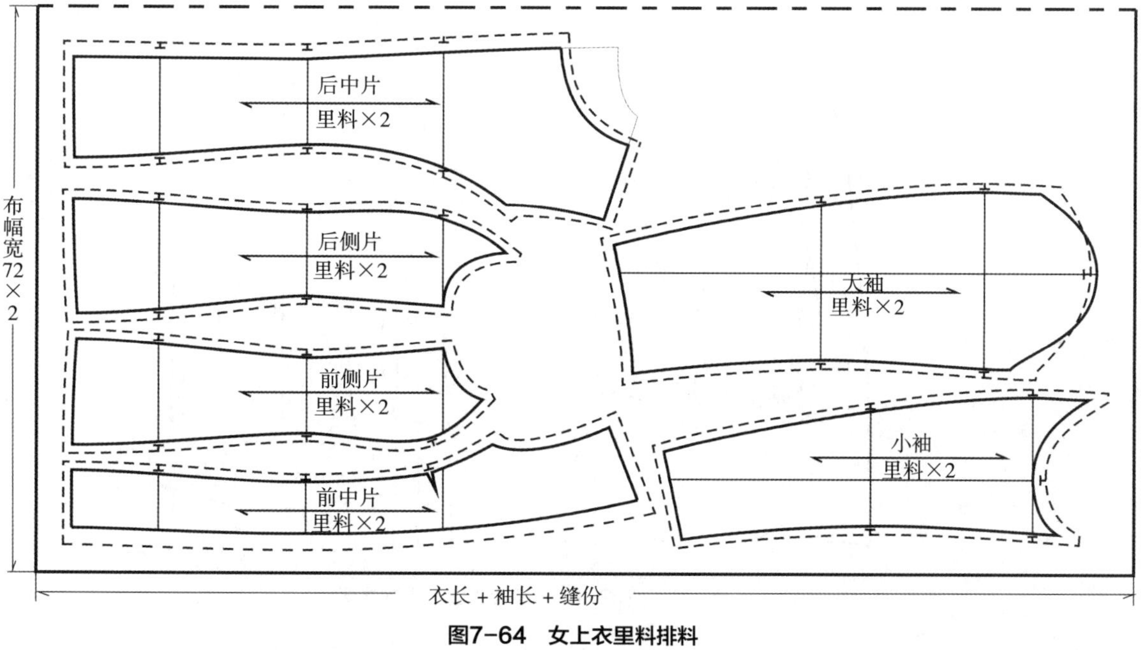

图7-64 女上衣里料排料

任务训练

七、女上衣结构设计

根据款式图 7-65、图 7-66 分析女上衣的结构特点，确定制图规格，完成结构制图、裁剪样板及排料图。

图7-65　立领女上衣款式图

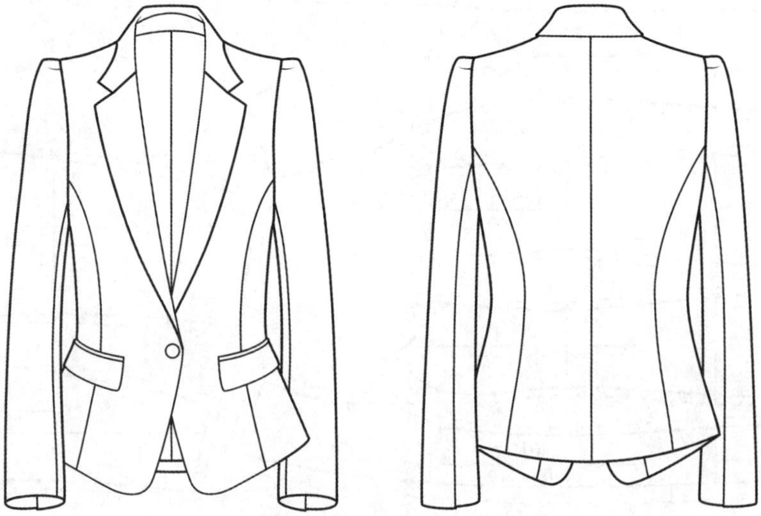

图7-66　翻驳领女上衣款式图

1. 款式风格分析：衣身、领型、袖身风格等。
2. 服装规格设计：根据衣身风格确定制图规格。
3. 衣身结构平衡：计算出前、后浮余量以及设计前、后浮余量消除方法。
4. 衣袖结构：确定袖山风格，袖身风格。
5. 衣领结构：确定与款式相对应的领型以及领侧倾斜角等制图数据。
6. 完成结构制图、裁剪样板及排料图。

任务评价

女上衣样板质量评分，见表 7-12。

表 7-12　女上衣样板质量评分表

班级：	姓名：		日期：	
检测项目	检测要求	配分	评分标准	得分
时间	在规定时间内完成任务	10	每超过 10 分钟，扣 5 分	
结构设计	1. 结构设计符合款式造型和规格要求	6	以上项目出现不符合要求，每处酌情扣 1～5 分	
	2. 各部位结构关系合理	10		
	3. 内外结构关系合理	10		
	4. 肩胛骨和胸立体度要体现纸样设计过程	10		
	5. 制图符号标注规范、清晰正确	4		
规格设计	1. 样板尺寸、服装号型与提供的规格表以及款式图效果相符	10	以上项目出现不符合要求，每处酌情扣 1～3 分	
	2. 成品规格不超过行业标准的允许公差	10		
样板制作	1. 样板缝份大小、宽度、缝角设计合理	10	以上项目出现不符合要求，每处酌情扣 1～3 分	
	2. 样片属性、纱向、刀口、归拔等符号标注规范、正确	6		
	3. 衬料样板与面样样板匹配合理	4		
设备	设备操作准确无误	5	违规操作扣 5 分	
安全	安全文明生产	5	违规操作扣 5 分	
检查结果总计		100		

思考与练习

一、简答题

1. 简述服装样板缝份加放的一般原则。

2. 服装排料应注意哪些问题?

二、作图题

根据款式图 7-67、图 7-68，分析女上衣的结构特点，确定制图规格，完成结构制图、裁剪样板及排料图。

三、拓展设计

根据流行趋势或客户要求，结合所学女衬衫、连衣裙、女上衣的款式特征，尝试不同衣身风格设计，确定制图规格，计算并设计浮余量消除方法，并按要求完成结构制图。

图7-67 女上衣款式图

图7-68　女上衣款式图

项目八　男装结构设计

男装结构设计是在女装结构设计的基础上，系统学习男装结构的构成原理。通过学习，掌握不同款式风格男装的结构设计及制图方法。

项目目标

素质目标

1. 在实践操作中，培养学生规范操作、安全操作的能力，提高安全意识。

2. 在实践操作中训练学生的动手能力，培养精益求精的工作态度，渗透吃苦耐劳的劳动精神。

知识目标

1. 理解男装原型结构设计；

2. 理解男衬衫、男西服、男西服马甲结构设计原理。

技能目标

1. 掌握男衬衫、男西服、男西服马甲的结构设计方法；

2. 能熟练绘制男衬衫、男西服、男西服马甲结构图。

任务一 男装原型

任务目标

1. 分析男装衣身结构平衡的形式。
2. 明确衣身浮余量消除的方法。
3. 明确男装的整体规格设计。
4. 掌握男装原型。

任务准备

一、男装原型分类

根据男装的风格分为梯形原型、箱型原型、箱型 + 梯形原型。

1. 梯形原型主要用于衬衫、夹克、风衣等宽松类男装的结构设计；
2. 箱型原型主要用于西装、马甲等较贴体类男装的结构设计；
3. 箱型 + 梯形原型主要用于其他款式的男装结构设计。

任务实施

二、箱型原型的绘制方法

1. 箱型原型制图规格

采用男子中间体 170/88A，其中：身高 h=170 cm，B^*=88 cm，W^*=74 cm，H^*=90 cm，见表 8-1。

表 8-1 箱型原型规格参数说明

名称	代码	说明
身高	h	指人体的身高
人体胸围	B*	指人体的净胸围
人体腰围	W*	指人体的净腰围
人体臀围	H*	指人体的净臀围
胸围放松量	16	指男子中间体净胸围的基本放松量

2. 箱型原型结构制图

制图公式见表 8-2；原型制图见图 8-1。

表 8-2 箱型原型制图公式

序号	名称	公式
1	胸宽	0.15B*+4.5
2	背宽	0.15B*+5.6
3	前腰节长	0.25h+2
4	后背长	（前腰节长 +B*/60）- 后直开领
5	胸高	0.1h+9
6	前肩斜	18°
7	后肩斜	22°
8	前横开领	○ -0.3
9	前直开领	○ +0.5
10	后横开领	0.07B*+2= ○
11	后直开领	○ /3
12	前浮余量	B*/40
13	后浮余量	B*/40-0.4

三、男装衣身结构平衡

男装的衣身结构平衡在男装中体现为衣片纱线横平竖直，松量分布动态均匀。

男装衣身结构平衡与女装相同，主要有以下三种形式：

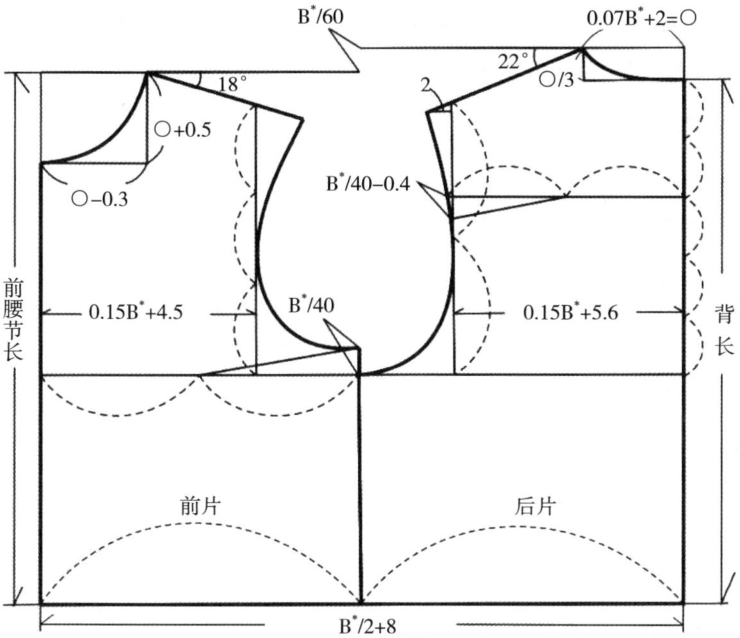

图8−1　箱型原型制图

1. 梯形平衡：前浮余量不用省道的形式消除，在前衣身 WL 处下放或者大部分下放，少部分浮于袖窿的形式消除。一般前衣身下放量≤ 1.5 cm。此类平衡适用于宽松服装，尤其是下摆较大的风衣、大衣类服装。

2. 箱型平衡：前后衣身在 WL 处于同一个水平状态。前浮余量以撇胸或浮于袖窿的形式消除，也可以考虑采用工艺归拢方法。主要用于贴体风格服装。

3. 梯形 + 箱型平衡：前浮余量采用部分撇胸、部分下放的形式消除，一般前衣身下放量≤ 1 cm；部分以收省（对准 BP 或者不对准 BP）的形式处理。主要用于较贴体或较宽松服装。

四、男装衣身结构平衡要素

决定衣身前后浮余量大小的因素有三点：

1. 人体净胸围：前浮余量的基本公式 =B*/40，后浮余量的基本公式 =B*/40−0.4，这表明胸围越大，前后浮余量越大，反之越小。

2. 垫肩影响值：通过测试研究得知，肩部垫肩量每增大 1 cm，对于前衣身可消除 1× 垫肩厚度的前浮余量值。对于后衣身可消除 0.7× 垫肩厚度的后浮余量值，原理就是加垫肩后使 BL 以上部位逐渐趋于平坦。

3. 衣身胸围松量：衣身胸围松量对前浮余量的影响值为 0.05（B−B*−16），对后浮余量的影响值为 0.02（B−B*−16）。但当 B−B*−16 > 20 时，衣身松量对前后浮余量的影响值就不再减少。

五、前后浮余量的计算

男装前浮余量理论值 =B*/40（原型），后浮余量理论值 =B*/40−0.4。

1. 实际前浮余量 = 前浮余量理论值 − 垫肩影响值 − 胸围松量影响值 =B*/40− 垫肩厚 −0.05（B− B*−16）=2.2− 垫肩厚 −0.05（B−104）。

2. 实际后浮余量 = 后浮余量理论值 − 垫肩影响值 − 胸围松量影响值 =（B*/40−0.4）−0.7× 垫肩厚 −0.02（B−B*−16）=1.8−0.7× 垫肩厚 −0.02（B−104）。

六、前后浮余量的消除方法

男装胸部呈圆台状，不同于女体圆锥状胸部，故男装浮余量不能通过省道来消除，而是通过撇胸、下放和工艺处理等方法以分散形式消除。

1. 前浮余量消除方法（注：图中● = 实际前浮余量）

（1）撇胸。前浮余量全部放在撇胸处，或者大部分放在撇胸处，可消除≤ 1.5 cm 的前浮余量，少部分放在袖窿处，见图 8−2，主要用于西装类外套。

（2）下放。前浮余量大部分下放在前衣身 WL 下，可消除≤ 1.5 cm 的前浮余量，少部分放在袖窿处，见图 8−3，主要用于衬衫类。

（3）下放 + 撇胸。前浮余量部分下放在前衣身 WL 下，部分放在前衣身的撇胸处，主要用于夹克、中山装类。

（4）浮于袖窿，如上述三种浮余量的消除方法仍不能完全消除前浮余量，可将剩余的浮余量浮于袖窿，见图 8−4。贴体、较贴体风格的服装，需要考虑工艺归拢方法进行消除，以达到造型需要。宽松风格、较宽松风格的服装，直接画顺袖窿弧即可。

2. 前浮余量转到撇胸处的消除方法（注：图中● = 实际前浮余量）

（1）以前衣身胸围大 1/2 位置为圆心进行转移，将前浮余量转移至前中心撇胸处。因前中心撇胸量应控制在≤ 1 cm，如有超出的部分需要选用

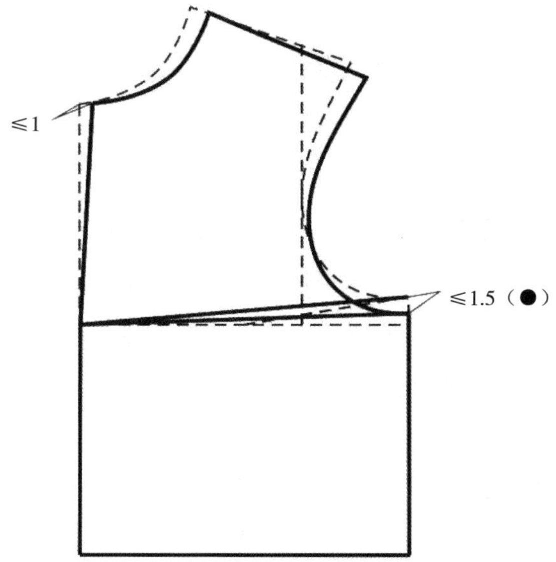

图8-2　撇胸

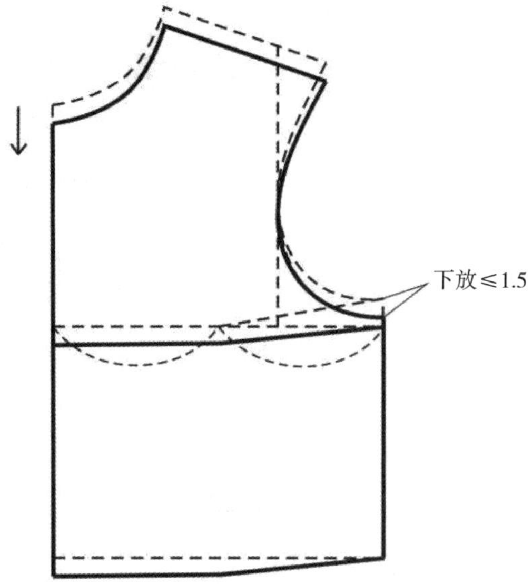

图8-3　下放

适当长度的牵条进行工艺归拢处理，完成后将撇胸量控制在 1 cm 以内，如图 8-5。此方法成衣后，胸部造型浑圆，适体性较强。贴体服装（如男西服）多用此方法。

（2）通过 BL 与门襟的交点进行转移，前浮余量取值≤ 1.5 cm，转移后，前中心撇胸量控制在 1 cm 内，如图 8-2。此类撇胸一般不需要在前门襟处归拢。此方法成衣后，胸部造型较平坦，较宽松服装多用此方法转移浮

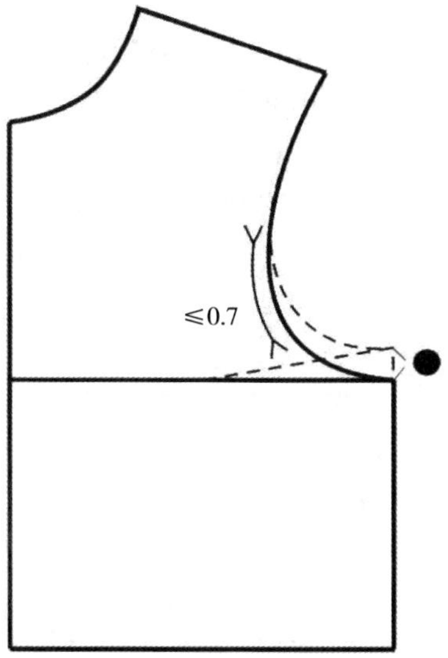

图8-4　袖窿归拢

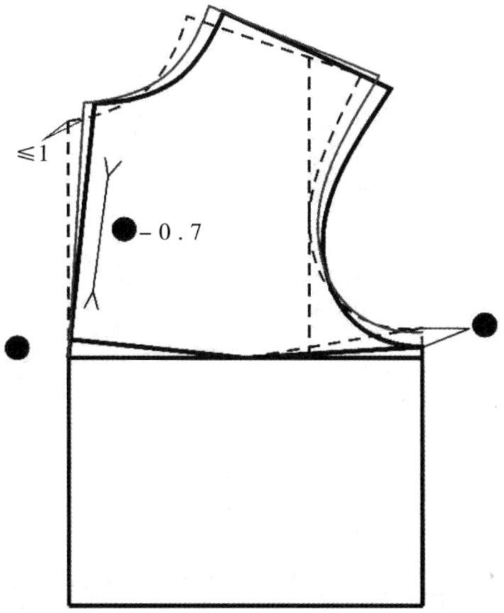

图8-5　撇胸+袖窿归拢

余量。

3. 后浮余量的消除方法（注：图中● = 实际后浮余量）

（1）后浮余量通过肩背处的分割线消除，可消除○≈ 1 cm 的后浮余量，见图 8-6，用于衬衫、夹克衫等肩背处有分割线的服装；

（2）后浮余量全部或者部分放在肩缝、袖窿、后中线处，通过缝缩、牵带或者归拢等工艺处理来消除；常用于肩部没有分割的服装。转肩缝缩（△常取≤ 1 cm, 大衣类≤ 1.3 cm），见图 8-7；袖窿归拢（○≤ 0.7），见图 8-8；转后背中缝（○ =0.3～0.5），见图 8-9；后背中缝归拢（○≤ 0.3），见图 8-10。

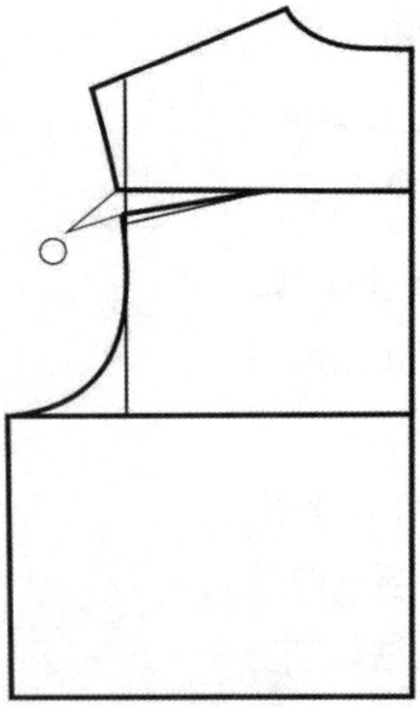

图8-6　分割线

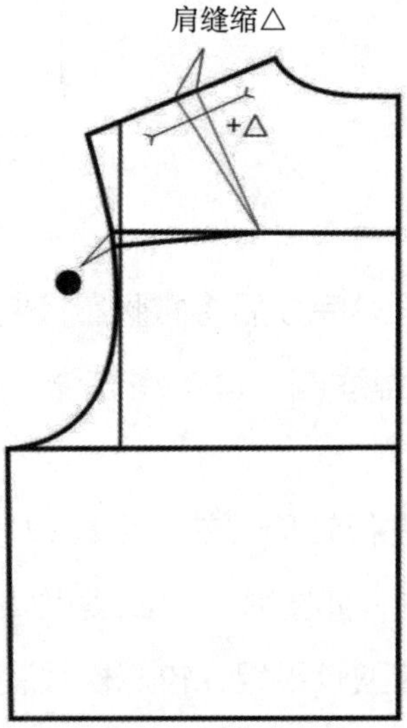

图8-7　肩缝缩

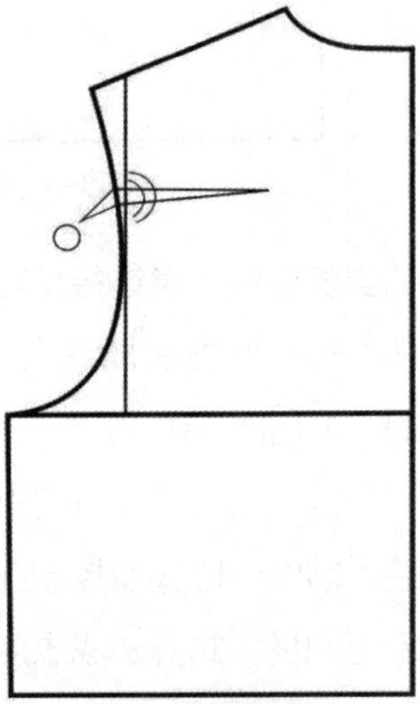

图8-8　袖窿归拢

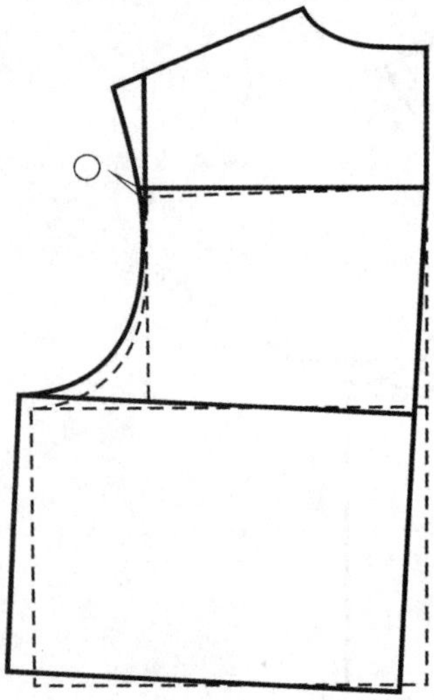

图8-9　后背中缝

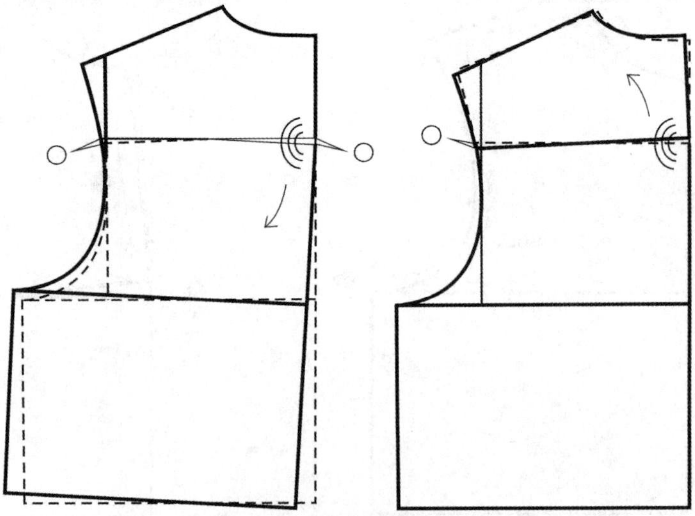

图8-10　后片背中缝归拢

七、其他因素对衣身平衡的影响

1. 内衣的影响值

由于人体在外衣内部穿有各种层次、厚度的内衣，其纵向厚度会对外衣在胸围线以上的后衣身肩缝处长度产生影响。内衣厚的参考值：冬季服装● =0.7～1 cm，春秋季服装● =0.4～0.6 cm，夏季● =0。SNP 处加松量为●，SP 处 =2/3 ● ,BNP 处 = ● -0.2。

2. 材料厚度对胸围的影响

当材料具有一定厚度时，可以在门襟处增加材料对胸围的影响值（一般≤1 cm）。

八、男装的造型特点

男体与女体不同，尤其躯干部。结构设计中的变化体现在：

（1）男性胸部形态为扁圆状，其前浮余量的大小及处理方法不同于女装。

（2）男性背部肌肉浑厚，后衣身浮余量大于女装。

（3）根据胸腰差，将男体划分为 Y、A、B、C、D 体型，见表 8-3。

表 8-3　男子体型分类　　单位：cm

体型分类	Y	A	B	C	D
胸腰差	22-17	16-12	11-7	6-2	2 以下

男子的体型随着年龄的增长呈 Y→A→B→C→D 的变化。一般情况下，年龄越大，男子的腰围和腹围越大，胸围的改变相对较小，前腰节会略减短，后腰节略加长，胸宽减少，背宽增大。

（4）男性后腰节长于前腰节。

（5）男体肩宽较女体略宽，上臂肌肉发达，男装肩宽大于女装，袖山呈浑圆状，袖肥较同类女装要大。

（6）男性手臂自然状态下前曲倾斜的程度大于女体约 2°～4°。手臂角度及肘部弯曲程度决定男装弯袖大于女装弯袖。

男装的构成设计和女装的最大差别在于：男装用最简单的结构线、复杂的工艺处理模式来构成男装的造型。男装造型构成主要是结构、工艺、衬和面料共同组合。

（1）结构处理：通过结构线的分割、省、缝的处理方法。

（2）工艺处理：通过工艺手段，如推、归、拔、缝缩等处理方法。

（3）材料处理：通过面料、里料和衬料的配伍来满足造型设计的处理方法。

九、男装衣袖结构设计

1. 男装袖窿造型与女装基本相同，但由于男体体型的特殊性，其结构和女装稍有差异。袖窿按其宽松度也可以分为宽松风格、较宽松风格、较贴体风格及贴体风格。

2. 相对于女装袖窿、袖山结构，男装袖窿的前后冲肩量均大于女装，男装的袖山深可以大于同类风格的女装。

不同风格袖窿的冲肩量、袖窿深设计参考值，详见表 8-4。

3. 袖山深的确定（图 8-11）。袖山深、袖肥大、袖山斜线取值见表 8-5，缝缩量设计见表 8-6。

表 8-4 不同风格袖窿的冲肩量、袖窿深设计参考值 单位：cm

部位	宽松风格	较宽松风格	较贴体风格	贴体风格
袖窿深	0.2B+3+（＞4）	0.2B+3+（3~4）	0.2B+3+（2~3）	0.2B+3+（1~2）
前冲肩	1~2	2~2.5	2.5~3	3~3.5
后冲肩	1~1.5	1.5~2	1.5~2	1~1.5

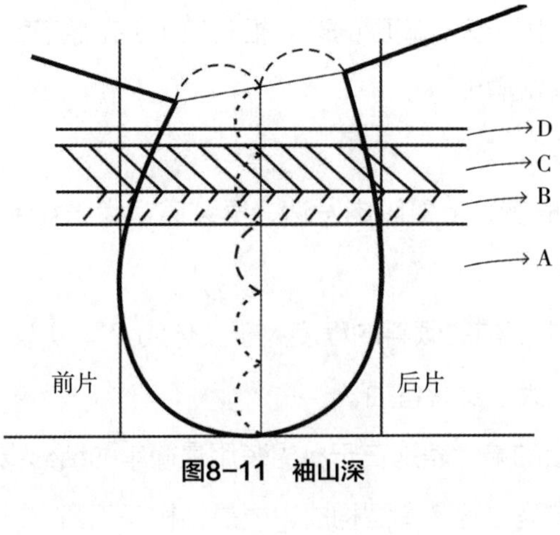

图8-11 袖山深

表 8-5　袖山深、袖肥大、袖山斜线设计　单位：cm

风格	袖山深	袖肥	袖山斜线	袖眼形状	区域
宽松风格	≤ 0.6AHL （常取 0~9）	0.2B +（3~AH/2）	AHf+ 缝缩量 - ≤ 1.1 AHb+ 缝缩量 - ≤ 0.8	扁平状	A
较宽松风格	0.6~0.7AHL （常取 9~13）	0.2B +（1~3）	AHf+ 缝缩量 -（1.1~1.5） AHb+ 缝缩量 -（0.8~1.2）	扁圆状	B
较贴体风格	0.7~0.83AHL （常取 13~16）	0.2B +（-1~1）	AHf+ 缝缩量 -（1.1~1.5） AHb+ 缝缩量 -（0.8~1.2）	杏圆状	C
贴体风格	0.83~0.87AHL （常取 16 以上）	0.2B +（-3~-1）	AHf+ 缝缩量 -（1.5~1.7） AHb+ 缝缩量 -（1.2~1.4）	圆状	D

表 8-6　缝缩量（吃势）的设计　单位：cm

袖山风格	材料	参考值	参考款式
宽松风格	薄型面料：丝绸类、薄型化纤类等	0~1	衬衫类
较宽松风格	较薄面料：化纤类、薄型毛涤类	1~2.5	夹克衫 两用衫
较贴体风格	常规面料：精纺、混纺、薄型粗纺类	2.8~4.2	西服类 外套类 大衣类
贴体风格	较厚面料：粗纺类、大衣呢类	3.8~4.5	

十、男装整体规格设计

规格设计采用的号型标准为男子中间体 170/88A，身高 h=170 cm，B^*=88 cm，W^*=74 cm，H^*=90 cm。

1. 衣长（L）=（0.4~0.6）h ± a（a 为常数，根据款式需要增减）。

2. 前腰节长（FWL）=0.25h+2 ±（0~2）(根据款式调节)。

3. 袖长（SL）=0.3 h + { 8~9 cm（西装类外套）；9~10 cm（衬衫类）；11~12 cm（大衣、风衣类）} + 垫肩厚

4. 胸围（B）=（B^*+ 内衣厚）+ { 0~12 cm（贴体风格）；12~18 cm（较贴体风格）；18~25 cm（较宽松风格）；≥ 25 cm（宽松风格）}

（内衣厚：衬衣 =2 cm，薄毛衣 =3 cm，厚毛衣 =5 cm）

5. 领围（N）=0.25（B^*+ 内衣厚）+（15~20 cm）。

6. 肩宽（S）=0.3 B+ { 11~12 cm（宽松风格）; 12~14 cm（较宽松风格、较贴体风格）; 14~15 cm（贴体风格） }

7. 袖口宽（CW）=0.1（B^*+ 内衣厚）+ { ≤ 2 cm（衬衫类紧袖口）; ≈ 5~6 cm（西装类较宽松）; ≥ 8 cm（大衣类宽袖口） }

8. 胸腰差（B−W）=0~6 cm，为宽腰；6~12 cm，为较卡腰。

9. 臀围（H）= { B−（≥ 4 cm）T 型风格; B ± 2 cm H 型风格; B+（> 2 cm）A 型风格 }

10. 肩斜度：人体肩斜度平均值 =22°，不加垫肩的原型肩斜度平均值为 20°（前 18°，后 22°）。

任务拓展

十一、前、后片浮余量转移实例

1. 前浮余量撇胸 + 归拢消除方法

根据服装款式设计，在进行结构制图时，如果将前浮余量 1.8 cm 转入撇胸，那么，可以设计牵条归拢量为 1.8−0.7=1.1 cm，见图 8−12。

男西服多采用此方法，先通过撇胸转移浮余量●，然后在翻折领的翻折线处选用适量的牵条进行归拢，来达到造型需要。

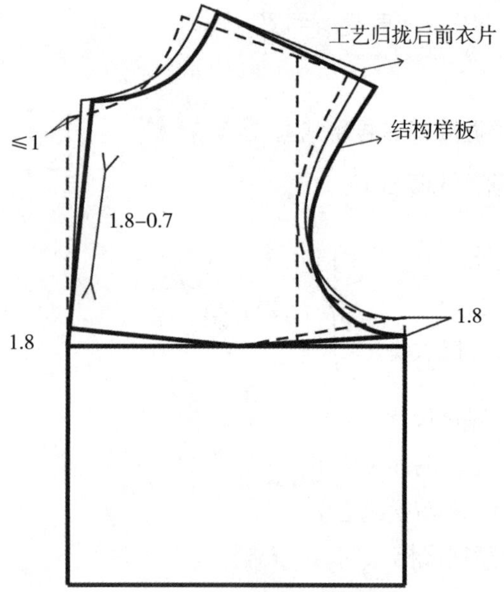

图8−12 撇胸+归拢

2. 后片浮余量转移方法

（注：图中△ + ○ = 实际后浮余量）

（1）转后背中缝实例，见图 8−13；

（2）转袖窿归拢 + 肩缝缩实例，见图 8−14；

（3）转后背中缝归拢实例，见图 8−15。

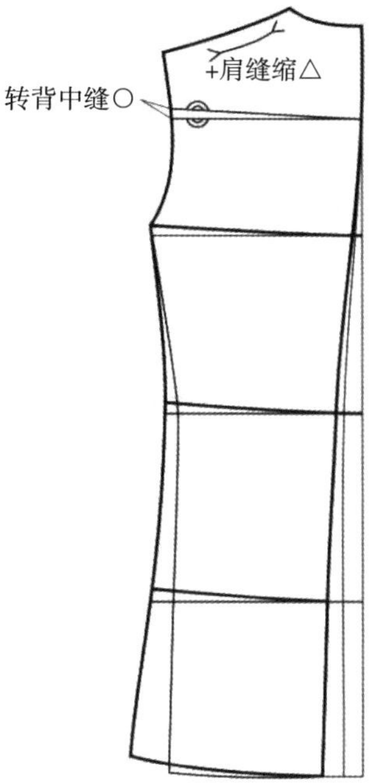

图8-13　转后背中缝

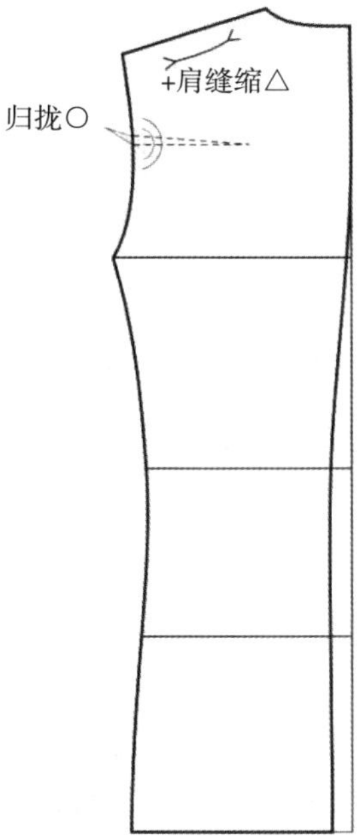

图8-14　袖窿归拢+肩缝缩

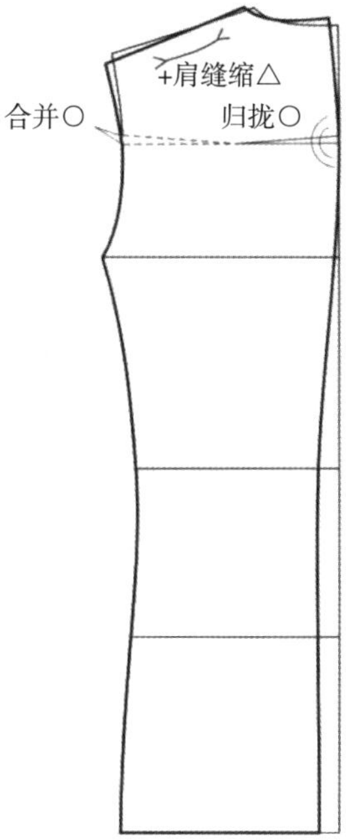

图8-15　后背中缝归拢

思考与练习

一、填空题

1. 根据男装的风格分为________原型、________原型、________原型三种原型。

2. 决定男装衣身前后浮余量大小的因素有三点：________、________、________。

3. 男装前浮余量理论值 = ________，后浮余量理论值 = ________。

4. 男装实际前浮余量 = ______________________________，男装实际后浮余量 = ______________________________。

5. 男装胸部呈圆台状，不同于女体圆锥状胸部，故男装浮余量不能通过省道来消除，而更多地通过____________、____________等工艺处理方法以分散形式消除。

二、简答题

1. 男装前浮余量消除方法有哪几种?

2. 男装后浮余量消除方法有哪几种?

3. 男装结构设计中，不同衣身风格的袖山深是如何设计的?

三、实践题

搜集不同风格的男装款式，根据款式特征，进行前、后浮余量的计算和消除方法练习，并完成基础结构制图。

任务二　男衬衫结构设计

任务目标

1. 根据款式能够完成不同风格的男衬衫整体结构设计，确定制图规格。

2. 分析男衬衫整体衣身结构平衡和影响要素。

3. 根据男衬衫的制图规格，计算并设计前、后浮余量的最佳消除方法。

4. 根据男衬衫的款式特征，完成结构制图及样板制作。

任务实施

一、男衬衫款式设计

较宽松风格衣身，较宽松袖山风格，直身一片袖，翻立领造型。

款式特征：翻立领，尖领角，前胸左贴袋，前门襟 6 粒扣，圆下摆，后身育克分割，分割下收暗裥，袖口处开宝剑头袖衩，收 2 个褶裥，圆角袖克夫，衣身略收腰造型。款式图见图 8-16。

图8-16　长袖男衬衫款式图

二、男衬衫规格设计

根据衣身风格确定制图规格（单位：cm）。

1. 衣长（L）=0.4 h + 4=72
2. 前腰节长（FWL）=0.25 h+2=44.5
3. 袖长（SL）=0.3 h +（9～10）=51+9=60
4. 胸围（B）= B^*+（18～25）=88+20=108
5. 胸腰差 B-W=4
6. 领围（N）=0.25（B^*+ 内衣厚：0）+（15～20）=22+19=41
7. 肩宽（S）=0.3 B +（12～13）=32.4+13=45.4
8. 袖口宽（CW）=0.1（B^*+ 内衣厚）+2=8.8+2=10.8

根据以上规格设计得出以下的制图规格（表 8-7）：

表 8-7　男衬衫制图规格　　单位：cm

衣长	前腰节长	胸围	领围	肩宽	袖长	袖口宽
72	44.5	108	41	45.4	60	10.8

三、男衬衫结构设计

（一）衣身结构平衡

1. 采用箱型 + 梯形平衡方法。

2. 实际前浮余量：$=B^*/40-$垫肩厚$-0.05(B-B^*-16)=2.2-0-0.05(B-104)=2$ cm。

前浮余量的消除方法：采用下放 1.3 cm，0.7 浮于袖窿处。

3. 实际后浮余量$=(B^*/40-0.4)-0.7\times$垫肩厚$-0.02(B-B^*-16)=1.8-0.7\times0-0.02(B-104)=1.7$ cm。

后浮余量的消除方法：采用后育克分割处消除 1 cm，其余 0.7 cm 浮于袖窿处。

（二）衣袖结构

确定袖山风格、袖身风格。

1. 用配伍作图方法做较宽松直身一片袖，袖山高取 0.6 AHL。缝缩量取 1 cm。

2. 前袖山斜线 = 前 AH+ 缝缩量（0.45）− 弧直差（1.1 cm）。

3. 后袖山斜线 = 后 AH+ 缝缩量（0.55）− 弧直差（0.8 cm）。

（三）衣领结构

确定与款式相对应的领型的各部位数据。

本款式采用翻立领结构制图方法，底领为 3 ~ 3.5 cm，翻领为 4 ~ 4.5 cm。

四、男衬衫结构制图

前片结构制图，见图 8−17；后片结构制图，见图 8−18；袖片结构制图，见图 8−19；翻立领结构制图，见图 8−20；宝剑头袖衩制图，见图 8−21。

五、男衬衫制图要点

1. 男衬衫袖窿深，合体风格的衣身可以参照原型袖窿深，其余风格衣身可以参照款式，自行设计。

2. 衬衫袖窿常设计包缝，为了缝合方便，一般情况下，袖窿弧线可以不作太大的凹势，因为袖窿弧越弯，包缝工艺难度越大，影响成衣外观。

3. 衬衫纽扣一般设计为 6 ~ 8 粒。第一粒纽扣，搭门直开领处上提 1.5 cm（一般取底领领座 1/2 左右）。第二粒纽扣距第一粒纽扣 6 ~ 8 cm，最后一粒纽扣一般按公式 = 衣长 /4 计算得出。其余纽位取第二粒纽扣位置和最后纽扣位置均分即可。

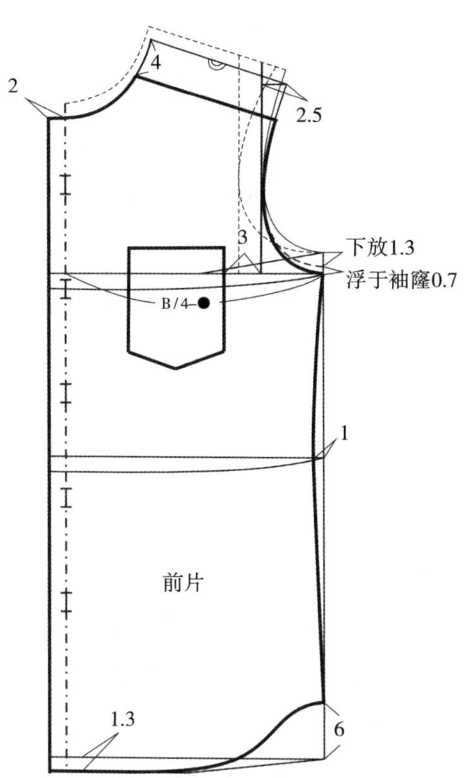

图8-17　前片制图

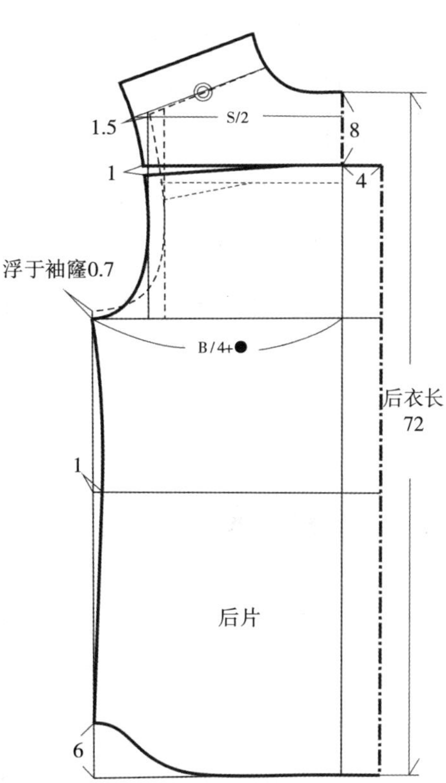

图8-18　后片制图

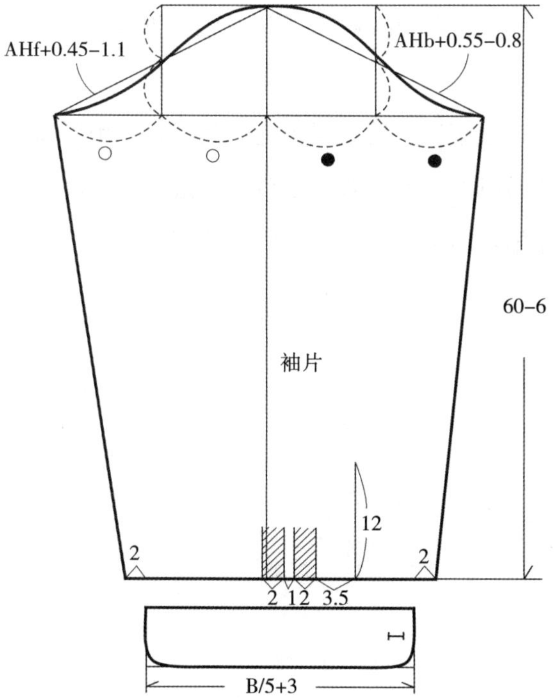

图8-19　直身一片袖制图

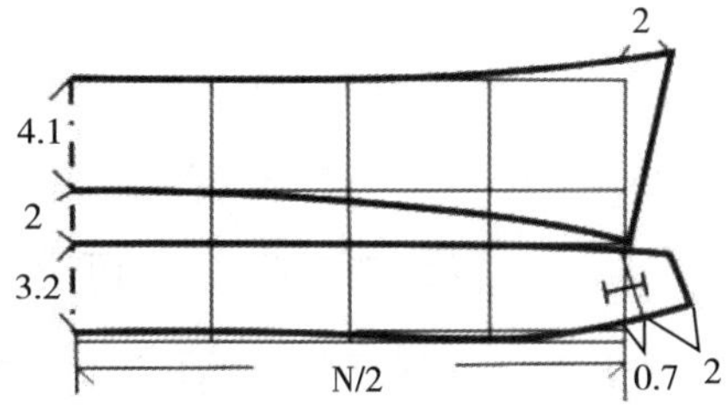

图8-20　翻立领制图

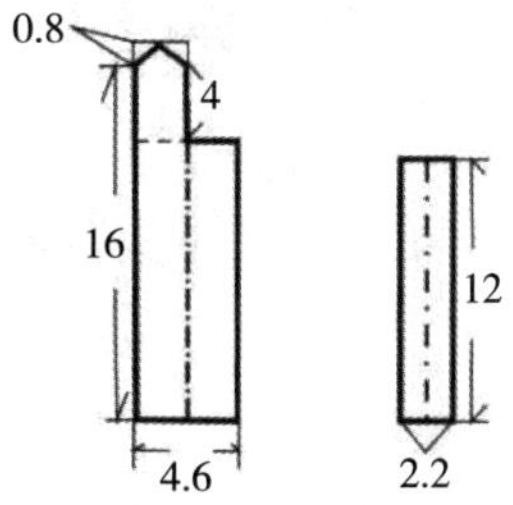

图8-21　宝剑头袖衩制图

4. 左胸贴袋制图方法：袋口 =B/10，起翘 0～1 cm，袋底 = 袋口大 +（0.5～1 cm），袋深 =12 cm。袋底尖角，取袋底中心，两侧提升 1.5 cm，也可以根据款式设计袋型。

5. 后片褶裥根据款式，可以设计为后片中心褶裥，也可以设计为左右对称褶裥，或者无褶裥。

6. 前胸围 =B/4- ●，后胸围 =B/4+ ●。图中●表示在实际制图中，可以根据款式需要调整前后胸围大。

任务拓展

男衬衫款式丰富多彩，风格迥异，根据穿着场合、目的以及所选面料、款式不同，内穿外穿均可。普通衬衫其变化主要在领型、门襟、口袋、下摆、袖口等部位。

领型的变化，常指翻立领的领角造型变化，根据流行略微调整，如小圆角、大尖角、小尖角、方领角等造型，也可以设计无翻领的单独立领。门襟一般设计为外翻门襟、常规门襟、暗门襟等，可以根据面料丝向的变化设计外翻门襟，也可以选用配色面料进行设计。

衬衫贴袋一般设计为左胸贴袋，根据流行可以设计为开袋形式，也可以选择左右双贴袋，可设计加袋盖。袖口可设计为无褶裥袖克夫、普通两褶裥袖克夫等款式，袖克夫可选择平角、圆角等造型。男衬衫下摆一般取平下摆或者圆下摆造型。

任务评价

男衬衫样板质量评分，见表 8-8。

表 8-8　男衬衫样板质量评分表

班级：	姓名：	日期：		
检测项目	检测要求	配分	评分标准	得分
时间	在规定时间内完成任务	10	每超过 10 分钟，扣 5 分	
结构设计	1. 结构设计符合款式造型和规格要求	6	以上项目出现不符合要求，每处酌情扣 1～5 分	
	2. 各部位结构关系合理	10		
	3. 内外结构关系合理	10		
	4. 肩胛骨和胸立体度要体现纸样设计过程	10		
	5. 制图符号标注规范、清晰正确	4		
规格设计	1. 样板尺寸、服装号型与提供的规格表以及款式图效果相符	10	以上项目出现不符合要求，每处酌情扣 1～3 分	
	2. 成品规格不超过行业标准的允许公差	10		
样板制作	1. 样板缝份大小、宽度、缝角设计合理	10	以上项目出现不符合要求，每处酌情扣 1～3 分	
	2. 样片属性、纱向、刀口、归拔等符号标注规范、正确	6		
	3. 衬料样板与面样样板匹配合理	4		
设备	设备操作准确无误	5	违规操作扣 5 分	
安全	安全文明生产	5	违规操作扣 5 分	
检查结果总计		100		

思考与练习

根据款式图 8-22 长袖男衬衫、图 8-23 短袖男衬衫，分析不同款式男衬衫的结构特点，确定制图规格，完成结构制图、裁剪样板及排料图。

1. 款式风格分析：衣身、领型、袖身风格等。
2. 服装规格设计：根据衣身风格确定制图规格。
3. 衣身结构平衡：计算出前、后浮余量以及设计前、后浮余量消除方法。
4. 衣袖结构：确定袖山风格，袖身风格。
5. 衣领结构：确定与款式相对应领型的各部位数据。
6. 完成结构制图、裁剪样板及排料图。

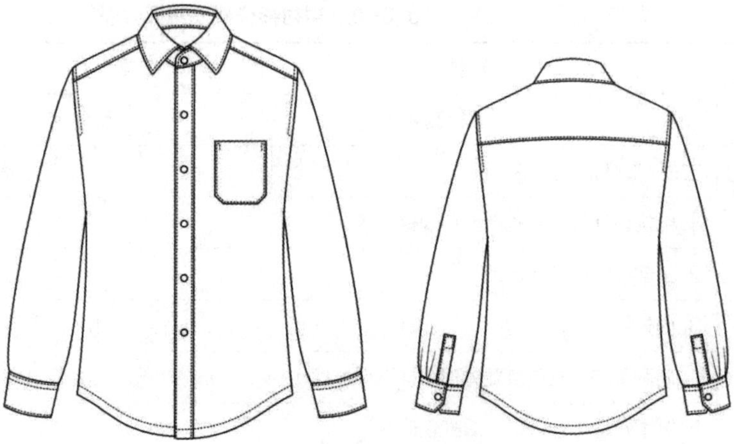

图8-22 长袖男衬衫款式图

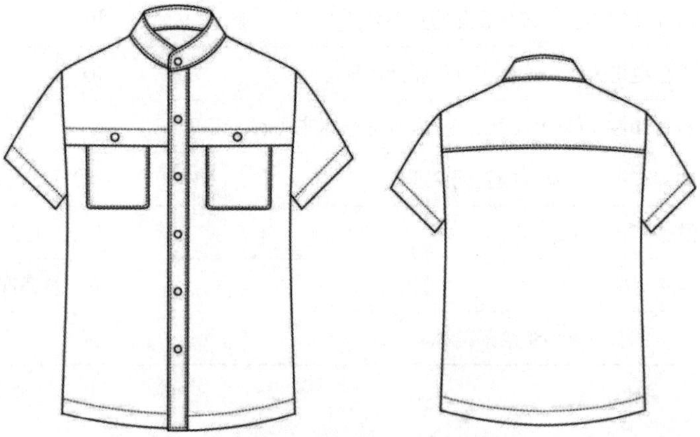

图8-23 短袖男衬衫款式图

任务三 男西服结构设计

任务目标

1. 根据款式能够完成不同风格的男西服整体结构设计，确定制图规格。
2. 分析男西服整体衣身结构平衡和影响要素。
3. 根据男西服的制图规格，计算并设计前、后浮余量的最佳消除方法。
4. 根据男西服的款式特征，完成结构制图及样板制作。

任务实施

一、男西服款式设计

较贴体风格衣身，弯身两片袖，翻折领，内衣为衬衫，垫肩厚 1 cm。

款式特征：单排三粒扣，平驳领；前片大袋为双嵌线有盖开袋，左胸一只手巾袋，腰节处收胸省及腋下省；圆角下摆；后片中缝开背缝，腰节以下可选择开背衩；圆装弯身两片袖，袖口开衩，袖口左右各钉装饰扣三粒，见图 8-24。

图8-24　平驳头单排三粒扣男西服款式图

二、男西服规格设计

根据衣身风格确定制图规格。

1. 衣长（L）=0.4 h + 8=76
2. 前腰节长（FWL）=0.25 h+1=43.5
3. 袖长（SL）=0.3 h +（8～9）+ 垫肩厚 =51+8+1=60
4. 胸围（B）=（B^*+ 内衣厚）+12～18=（88+2）+16=106
5. 领围（N）=0.25（B^*+ 内衣厚）+（15～20）=22.5+18.5=41
6. 肩宽（S）=0.3 B +（13～14）=31.8+13.2=45

7. 袖口宽（CW）=0.1（B^*+ 内衣厚）+5=9+5=14

根据以上规格设计得出的制图规格（表 8-9）：

表 8-9 男西服制图规格

单位：cm

衣长	前腰节长	胸围	领围	肩宽	袖长	袖口宽
76	43.5	106	41	45	60	14

三、男西服结构设计

（一）衣身结构平衡

1. 采用箱形平衡方法。

2. 实际前浮余量 =B^*/40- 垫肩厚 -0.05（B-B^*-16）=2.2-1-0.05（B-104）=1.1 cm。

前浮余量的消除方法：采用撇胸 + 门襟归拢消除方法。

3. 实际后浮余量 =（B^*/40-0.4）-0.7× 垫肩厚 -0.02（B-B^*-16）=1.8-0.7×1-0.02（B-104）=1.1 cm。

后浮余量的消除方法：采用肩缝缩 0.9 cm，转入背缝 0.2 cm。

（二）衣袖结构

确定袖山风格，袖身风格。

1. 用配伍作图方法做较贴体弯身两片袖，袖山高取 0.8AHL，袖山缝缩量 4.2 cm。

2. 前袖山斜线 = 前 AH+1.9（前缝缩量）-1.5（弧直差）。

3. 后袖山斜线 = 后 AH+2.3（后缝缩量）-1.2（弧直差）。

（三）衣领结构

确定与款式相对应的领型以及衣领领侧倾斜角等制图数据。

本款式作翻折线为直线的翻折领，&b=120°，nb=2.8 cm，mb=4 cm。

四、男西服结构制图

前片、领型、后片结构制图，见图 8-25；袖片结构制图，见图 8-26。

五、男西服制图要点

在箱型原型的基础上完成男西服的结构制图：

1. 因做翻折领 &b=120°，因此，实际前、后横开领在原型领口宽基础上需

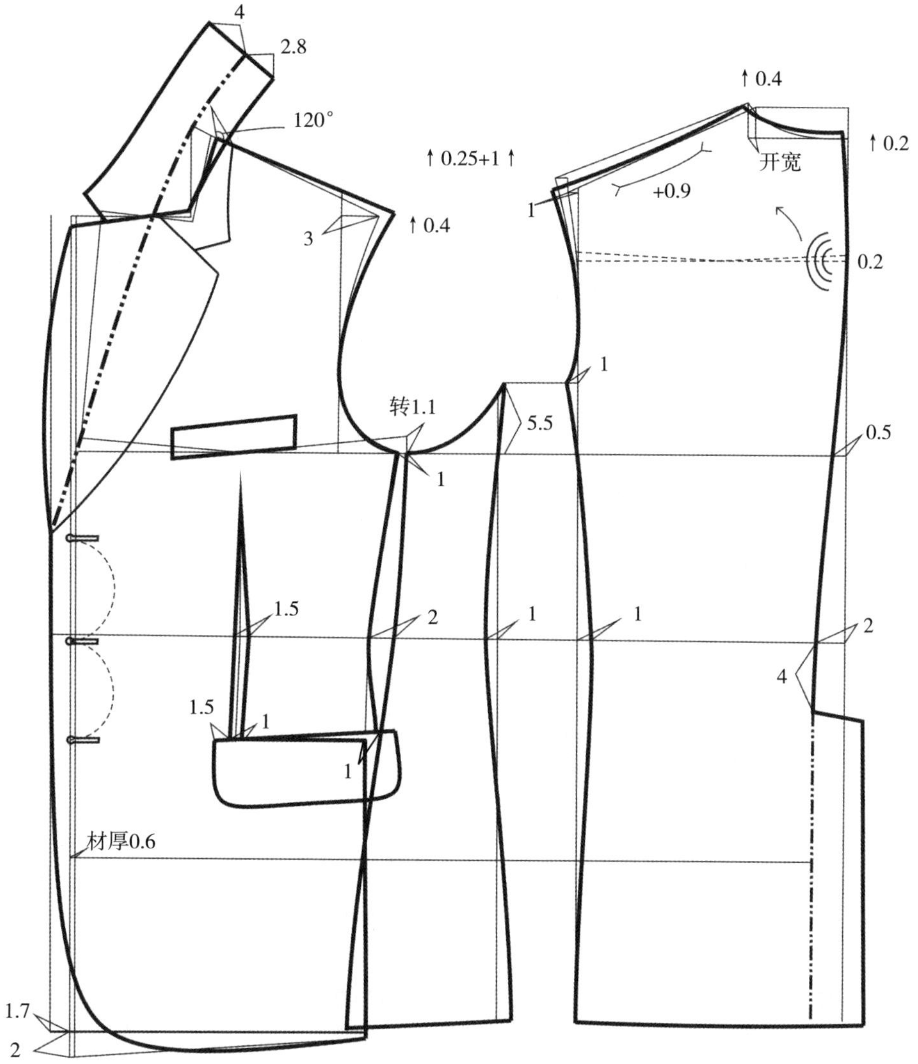

图8-25　前片、后片、领型结构制图

开宽 0.2×（120°-95°）/5=1 cm，男西服领常采用 &b=110°~120°;

2. 后肩斜及袖窿制图顺序：原型后肩斜线→后肩宽 =S/2 →后冲肩 1 cm →后背宽→后浮余量 0.9 cm 转肩缝缩，其余 0.2 cm 转背缝;

3. 前肩斜及袖窿制图顺序：原型前肩斜线→前肩斜线长（根据后肩斜线长 - 肩缝缩取值）→前冲肩 3 cm →前胸宽;

4. 胸围大：后胸围大 = 后背宽；前胸围大 =B/2- 后背宽 + 前肋下省大（1 cm）;

5. 内衣影响值：后领中 BNP ↑ 0.2 cm, 后颈肩点 SNP ↑ 0.4 cm ，后肩端点 SP ↑ 0.25 cm;

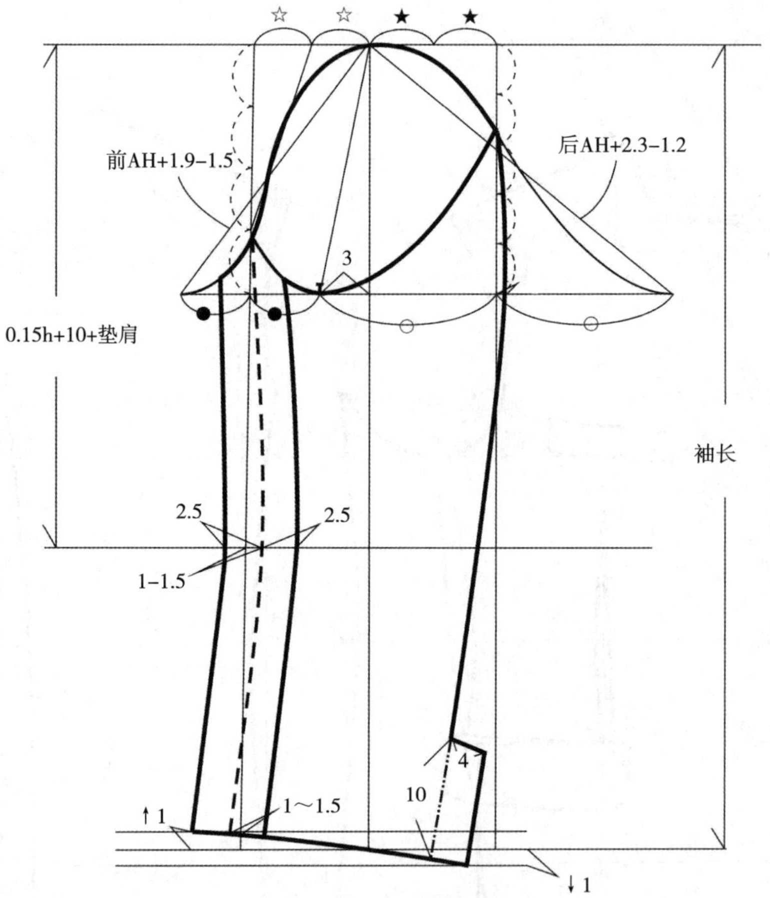

图8-26 弯身两片袖制图

6. 垫肩量：垫肩厚度 =1 cm，因此，设计前肩端点↑ 0.4 cm，后肩端点↑ 1 cm。

7. 材料厚度影响值：在前中心线处加放 0.6 cm。

8. 手巾袋口大 =B/10−0.3=106/10−0.3=10.3 cm；手巾袋口宽一般取 2～2.3 cm，袋口翘高 1.5 cm。

9. 双嵌线大袋袋口大 =B/10+4.5=10.6+4.5=15 cm；大袋口一般取 14～16 cm，袋盖宽 5.5 cm，袋口翘高 1 cm。

10. 后开衩：根据款式需要，可以设计开衩或者不开衩，也可以设计后侧双开衩款式。

11. 双嵌线大袋口处，收肚省，肚省大小可以根据体型决定。

12. 男西服领型的裁配方法和女西服领型的裁配方法基本相同，但是根据男体体型特征和款式造型的需要，男西服前横开领略大，翻领松度可略小一些。

任务评价

男西服样板质量评分，见表 8-10。

表 8-10 男西服样板质量评分表

班级：	姓名：	日期：		
检测项目	检测要求	配分	评分标准	得分
时间	在规定时间内完成任务	10	每超过 10 分钟，扣 5 分	
结构设计	1. 结构设计符合款式造型和规格要求	6	以上项目出现不符合要求，每处酌情扣 1~5 分	
	2. 各部位结构关系合理	10		
	3. 内外结构关系合理	10		
	4. 肩胛骨和胸立体度要体现纸样设计过程	10		
	5. 制图符号标注规范、清晰正确	4		
规格设计	1. 样板尺寸、服装号型与提供的规格表以及款式图效果相符	10	以上项目出现不符合要求，每处酌情扣 1~3 分	
	2. 成品规格不超过行业标准的允许公差	10		
样板制作	1. 样板缝份大小、宽度、缝角设计合理	10	以上项目出现不符合要求，每处酌情扣 1~3 分	
	2. 样片属性、纱向、刀口、归拔等符号标注规范、正确	6		
	3. 衬料样板与面样样板匹配合理	4		
设备	设备操作准确无误	5	违规操作扣 5 分	
安全	安全文明生产	5	违规操作扣 5 分	
检查结果总计		100		

思考与练习

根据款式图 8-27 平驳头贴袋三粒扣男西服，图 8-28 戗驳头两粒扣双嵌线开袋男西服，分析休闲男西服的结构特点，确定制图规格，完成结构制图、裁剪样板及排料图。

1. 款式风格分析：衣身、领型、袖身风格等。
2. 服装规格设计：根据衣身风格确定制图规格。

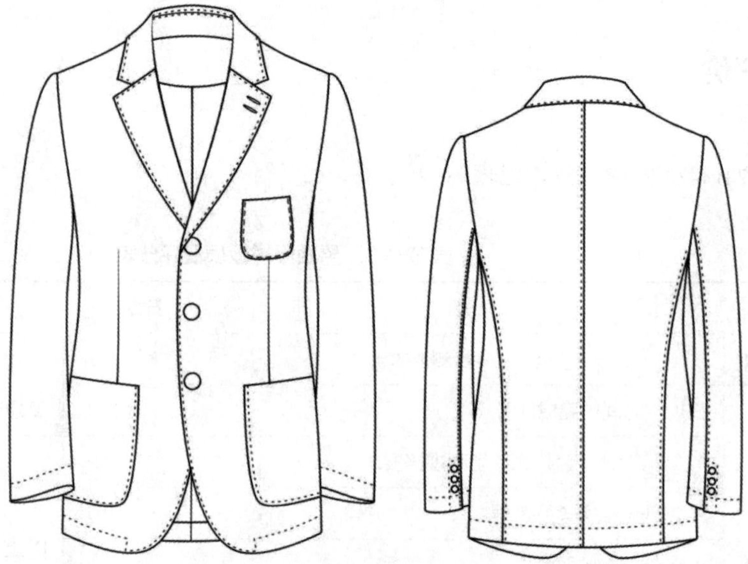

图8-27 平驳头贴袋三粒扣男西服款式图

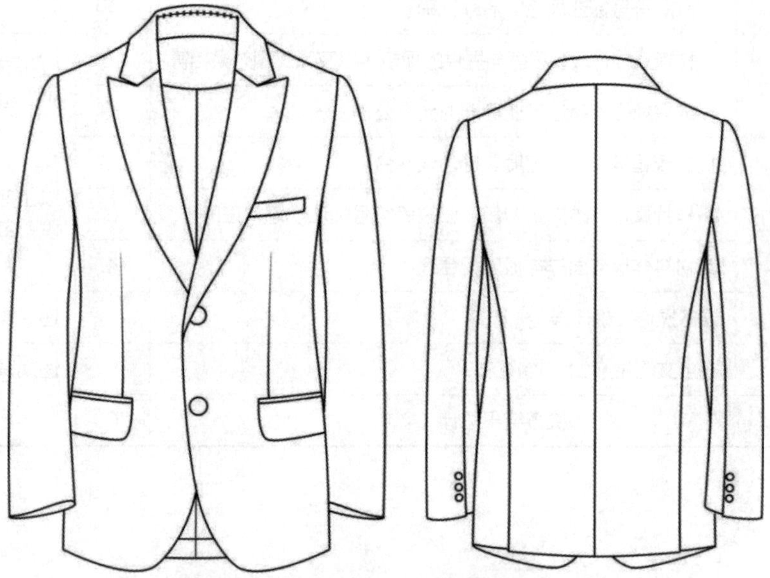

图8-28 戗驳头两粒扣双嵌线开袋男西服款式图

3. 衣身结构平衡：计算出实际前、后浮余量以及设计前、后浮余量消除方法。

4. 衣袖结构：确定袖山风格，袖身风格。

5. 衣领结构：确定与款式相对应的领型以及衣领侧倾角等制图数据。

6. 完成结构制图、裁剪样板及排料图。

任务四　男西服背心结构设计

任务目标

1. 根据款式能够完成男西服背心整体结构设计，确定制图规格。
2. 分析男西服背心整体衣身结构平衡和影响要素。
3. 根据男西服背心的制图规格，计算并设计前、后浮余量的最佳消除方法。
4. 根据男西服背心的款式特征，完成结构制图及样板制作。

任务实施

一、男西服背心款式设计

款式特征：前门襟单排五粒扣，左胸开袋一只；腰节处左右开袋各一；侧缝摆缝处开衩左右各一；后背腰节处装长短腰带，见图 8-29。

图8-29　单排五粒扣西服背心款式图

西服背心一般配合西服套装穿着，常取贴体风格。前身选用西服面料，后背采用西服里料，因里料较软，不影响西服穿着效果。

二、男西服背心规格设计

根据衣身风格确定制图规格（单位：cm）。

1. 前衣长（L）=0.3 h + 7=58。

2. 前腰节长（FWL）=0.25 h+1=43.5。

3. 胸围（B）=（B^*+ 内衣厚 2）+4=90+8=98（胸围加放量较小）。

4. 肩宽（S）：可参照男西服 S-（6～8）cm，也可以根据款式设计肩宽。

根据以上规格设计得出如下的制图规格（表 8-11）：

表 8-11　男西服背心制图规格　　单位：cm

前衣长	前腰节长	胸围	肩宽
58	43.5	98	38（参考造型）

三、男西服背心结构设计

1. 采用箱型平衡方法。

2. 实际前浮余量 = B^*/40- 垫肩厚 -0.05（B-B^*-16 cm）=2.2-0-0.05（B-104）=2.2。

前浮余量的消除方法：采用撇胸消除 1.5 cm，肩改斜 0.3 cm，0.4 转入腰省。

3. 实际后浮余量 =（B^*/40-0.4）-0.7× 垫肩厚 -0.02（B-B^*-16）= 1.8-0.7×0-0.02（B-104）=1.8 cm。

后浮余量的消除方法：采用肩缝缩消除 1 cm，肩缝改斜 0.4 cm，转腰省 0.4 cm。

四、男西服背心结构制图

前片结构制图，见图 8-30；后片结构制图，见图 8-31。

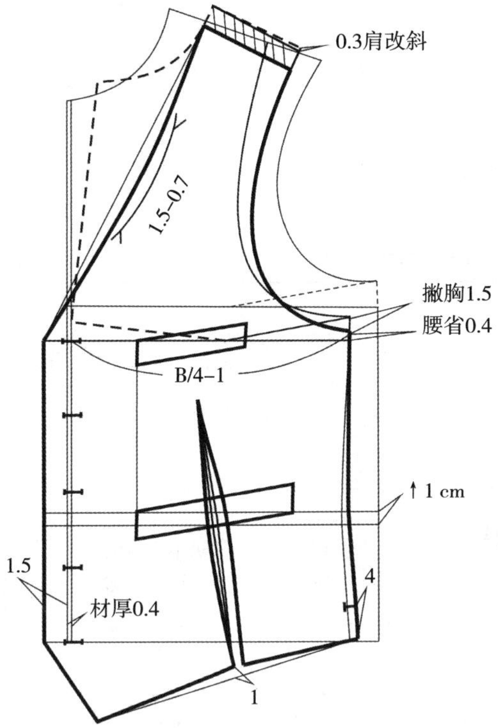

图8-30 西服背心前片制图

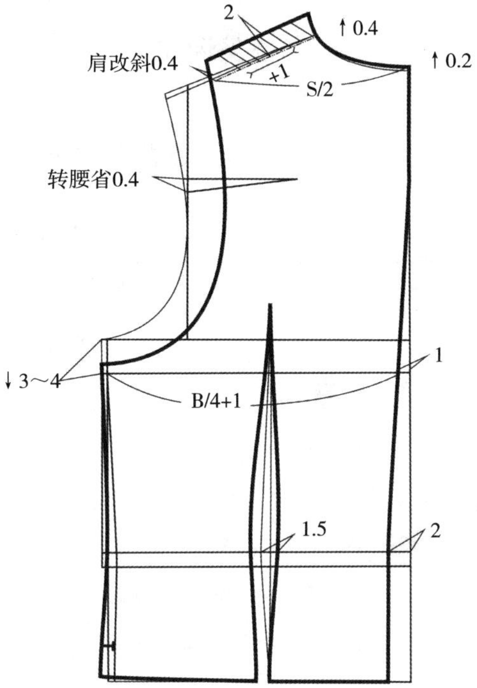

图8-31 西服背心后片制图

五、男西服背心制图要点

1. 袖窿结构制图：根据造型在原型基础上，开深袖窿 3 ~ 4 cm（一般低于衬衫袖窿 0 ~ 2 cm）。

2. 领口结构制图：在基础领口弧线造型上，根据款式设计领口造型；可以开深前直开领，将后肩缝前移 2 ~ 3.5 cm。

3. 内衣厚：衬衫。

4. 材料厚：精纺面料。

5. 西服背心衣长较短，后衣长一般设计在 WL 以下 5 ~ 8 cm，胸围加放量较小，一般在 10 cm 左右。

6. BL 以上，后衣片较前衣片长；BL 以下，前衣片长于后衣片。

7. 西服背心后片胸围大于前片。

任务评价

男西服背心样板质量评分，见表 8-12。

表 8-12　男西服背心样板质量评分表

班级：	姓名：	日期：		
检测项目	检测要求	配分	评分标准	得分
时间	在规定时间内完成任务	10	每超过 10 分钟，扣 5 分	
结构设计	1. 结构设计符合款式造型和规格要求	6	以上项目出现不符合要求，每处酌情扣 1~5 分	
	2. 各部位结构关系合理	10		
	3. 内外结构关系合理	10		
	4. 肩胛骨和胸立体度要体现纸样设计过程	10		
	5. 制图符号标注规范、清晰正确	4		
规格设计	1. 样板尺寸、服装号型与提供的规格表以及款式图效果相符	10	以上项目出现不符合要求，每处酌情扣 1~3 分	
	2. 成品规格不超过行业标准的允许公差	10		
样板制作	1. 样板缝份大小、宽度、缝角设计合理	10	以上项目出现不符合要求，每处酌情扣 1~3 分	
	2. 样片属性、纱向、刀口、归拔等符号标注规范、正确	6		
	3. 衬料样板与面样样板匹配合理	4		
设备	设备操作准确无误	5	违规操作扣 5 分	
安全	安全文明生产	5	违规操作扣 5 分	
检查结果总计		100		

思考与练习

一、作图题

根据款式图 8-32 青果领单排三粒扣西服背心，分析男西服背心变化款式的结构特点，确定制图规格，完成结构制图、裁剪样板及排料图。

1. 款式风格分析：衣身风格。

2. 服装规格设计：根据衣身风格确定制图规格。

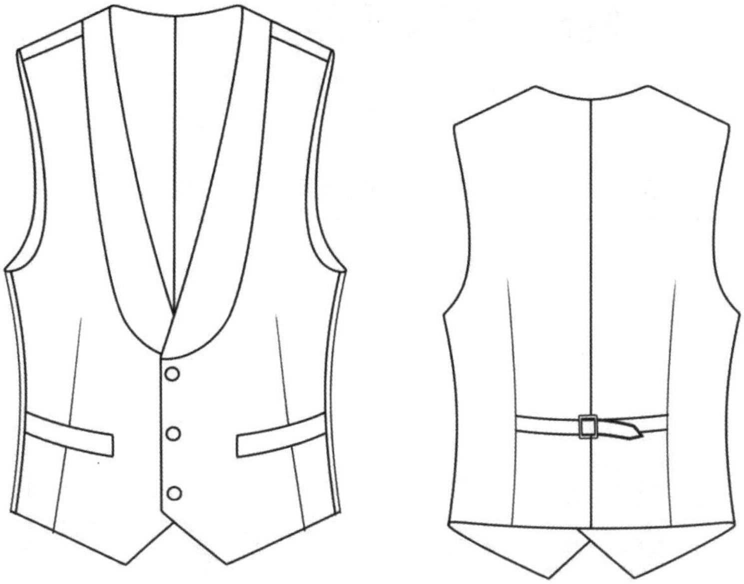

图8-32　青果领单排三粒扣西服背心

3. 衣身结构平衡：计算出实际前、后浮余量以及设计前、后浮余量消除方法。

4. 完成结构制图、裁剪样板及排料图。

二、拓展设计

背心，是男士礼服套装的重要组成部分，也是西服套装三件套之一。其款式造型变化主要是在门襟、领型、纽扣、袋型、下摆等部位。请搜集相关资料，根据穿着场合进行背心款式设计，并完成结构制图。

附录　服装号型

附表-1　5.4，5.2 Y 型男子号型系列　　单位：cm

Y																
胸围	身高															
	155		160		165		170		175		180		185		190	
	腰围															
76			56	58	56	58	56	58								
80	60	62	60	62	60	62	60	62	60	62						
84	64	66	64	66	64	66	64	66	64	66	64	66				
88	68	70	68	70	68	70	68	70	68	70	68	70	68	70		
92			72	74	72	74	72	74	72	74	72	74	72	74	72	74
96					76	78	76	78	76	78	76	78	76	78	76	78
100							80	82	80	82	80	82	80	82	80	82
104									84	86	84	86	84	86	84	86

附表-2　5.4，5.2 A 型男子号型系列　　单位：cm

A																								
胸围	身高																							
	155			160			165			170			175			180			185			190		
	腰围																							
72				56	58	60	56	58	60															
76	60	62	64	60	62	64	60	62	64	60	62	64												
80	64	66	68	64	66	68	64	66	68	64	66	68	64	66	68									
84	68	70	72	68	70	72	68	70	72	68	70	72	68	70	72	68	70	72						
88	72	74	76	72	74	76	72	74	76	72	74	76	72	74	76	72	74	76	72	74	76			
92				76	78	80	76	78	80	76	78	80	76	78	80	76	78	80	76	78	80	76	78	80
96							80	82	84	80	82	84	80	82	84	80	82	84	80	82	84	80	82	84
100										84	86	88	84	86	88	84	86	88	84	86	88	84	86	88
104													88	90	92	88	90	92	88	90	92	88	90	92

附表-3 5.4，5.2 B 型男子号型系列

单位：cm

B																		
胸围	身高																	
	150		155		160		165		170		175		180		185		190	
	腰围																	
72	62	64	62	64	62	64												
76	66	68	66	68	66	68	66	68										
80	70	72	70	72	70	72	70	72	70	72								
84	74	76	74	76	74	76	74	76	74	76	74	76						
88			78	80	78	80	78	80	78	80	78	80	78	80				
92			82	84	82	84	82	84	82	84	82	84	82	84	82	84		
96					86	88	86	88	86	88	86	88	86	88	86	88	86	88
100							90	92	90	92	90	92	90	92	90	92	90	92
104									94	96	94	96	94	96	94	96	94	96
108											98	100	98	100	98	100	98	100
112													102	104	102	104	102	104

附表-4 5.4，5.2 C 型男子号型系列

单位：cm

C																		
胸围	身高																	
	150		155		160		165		170		175		180		185		190	
	腰围																	
76			70	72	70	72	70	72										
80	74	76	74	76	74	76	74	76	74	76								
84	78	80	78	80	78	80	78	80	78	80	78	80						
88	82	84	82	84	82	84	82	84	82	84	82	84	82	84				
92			86	88	86	88	86	88	86	88	86	88	86	88	86	88		
96			90	92	90	92	90	92	90	92	90	92	90	92	90	92	90	92
100					94	96	94	96	94	96	94	96	94	96	94	96	94	96
104							98	100	98	100	98	100	98	100	98	100	98	100
108									102	104	102	104	102	104	102	104	102	104
112											106	108	106	108	106	108	106	108
116													110	112	110	112	110	112

附表-5 5.4，5.2 Y 型女子号型系列 单位：cm

Y																
胸围	身高															
	145		150		155		160		165		170		175		180	
	腰围															
72	50	52	50	52	50	52	50	52								
76	54	56	54	56	54	56	54	56	54	56						
80	58	60	58	60	58	60	58	60	58	60	58	60				
84	62	64	62	64	62	64	62	64	62	64	62	64	62	64		
88	66	68	66	68	66	68	66	68	66	68	66	68	66	68	66	68
92			70	72	70	72	70	72	70	72	70	72	70	72	70	72
96					74	76	74	76	74	76	74	76	74	76	74	76
100							78	80	78	80	78	80	78	80	78	80

附表-6 5.4，5.2 A 型女子号型系列 单位：cm

A																								
胸围	身高																							
	145			150			155			160			165			170			175			180		
	腰围																							
72				54	56	58	54	56	58	54	56	58												
76	58	60	62	58	60	62	58	60	62	58	60	62	58	60	62									
80	62	64	66	62	64	66	62	64	66	62	64	66	62	64	66	62	64	66						
84	66	68	70	66	68	70	66	68	70	66	68	70	66	68	70	66	68	70	66	68	70			
88	70	72	74	70	72	74	70	72	74	70	72	74	70	72	74	70	72	74	70	72	74	70	72	74
92				74	76	78	74	76	78	74	76	78	74	76	78	74	76	78	74	76	78	74	76	78
96							78	80	82	78	80	82	78	80	82	78	80	82	78	80	82	78	80	82
100										82	84	86	82	84	86	82	84	86	82	84	86	82	84	86

附表-7 5.4，5.2 B 型女子号型系列 单位：cm

B																
胸围	身高															
	145		150		155		160		165		170		175		180	
	腰围															
68			56	58	56	58	56	58								
72	60	62	60	62	60	62	60	62	60	62						
76	64	66	64	66	64	66	64	66	64	66						
80	68	70	68	70	68	70	68	70	68	70	68	70				
84	72	74	72	74	72	74	72	74	72	74	72	74	72	74		
88	76	78	76	78	76	78	76	78	76	78	76	78	76	78	76	78
92	80	82	80	82	80	82	80	82	80	82	80	82	80	82	80	82
96			84	86	84	86	84	86	84	86	84	86	84	86	84	86
100					88	90	88	90	88	90	88	90	88	90	88	90
104							92	94	92	94	92	94	92	94	92	94
108									96	98	96	98	96	98	96	98

附表-8 5.4，5.2 C 型女子号型系列 单位：cm

C																
胸围	身高															
	145		150		155		160		165		170		175		180	
	腰围															
72	64	66	64	66	64	66	64	66								
76	68	70	68	70	68	70	68	70								
80	72	74	72	74	72	74	72	74	72	74						
84	76	78	76	78	76	78	76	78	76	78	76	78				
88	80	82	80	82	80	82	80	82	80	82	80	82				
92	84	86	84	86	84	86	84	86	84	86	84	86	84	86		
96			88	90	88	90	88	90	88	90	88	90	88	90	88	90
100			92	94	92	94	92	94	92	94	92	94	92	94	92	94
104					96	98	96	98	96	98	96	98	96	98	96	98
108							100	102	100	102	100	102	100	102	100	102
112									104	106	104	106	104	106	104	106

国家标准中配合附录表 -1～附表 -8 四个号型系列，制定了“男女号型系列分档数值”，以此作为推板师进行推档（以中号为基础推出大小号的系列样板）的基本参数。见附表 -9～附表 -10，表中“采用数”一栏中的数值是推档采用的数据。

附表-9　男子号型各系列分档数值　　单位：cm

体型	Y								A							
部位	中间体		5.4 系列		5.2 系列		身高、胸围、腰围每增减 1 cm		中间体		5.4 系列		5.2 系列		身高、胸围、腰围每增减 1 cm	
	计算数	采用数	计算数	采用数	计算数	采用数	计算数	采用数	计算数	采用数	计算数	采用数	计算数	采用数	计算数	采用数
身高	170	170	5	5	5	5	1	1	170	170	5	5	5	5	1	1
颈椎点高	144.8	145.0	4.51	4.00			0.90	0.80	145.1	145.0	4.50	4.00			0.90	0.80
坐姿颈椎点高	66.2	66.5	1.64	2.00			0.33	0.40	66.3	66.5	1.86	2.00			0.37	0.40
全臂长	55.4	55.5	1.82	1.50			0.36	0.30	55.3	55.5	1.71	1.50			0.34	0.30
腰围高	102.6	103.0	3.35	3.00	3.35	3.00	0.67	0.60	102.3	102.5	3.11	3.00	3.11	3.00	0.62	0.60
胸围	88	88	4	4			1	1	88	88	4	4			1	1
颈围	36.3	36.4	0.89	1.00			0.22	0.25	37.0	36.8	0.98	1.00			0.25	0.25
总肩宽	43.6	44.0	1.97	1.20			0.27	0.30	43.7	43.6	1.11	1.20			0.29	0.30
腰围	69.1	70.0	4	4	2	2	1	1	74.1	74.0	4	4	2	2	1	1
臀围	87.9	90.0	3.00	3.20	1.50	1.60	0.75	0.80	90.1	90.0	2.91	3.20	1.46	1.60	0.73	0.80

（续表）

体型	B								C							
部位	中间体		5.4 系列		5.2 系列		身高、胸围、腰围每增减 1 cm		中间体		5.4 系列		5.2 系列		身高、胸围、腰围每增减 1 cm	
	计算数	采用数	计算数	采用数	计算数	采用数	计算数	采用数	计算数	采用数	计算数	采用数	计算数	采用数	计算数	采用数
身高	170	170	5	5	5	5	1	1	170	170	5	5	5	5	1	1
颈椎点高	145.4	145.5	4.54	4.00			0.90	0.80	146.1	146.0	4.57	4.00			0.91	0.80
坐姿颈椎点高	66.9	67.0	2.01	2.00			0.40	0.40	67.3	67.5	1.98	2.00			0.40	0.40
全臂长	55.3	55.5	1.72	1.50			0.34	0.30	55.4	55.5	1.84	1.50			0.37	0.30
腰围高	101.9	102.0	2.98	3.00	2.98	3.00	0.60	0.60	101.6	102.0	3.00	3.00	3.00	3.00	0.60	0.60
胸围	92	92	4	4			1	1	96	96	4	4			1	1
颈围	38.2	38.2	1.13	1.00			0.28	0.25	39.5	39.6	1.18	1.00			0.30	0.25
总肩宽	44.5	44.4	1.13	1.20			0.28	0.30	45.3	45.2	1.18	1.20			0.30	0.30
腰围	82.8	84.0	4	4	2	2	1	1	92.6	92	4	4	2	2	1	1
臀围	94.1	95.0	3.04	2.80	1.52	1.40	0.76	0.70	98.1	97.0	2.91	2.80	1.46	1.40	0.73	0.70

注：① 身高所对应的高度部位是颈椎点高、坐姿颈椎点高、全臂长、腰围高。
② 胸围所对应的围度部位是颈围、总肩宽。
③ 腰围所对应的围度部位是臀围。

附表-10　女子号型各系列分档数值　　单位：cm

体型	Y								A							
部位	中间体		5.4 系列		5.2 系列		身高、胸围、腰围每增减 1 cm		中间体		5.4 系列		5.2 系列		身高、胸围、腰围每增减 1 cm	
	计算数	采用数	计算数	采用数	计算数	采用数	计算数	采用数	计算数	采用数	计算数	采用数	计算数	采用数	计算数	采用数
身高	160	160	5	5	5	5	1	1	160	160	5	5	5	5	1	1
颈椎点高	136.2	136.0	4.46	4.00			0.89	0.80	136.0	136.0	4.53	4.00			0.91	0.80
坐姿颈椎点高	62.6	62.5	1.66	2.00			0.33	0.40	62.6	62.5	1.65	2.00			0.33	0.40
全臂长	50.4	50.5	1.66	1.50			0.33	0.30	50.4	50.5	1.70	1.50			0.34	0.30
腰围高	98.2	98.0	3.34	3.00	3.34	3.00	0.67	0.60	98.1	98.0	3.37	3.00	3.37	3.00	0.68	0.60
胸围	84	84	4	4			1	1	84	84	4	4			1	1
颈围	33.4	33.4	0.73	0.80			0.18	0.20	33.7	33.6	0.78	0.80			0.20	0.20
总肩宽	39.9	40.0	0.70	1.00			0.18	0.25	39.9	39.4	0.64	1.00			0.16	0.25
腰围	63.6	64.0	4	4	2	2	1	1	68.2	68	4	4	2	2	1	1
臀围	89.2	90.0	3.12	3.60	1.56	1.80	0.78	0.90	90.9	90.0	3.18	3.60	1.60	1.80	0.80	0.90

（续表）

体型	B								C							
部位	中间体		5.4 系列		5.2 系列		身高、胸围、腰围每增减 1 cm		中间体		5.4 系列		5.2 系列		身高、胸围、腰围每增减 1 cm	
	计算数	采用数	计算数	采用数	计算数	采用数	计算数	采用数	计算数	采用数	计算数	采用数	计算数	采用数	计算数	采用数
身高	160	160	5	5	5	5	1	1	160	160	5	5	5	5	1	1
颈椎点高	136.3	136.5	4.57	4.00			0.92	0.80	136.5	136.5	4.48	4.00			0.90	0.80
坐姿颈椎点高	63.2	63.0	1.81	2.00			0.36	0.40	62.7	62.5	1.80	2.00			0.35	0.40
全臂长	50.5	50.5	1.68	1.50			0.34	0.30	50.5	50.5	1.60	1.50			0.32	0.30
腰围高	98.0	98.0	3.34	3.00	3.30	3.00	0.67	0.60	98.2	98.0	3.27	3.00	3.27	3.00	0.65	0.60
胸围	88	88	4	4			1	1	88	88	4	4			1	1
颈围	34.7	34.6	0.81	0.80			0.20	0.20	34.9	34.8	0.75	0.80			0.19	0.20
总肩宽	40.3	39.8	0.69	1.00			0.17	0.25	40.5	39.2	0.69	1.00			0.17	0.25
腰围	76.6	78.0	4	4	2	2	1	1	81.9	82	4	4	2	2	1	1
臀围	94.8	96.0	3.27	3.20	1.64	1.60	0.82	0.80	96.0	96.0	3.33	3.20	1.66	1.60	0.83	0.80

注：① 身高所对应的高度部位是颈椎点高、坐姿颈椎点高、全臂长、腰围高。
② 胸围所对应的围度部位是颈围、总肩宽。
③ 腰围所对应的围度部位是臀围。

我国服装标准在四个号型系列中均配有“服装号型各系列控制部位数值”，它是人体主要部位的标准尺寸，其功能和通用的国际标准参考尺寸相同，是设计者进行标准化纸样设计不可缺少的数据，同时，也作为样板推档的参数，基本上是以综合规格、设计和推档参数三位一体的方式表述的。见附表-11~附表-18。

附表-11　5.4，5.2 Y 号型男子控制部位数值　　单位：cm

Y																
部 位	数 值															
身高	155		160		165		170		175		180		185		190	
颈椎点高	133.0		137.0		141.0		145.0		149.0		153.0		157.0		161.0	
坐姿颈椎点高	60.5		62.5		64.5		66.5		68.5		70.5		72.5		74.5	
全臂长	51.0		52.5		54.0		55.5		57.0		58.5		60.0		61.5	
腰围高	94.0		97.0		100.0		103.0		106.0		109.0		112.0		115.0	
胸围	76		80		84		88		92		96		100		104	
颈围	33.4		34.4		35.4		36.4		37.4		38.4		39.4		40.4	
总肩宽	40.4		41.6		42.8		44.0		45.2		46.4		47.6		48.8	
腰围	56	58	60	62	64	66	68	70	72	74	76	78	80	82	84	86
臀围	78.8	80.4	82.0	83.6	85.2	86.8	88.4	90.0	91.6	93.2	94.8	96.4	98.0	99.6	101.2	102.8

附表-12　5.4，5.2 A 号型男子控制部位数值

单位：cm

<table>
<tr><td colspan="28">A</td></tr>
<tr><td>部位</td><td colspan="27">数　值</td></tr>
<tr><td>身高</td><td colspan="3">155</td><td colspan="4">160</td><td colspan="3">165</td><td colspan="4">170</td><td colspan="3">175</td><td colspan="4">180</td><td colspan="3">185</td><td colspan="3">190</td></tr>
<tr><td>颈椎点高</td><td colspan="3">133.0</td><td colspan="4">137.0</td><td colspan="3">141.0</td><td colspan="4">145.0</td><td colspan="3">149.0</td><td colspan="4">153.0</td><td colspan="3">157.0</td><td colspan="3">161.0</td></tr>
<tr><td>坐姿颈椎点高</td><td colspan="3">60.5</td><td colspan="4">62.5</td><td colspan="3">64.5</td><td colspan="4">66.5</td><td colspan="3">68.5</td><td colspan="4">70.5</td><td colspan="3">72.5</td><td colspan="3">74.5</td></tr>
<tr><td>全臂长</td><td colspan="3">51.0</td><td colspan="4">52.5</td><td colspan="3">54</td><td colspan="4">55.5</td><td colspan="3">57.0</td><td colspan="4">58.5</td><td colspan="3">60.0</td><td colspan="3">61.5</td></tr>
<tr><td>腰围高</td><td colspan="3">93.5</td><td colspan="4">96.5</td><td colspan="3">99.5</td><td colspan="4">102.5</td><td colspan="3">105.5</td><td colspan="4">108.5</td><td colspan="3">111.5</td><td colspan="3">114.5</td></tr>
<tr><td>胸围</td><td colspan="3">72</td><td colspan="3">76</td><td colspan="3">80</td><td colspan="3">84</td><td colspan="3">88</td><td colspan="3">92</td><td colspan="3">96</td><td colspan="3">100</td><td colspan="3">104</td></tr>
<tr><td>颈围</td><td colspan="3">32.8</td><td colspan="3">33.8</td><td colspan="3">34.8</td><td colspan="3">35.8</td><td colspan="3">36.8</td><td colspan="3">37.8</td><td colspan="3">38.8</td><td colspan="3">39.8</td><td colspan="3">40.8</td></tr>
<tr><td>总肩宽</td><td colspan="3">38.8</td><td colspan="3">40.0</td><td colspan="3">41.2</td><td colspan="3">42.4</td><td colspan="3">43.6</td><td colspan="3">44.8</td><td colspan="3">46.0</td><td colspan="3">47.2</td><td colspan="3">48.4</td></tr>
<tr><td>腰围</td><td>56</td><td>58</td><td>60</td><td>60</td><td>62</td><td>64</td><td>64</td><td>66</td><td>68</td><td>68</td><td>70</td><td>72</td><td>72</td><td>74</td><td>76</td><td>76</td><td>78</td><td>80</td><td>80</td><td>82</td><td>84</td><td>84</td><td>86</td><td>88</td><td>88</td><td>90</td><td>92</td></tr>
<tr><td>臀围</td><td>75.6</td><td>77.2</td><td>78.8</td><td>78.8</td><td>80.4</td><td>82.0</td><td>82.0</td><td>83.6</td><td>85.2</td><td>85.2</td><td>86.8</td><td>88.4</td><td>88.4</td><td>90.0</td><td>91.6</td><td>91.6</td><td>93.2</td><td>94.8</td><td>94.8</td><td>96.4</td><td>98.0</td><td>98.0</td><td>99.6</td><td>101.2</td><td>101.2</td><td>102.8</td><td>104.4</td></tr>
</table>

附表-13　5.4，5.2 B 号型男子控制部位数值

单位：cm

B

部位	数值							
身高	155	160	165	170	175	180	185	190
颈椎点高	133.5	137.5	141.5	145.5	149.5	153.5	157.5	161.5
坐姿颈椎点高	61.0	63.0	65.0	67.0	69.0	71.0	73.0	75.0
全臂长	51.0	52.5	54	55.5	57.0	58.5	60.0	61.5
腰围高	93.0	96.0	99.0	102.0	105.0	108.0	111.0	114.0

部位	数值										
胸围	72	76	80	84	88	92	96	100	104	108	112
颈围	33.2	34.2	35.2	36.2	37.2	38.2	39.2	40.2	41.2	42.2	43.2
总肩宽	38.4	39.6	40.8	42.0	43.2	44.4	45.6	46.8	48.0	49.2	50.4

部位	数值																					
腰围	62	64	66	68	70	72	74	76	78	80	82	84	86	88	90	92	94	96	98	100	102	104
臀围	79.6	81.0	82.4	83.8	85.2	86.6	88.0	89.4	90.8	92.2	93.6	95.0	96.4	97.8	99.2	100.6	102.0	103.4	104.8	106.2	107.6	109.0

附表-14　5.4，5.2 C 号型男子控制部位数值

单位：cm

<table>
<tr><td colspan="23">C</td></tr>
<tr><td>部 位</td><td colspan="22">数　值</td></tr>
<tr><td>身高</td><td colspan="3">155</td><td colspan="3">160</td><td colspan="3">165</td><td colspan="3">170</td><td colspan="3">175</td><td colspan="3">180</td><td colspan="2">185</td><td colspan="2">190</td></tr>
<tr><td>颈椎点高</td><td colspan="3">134.0</td><td colspan="3">138.0</td><td colspan="3">142.0</td><td colspan="3">146.0</td><td colspan="3">150.0</td><td colspan="3">154.0</td><td colspan="2">158.0</td><td colspan="2">162.0</td></tr>
<tr><td>坐姿颈椎点高</td><td colspan="3">61.5</td><td colspan="3">63.5</td><td colspan="3">65.5</td><td colspan="3">67.5</td><td colspan="3">69.5</td><td colspan="3">71.5</td><td colspan="2">73.5</td><td colspan="2">75.5</td></tr>
<tr><td>全臂长</td><td colspan="3">51.0</td><td colspan="3">52.5</td><td colspan="3">54.0</td><td colspan="3">55.5</td><td colspan="3">57.0</td><td colspan="3">58.5</td><td colspan="2">60.0</td><td colspan="2">61.5</td></tr>
<tr><td>腰围高</td><td colspan="3">93.0</td><td colspan="3">96.0</td><td colspan="3">99.0</td><td colspan="3">102.0</td><td colspan="3">105.0</td><td colspan="3">108.0</td><td colspan="2">111.0</td><td colspan="2">114.0</td></tr>
<tr><td>胸围</td><td colspan="2">76</td><td colspan="2">80</td><td colspan="2">84</td><td colspan="2">88</td><td colspan="2">92</td><td colspan="2">96</td><td colspan="2">100</td><td colspan="2">104</td><td colspan="2">108</td><td colspan="2">112</td><td colspan="2">116</td></tr>
<tr><td>颈围</td><td colspan="2">34.6</td><td colspan="2">35.6</td><td colspan="2">36.6</td><td colspan="2">37.6</td><td colspan="2">38.6</td><td colspan="2">39.6</td><td colspan="2">40.6</td><td colspan="2">41.6</td><td colspan="2">42.6</td><td colspan="2">43.6</td><td colspan="2">44.6</td></tr>
<tr><td>总肩宽</td><td colspan="2">39.2</td><td colspan="2">40.4</td><td colspan="2">41.6</td><td colspan="2">42.8</td><td colspan="2">44.0</td><td colspan="2">45.2</td><td colspan="2">46.4</td><td colspan="2">47.6</td><td colspan="2">48.8</td><td colspan="2">50.0</td><td colspan="2">51.2</td></tr>
<tr><td>腰围</td><td>70</td><td>72</td><td>74</td><td>76</td><td>78</td><td>80</td><td>82</td><td>84</td><td>86</td><td>88</td><td>90</td><td>92</td><td>94</td><td>96</td><td>98</td><td>100</td><td>102</td><td>104</td><td>106</td><td>108</td><td>110</td><td>112</td></tr>
<tr><td>臀围</td><td>81.6</td><td>83.0</td><td>84.4</td><td>85.8</td><td>87.2</td><td>88.6</td><td>90.0</td><td>91.4</td><td>92.8</td><td>94.2</td><td>95.6</td><td>97.0</td><td>98.4</td><td>99.8</td><td>101.2</td><td>102.6</td><td>104.0</td><td>105.4</td><td>106.8</td><td>108.2</td><td>109.6</td><td>111</td></tr>
</table>

附表-15　5.4，5.2 Y 号型女子控制部位数值

单位：cm

Y																
部位	数值															
身高	145		150		155		160		165		170		175		180	
颈椎点高	124.0		128.0		132.0		136.0		140.0		144.0		148.0		152.0	
坐姿颈椎点高	56.5		58.5		60.5		62.5		64.5		66.5		68.5		70.5	
全臂长	46.0		47.5		49.0		50.5		52.0		53.5		55.0		56.5	
腰围高	89.0		92.0		95.0		98.0		101.0		104.0		107.0		110.0	
胸围	72		76		80		84		88		92		96		100	
颈围	31.0		31.8		32.6		33.4		34.2		35.0		35.8		36.6	
总肩宽	37.0		38.0		39.0		40.0		41.0		42.0		43.0		44.0	
腰围	50	52	54	56	58	60	62	64	66	68	70	72	74	76	78	80
臀围	77.4	79.2	81.0	82.8	84.6	86.4	88.2	90.0	91.8	93.6	95.4	97.2	99.0	100.8	102.6	104.4

附表-16　5.4，5.2 A 号型女子控制部位数值

单位：cm

	A																							
部位	数值																							
身高	145			150			155			160			165			170			175			180		
颈椎点高	124.0			128.0			132.0			136.0			140.0			144.0			148.0			152.0		
坐姿颈椎点高	56.5			58.5			60.5			62.5			64.5			66.5			68.5			70.5		
全臂长	46.0			47.5			49.0			50.5			52.0			53.5			55.0			56.5		
腰围高	89.0			92.0			95.0			98.0			101.0			104.0			107.0			110.0		
胸围	72			76			80			84			88			92			96			100		
颈围	31.2			32.0			32.8			33.6			34.4			35.2			36.0			36.8		
总肩宽	36.4			37.4			38.4			39.4			40.4			41.4			42.4			43.4		
腰围	54	56	58	58	60	62	62	64	66	66	68	70	70	72	74	74	76	78	78	80	82	82	84	86
臀围	77.4	79.2	81.0	81.0	82.8	84.6	84.6	86.4	88.2	88.2	90.0	91.8	91.8	93.6	95.4	95.4	97.2	99.0	99.0	100.8	102.6	102.6	104.4	106.2

附表-17　5.4，5.2 B 号型女子控制部位数值

单位：cm

B

部位	数值							
身高	145	150	155	160	165	170	175	180
颈椎点高	124.5	128.5	132.5	136.5	140.5	144.5	148.5	152.5
坐姿颈椎点高	57.0	59.0	61.0	63.0	65.0	67.0	69.0	71.0
全臂长	46.0	47.5	49.0	50.5	52.0	53.5	55.0	56.5
腰围高	89.0	92.0	95.0	98.0	101.0	104.0	107.0	110.0

部位	数值										
胸围	68	72	76	80	84	88	92	96	100	104	108
颈围	30.6	31.4	32.2	33.0	33.8	34.6	35.4	36.2	37.0	37.8	38.6
总肩宽	34.8	35.8	36.8	37.8	38.8	39.8	40.8	41.8	42.8	43.8	44.8

部位	数值																					
腰围	56	58	60	62	64	66	68	70	72	74	76	78	80	82	84	86	88	90	92	94	96	98
臀围	78.4	80.0	81.6	83.2	84.8	86.4	88.0	89.6	91.2	92.8	94.4	96.0	97.6	99.2	100.8	102.4	104.0	105.6	107.2	108.8	110.4	112.0

附表-18 5.4，5.2 C 号型女子控制部位数值

单位：cm

C																								
部位	数值																							
身高	145			150			155			160			165			170			175				180	
颈椎点高	124.5			128.5			132.5			136.5			140.5			144.5			148.5				152.5	
坐姿颈椎点高	56.5			58.5			60.5			62.5			64.5			66.5			68.5				70.5	
全臂长	46.0			47.5			49.0			50.5			52.0			53.5			55.0				56.5	
腰围高	89.0			92.0			95.0			98.0			101.0			104.0			107.0				110.0	
胸围	68		72		76		80		84		88		92		96		100		104		108		112	
颈围	30.8		31.6		32.4		33.2		34.0		34.8		35.6		36.4		37.2		38.0		38.8		39.6	
总肩宽	34.2		35.2		36.2		37.2		38.2		39.2		40.2		41.2		42.2		43.2		44.2		45.2	
腰围	60	62	64	66	68	70	72	74	76	78	80	82	84	86	88	90	92	94	96	98	100	102	104	106
臀围	78.4	80.0	81.6	83.2	84.8	86.4	88.0	89.6	91.2	92.8	94.4	96.0	97.6	99.2	100.8	102.4	104.0	105.6	107.2	108.8	110.4	112.0	113.6	115.2

参 考 文 献

1. 中屋典子，三吉满智子．服装造型学：技术篇 [M]. 北京：中国纺织出版社，2004.

2. 文化服装学院．服装造型讲座 1：服饰造型基础 [M]. 上海：东华大学出版社，2005.

3. 张文斌．服装工艺学：结构设计分册 [M]. 北京：中国纺织出版社，2001.

4. 张文斌．服装结构设计 [M]. 北京：中国纺织出版社，2006.